Uni-Taschenbücher 673

T0235014

UTB

Eine Arbeitsgemeinschaft der Verlage

Birkhäuser Verlag Basel und Stuttgart
Wilhelm Fink Verlag München
Gustav Fischer Verlag Stuttgart
Francke Verlag München
Paul Haupt Verlag Bern und Stuttgart
Dr. Alfred Hüthig Verlag Heidelberg
Leske Verlag + Budrich GmbH Opladen
J. C. B. Mohr (Paul Siebeck) Tübingen
C. F. Müller Juristischer Verlag.– R. v. Decker's Verlag Heidelberg
Quelle & Meyer Heidelberg
Ernst Reinhardt Verlag München und Basel
K. G. Saur München · New York · London · Paris
F. K. Schattauer Verlag Stuttgart · New York
Ferdinand Schöningh Verlag Paderborn
Dr. Dietrich Steinkopff Verlag Darmstadt
Eugen Ulmer Verlag Stuttgart
Vandenhoeck & Ruprecht in Göttingen und Zürich

UTB-Taschenbücher 673

Gotthold Ebert

Biopolymere

Unter Mitarbeit von Christa Ebert

Mit einem Geleitwort
von Prof. Dr. Dr. h. c. mult. H. Zahn

Mit 173 Abbildungen und 35 Tabellen

Springer-Verlag Berlin Heidelberg GmbH

Gotthold Ebert, geboren in Chemnitz, studierte in Leipzig Chemie, promovierte dort 1959 am Physikalischen Institut mit einer Arbeit über das dielektrische Verhalten von sorbiertem Wasser bei *A. Lösche.* Es folgten ca. 3 Jahre Industrietätigkeit bei den Farbwerken Hoechst A. G. 1963 wissenschaftlicher Assistent am Institut für Polymere der Philipps-Universität in Marburg bei *F. H. Müller;* Arbeiten über sorbiertes Wasser sowie differentialkalorimetrische Untersuchungen der Superkontraktion von Keratinfasern. 1968 Habilitation, seit 1971 Professor, 1976/77 Forschungsaufenthalt in Japan. Hauptarbeitsgebiete: Wasserstruktur, Ordnungs-Unordnungs-Übergänge in Keratinfasern, chemische Modifizierung von -SH und -NH$_2$-Seitenketten von Proteinen und Poly-α-aminosäuren, Beeinflussung der Konformation von Poly-α-aminosäuren durch Seitenkettenwechselwirkungen, Dehnungskalorimetrie von Folien und Fasern aus Poly-α-aminosäuren.

Christa Ebert studierte in Frankfurt Chemie (*Th. Wieland, P. Royen*) und promovierte 1971 in Marburg mit einer Arbeit über fibrilläre Proteine auf dem Gebiet der Biopolymeren. Nach der Promotion war sie noch weitere vier Jahre am Institut für Polymere in Marburg tätig. Hauptarbeitsgebiete: Einfluß von chemischen Modifizierungen an biologischen Makromolekülen auf deren Struktur sowie Darstellung und Strukturaufklärung von Modellsubstanzen für fibrilläre und globuläre Proteine. Seit Ende 1975 ist sie Leiterin eines wissenschaftlichen Labors an der Frauenklinik der Universität Münster/Westf. und mit Arbeiten im Rahmen der Physiologie der Blutgerinnung beschäftigt.

CIP-Kurztitelaufnahme der Deutschen Bibliothek

Ebert, Gotthold:

Biopolymere / Gotthold Ebert.
Unter Mitarb. von Christa Ebert.
Mit e. Geleitw. von H. Zahn. —
Darmstadt: Steinkopff, 1980.

(Uni-Taschenbücher; 673)
ISBN 978-3-7985-0476-9   ISBN 978-3-642-53775-2 (eBook)
DOI 10.1007/978-3-642-53775-2

Einbandgestaltung: Alfred Krugmann, Stuttgart

Gebunden bei der Großbuchbinderei Sigloch, Leonberg

Geleitwort

Daß der Bestand unserer Zivilisation auf der Weitergabe genetischer Information in Form eines Biopolymeren (der Desoxyribonucleinsäure) beruht, ist vielfach nicht jedermann bewußt. Daß biopolymere Naturstoffe wie Cellulose und Wolle jedoch seit Beginn der Menschheitsgeschichte eine überragende Rolle als Roh- und Werkstoffe spielen, dürfte allgemein bekannt sein. Obwohl wir heute in einem Zeitalter der Kunststoffe leben, sind natürliche Polymere nach wie vor unentbehrlich. Die Einsicht, daß biopolymere Naturstoffe wie z. B. die Wolle in der Summe ihrer Eigenschaften oft synthetischen Polymeren überlegen sind, hat zu einem verstärkten Interesse an diesen Naturprodukten geführt. Der Preisanstieg und die Verknappung des Erdöls werden möglicherweise diese Entwicklung noch beschleunigen.

Seit den bahnbrechenden Arbeiten *Hermann Staudingers*, die vor einem halben Jahrhundert die Existenz von Makromolekülen absicherten, wissen wir, daß die meisten Eigenschaften dieser Polymere nicht aus dem Verhalten ihrer monomeren Bausteine vorherzusagen sind. Der makromolekulare Aufbau bestimmt Struktur und Funktion der Biopolymeren und eröffnet nicht nur für Chemiker, Physikochemiker und Biochemiker ein faszinierendes Betätigungsfeld.

Wissenschaftliche Bedeutung und Umfang der auf diesem Gebiet erzielten Fortschritte sind gerade in den letzten Jahren so angewachsen, daß eine zusammenfassende Darstellung für Naturwissenschaftler in Studium und Beruf notwendig wurde. Im Gegensatz zu den USA, Japan und anderen Ländern sind die Informationen über Biopolymere in der deutschsprachigen Literatur ziemlich weit verstreut. Dies liegt wohl zum großen Teil daran, daß der Ausdruck „Polymere" fast zu einem Synonym für Kunststoffe geworden ist. In den entsprechenden Lehrbüchern werden die Biopolymeren daher nur am Rande besprochen; in Lehrbüchern der Biochemie tauchen sie oft nur kurz oder unter anderen Gesichtspunkten auf.

Diese Lücke soll das vorliegende Taschenbuch schließen helfen, dessen Autor, *Gotthold Ebert* durch zahlreiche Publikationen auf dem Gebiete der Polymerphysik, besonders Strukturumwandlungen bei Proteinen und Polypeptiden, bekannt geworden ist. Er gehört zu den wenigen Deutschen, die auf dem schwierigen Grenzgebiet zwischen Proteinchemie, Polymerphysik und Physikalischer Chemie erfolgreich tätig sind und sich einen internationalen Namen erworben haben.

Aachen, im April 1980   *H. Zahn*

Vorwort

Die makromolekulare Chemie oder — allgemeiner — die Polymer-wissenschaft wurde von *Staudinger* mit seinen Untersuchungen an Biopolymeren, wie den Polyisoprenen Kautschuk, Balata, Guttapercha sowie den Polysacchariden, insbesondere Cellulose und Stärke, begründet. Hierbei dienten zunächst synthetische Poly-mere wie das Polystyrol etc. als Modellsubstanzen. Diese heute auch als „Kunststoffe" bezeichneten Produkte entwickelten sich seitdem in faszinierender Weise zu einem wirtschaftlich außerordentlich bedeutenden, eigenständigen Gebiet. Hierbei haben sie sich von den Biopolymeren in gewissem Umfang gelöst. Denn obwohl beide Gebiete sehr viele Gemeinsamkeiten besitzen, so unterscheiden sie sich doch in charakteristischer Weise. Hierzu gehört insbesondere die durch eine Matrizenreaktion erfolgende Synthese der Poly-nucleotide, der Polypeptide bzw. Proteine, die zu einer streng definierten Primärstruktur, d. h. identischer Zusammensetzung, Kettenlänge und Sequenz aller Molekeln einer Spezies, führt. Damit haben alle Molekeln einer Art identische Muster zwischen-molekularer Wechselwirkungen und sterischer Faktoren, wodurch wiederum die hierdurch vorgegebenen, sehr spezifischen Sekundär- und Tertiärstrukturen, die Kettenkonformation, identisch sind, im Unterschied zu den synthetischen Polymeren, die durch Polymerisations-, Polyadditions- oder Polykondensationsreaktio-nen in vitro erhalten werden. Entsprechendes gilt für die durch Zusammenlagerung mehrerer Einzelmolekeln entstehenden Struk-turen höherer Ordnung von Biopolymeren.

So sind also diese Beziehungen zwischen Primärstruktur und Konformation der Polymermolekeln und ggf. ihre Anordnung zu Strukturen höherer Ordnung, deren Stabilisierung durch die o. a. Wechselwirkungen etc. und Struktur-Umwandlungen Hauptgegen-stand der Biopolymeren-Forschung. Diese Strukturen sowie ihr physikalisch-chemisches Verhalten sind sowohl für die biologischen Funktionen als auch für die anwendungstechnischen Eigenschaften der als Rohstoffe genutzten Biopolymeren von größter Bedeutung. Dementsprechend ist hier versucht worden u. a. diese Zusammen-hänge darzustellen. Damit waren gelegentliche Überschreitungen der Grenze zur Biochemie und Medizin ebenso notwendig wie der zur Textilforschung. Während Polysaccharide und Polyisoprene zu den klassischen Objekten der Polymerforschung gehören, sind bei den Proteinen die Überschneidungen mit der Biochemie häufig. Dies gilt vor allem für die „funktionellen" Proteine wie die Enzyme oder die hier ausführlicher behandelten Fibrinogene, die Muskelproteine etc. Hingegen sind die Skleroproteine, wie z. B. die Keratine und die Seidenfibroine, aber auch die Kollagene weitgehend Objekt der Polymer- bzw. der Textil- und Lederforschung. Dabei hat natürlich die Bedeutung dieser Polymeren als Rohstoffe eine große Rolle gespielt.

Auf der anderen Seite stehen die vorzugsweise als Modellsubstanzen dienenden synthetischen Poly-α-aminosäuren als „Biopolymere im weiteren Sinne" (s. S. 3), an denen die Theorien der kooperativen Konformationsumwandlung entwickelt wurden, die aber z. T. auch eine gewisse technische Bedeutung haben.

Das vorliegende Taschenbuch ist aus einer 2-semestrigen Vorlesung und aus Seminaren hervorgegangen, wie sie seit etwa 12 Jahren in Marburg insbesondere den Chemie-Studierenden mit dem Wahlfach Makromolekulare Chemie am Institut für Polymere angeboten werden. Es wendet sich aber nicht nur an diese Art von Leserkreis, sondern es soll u. a. auch der kurzen Information für hieran interessierte Naturwissenschaftler an Instituten oder in der Industrie dienen.

Für ihre Unterstützung bei der Abfassung dieses Taschenbuchs sei einmal Herrn Dr. *H. Knipp* und Frau *I. Hass*, zum anderen Herrn *J. Steinkopff*, der die Anregung hierzu gegeben hat, und dem Verlag, insbesondere Herrn *Schäfer* für die verständnisvolle Zusammenarbeit herzlichst gedankt.

Marburg, im März 1980   *G. Ebert*

Inhalt

Einige Nucleinbasen und Nucleoside

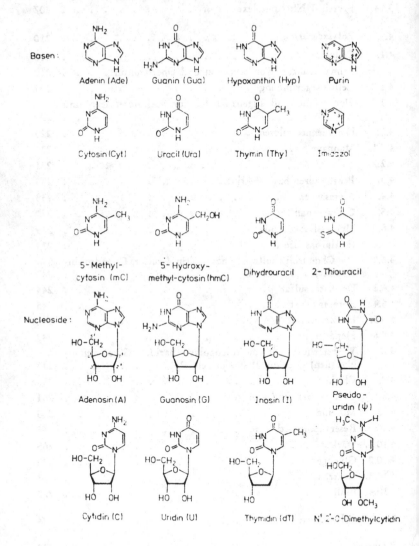

Basen:

Adenin (Ade) Guanin (Gua) Hypoxanthin (Hyp) Purin

Cytosin (Cyt) Uracil (Ura) Thymin (Thy) Imidazol

5-Methyl-cytosin (mC) 5-Hydroxy-methyl-cytosin (hmC) Dihydrouracil 2-Thiouracil

Nucleoside:

Adenosin (A) Guanosin (G) Inosin (I) Pseudo-uridin (Ψ)

Cytidin (C) Uridin (U) Thymidin (dT) N^4,2'-O-Dimethylcytidin

1. Einleitung

Polymere oder makromolekulare Verbindungen sind Stoffe die durch die chemische, hauptvalenzmäßige Verknüpfung von mehreren Einzelmolekülen, den Grundbausteinen, entstanden sind. Diese können entweder alle identisch oder aber verschieden voneinander sein. Sind alle Grundbausteine gleich, so spricht man von *Homopolymeren*, im anderen Fall von *Copolymeren*. Periodisch sich wiederholende Molekülgyruppierungen aus zwei oder mehreren Grundbausteinen bezeichnet man als *Strukturelemente*.

Die von der Natur gebildeten makromolekularen Stoffe oder Polymere kann man in zwei große Gruppen einteilen und zwar

a) in die der anorganischen Polymeren
b) in die der Biopolymeren im eigentlichen Sinne, die in der belebten Natur vorkommen.

Zu den natürlichen anorganischen Polymeren gehören die Silikatstrukturen, die aus SiO_4-Tetraedern aufgebaut sind und Band-, Blatt- oder Netzstrukturen darstellen können. Sie sind das Grundgerüst vieler Gesteinsarten. Daneben kennt man polymere Formen von Boraten. Kohlenstoff liegt als Polymer im Graphit und Diamant vor. Auch Elemente der fünften und sechsten Hauptgruppe des Periodensystems vermögen Polymere zu bilden, wie wir sie beim Phosphor, Schwefel und Selen kennen. Diese anorganischen Polymere sind im allgemeinen recht stabil, ihre Struktur und ihre Eigenschaften sind unter normalen äußeren Bedingungen wenig veränderlich.

Zu den Biopolymeren im eigentlichen Sinn gehören

Nucleinsäuren,
Polypeptide und Proteine,
Polysaccharide,
Polyisoprene.

Cellulose und Stärke sind aus einem einzigen Grundbaustein — der α, D-Glucose — aufgebaut. Ebenso sind Naturkautschuk und Guttapercha Homopolymere. Polypeptide und Proteine bestehen aus einer Vielzahl verschiedener Grundbausteine, den Amino- und Iminosäuren, Nucleinsäuren aus mehreren Strukturelementen, den Nucleotiden.

1

Die Eigenschaften von Homopolymeren lassen sich bei gegebenem Grundbaustein praktisch nur durch drei Parameter beeinflussen:

a) durch die Art der Verknüpfung der Grundbausteine (z. B. α- oder β-glykosidische Bindung bei Polysacchariden, cis- oder trans-Stellung bei Polyisoprenen);

b) durch die Zahl der Grundbausteine pro Molekül, also durch das Molekulargewicht bzw. den Polymerisationsgrad;

c) durch Verzweigungen bzw. Vernetzungen linearer Ketten, wobei an den Verzweigungsstellen andere Verknüpfungsarten auftreten (z. B. zusätzliche 1-6-Bindungen im Amylopektin).

Dagegen sind die Eigenschaften von Makromolekülen, die aus verschiedenen Grundbausteinen aufgebaut sind, noch abhängig von deren Reihenfolge, der Sequenz. Daraus folgt zwangsläufig, daß wir bei den Proteinen mit der größten Zahl verschiedener Grundbausteine auch die größte Variationsmöglichkeit haben und daß diese Verbindungsklasse die größte Zahl von Makromolekülen mit den unterschiedlichsten Eigenschaften aufweist.

Ähnliches gilt für die aus verschiedenen Strukturelementen — den Nucleotiden — zusammengesetzten Nucleinsäuren, wobei der in der Hauptkette enthaltenen Zuckerrest sowie die damit verknüpften Basen verschiedener Natur sein können, so daß damit die Eigenschaften der Polymeren erheblich variiert werden.

Da an die Struktur der Makromoleküle und deren Eigenschaften die Funktion dieser Moleküle geknüpft ist, erfüllen Nucleinsäuren und vor allem Proteine aufgrund ihres spezifischen Charakters eine außerordentliche Vielzahl von Aufgaben im lebenden Organismus. Die gleichförmiger aufgebauten Polysaccharide mit einer sehr viel geringeren Varianz der Eigenschaften haben demgemäß weniger Funktionen auszuüben und sind daher meist als Gerüst- oder Speichermaterial anzutreffen.

Ein Charakteristikum zumindest eines Großteils der Biopolymeren — insbesondere der Nucleinsäuren und Proteine — ist, daß alle Moleküle ein- und derselben chemischen Spezies eine völlig identische Primärstruktur haben. Dies bedeutet, daß alle diese Moleküle nicht nur die gleiche chemische Zusammensetzung und damit exakt das gleiche Molekulargewicht, sondern auch die gleiche Sequenz der Grundbausteine bzw. der Strukturelemente haben. Außerdem sind sie im allgemeinen sterisch einheitlich aufgebaut; von einigen Ausnahmen abgesehen haben also alle Grundbausteine dieselbe Konfiguration. Bei den Polysacchariden ist die Frage der einheitlichen Primärstruktur im Hinblick auf das identische Molekulargewicht ein- und derselben Spezies nicht eindeutig bzw. nicht in allgemeiner Form zu beantworten. So konnte von *Marx-Figini* und *G. V .Schulz* gezeigt werden, daß die lange Zeit als molekulargewichtsuneinheitlich geltende Sekundär-Cellulose der Baumwolle nur eine sehr schmale Molekulargewichtsverteilung aufweist, wenn man sie auf besonders schonende Weise isoliert.

Die Ursache für die identische Primärstruktur der Polynucleotid- und Polypeptid- bzw. Proteinmolekel beruht darauf, daß sie durch Matrizenreaktionen synthetisiert werden.

Struktur und Länge der Matrize bedingt dann die einheitliche Primärstruktur der an ihr synthetisierten Moleküle. Hierauf wird später noch näher eingegangen. Diese Moleküle stellen also sämtlich chemische Individuen im Sinne der niedermolekularen Chemie dar. Sie besitzen damit auch dasselbe Muster zwischenmolekularer Wechselwirkungen und sterischer Faktoren. Hierauf wiederum beruht die Tatsache, daß dann jedes Molekül unter bestimmten physikalisch-chemischen Bedingungen eine ganz bestimmte Konformation annimmt.

Biopolymere im weiteren Sinn sind Stoffe, die synthetisch aus den gleichen oder doch ähnlichen Grundbausteinen, wie sie in der Natur vorkommen, hergestellt werden. Hierzu gehören z. B. die als Modellsubstanzen für natürliche Polypeptide und Proteine dienenden Poly-α-aminosäuren. Aufgrund des zu ihrer Synthese angewandten Herstellungsverfahrens besitzen sie nicht alle der o. a. charakteristischen Merkmale der eigentlichen Biopolymeren. So haben jene etwa durch Polymerisation der *Leuchs*schen Anhydride dargestellten Poly-α-aminosäuren jeweils eine gewisse Molekulargewichtsverteilung. Zur Vermeidung von Mißverständnissen sei aber ausdrücklich erwähnt, daß die durch stufenweise Synthese im Labor dargestellten Proteine wie das synthetische Insulin natürlich zu den eigentlichen Biopolymeren gehören, da sie mit den Naturprodukten vollständig identisch sind.

2. Nucleinsäuren

Nucleinsäuren kommen gewöhnlich im *Zellkern* als *Desoxyribonucleinsäuren (DNS)* und im *Zellplasma* als *Ribonucleinsäure (RNS)* vor. Die im Zellkern enthaltenen DNS dienen zur Speicherung der Erbinformation und übermitteln somit alle für eine Art und für ein Individuum charakteristischen Merkmale an das bei der Fortpflanzung entstehende neue Lebewesen. Außerdem geben sie naturgemäß während der Lebensdauer eines Lebewesens diese Information bei jeder Zellteilung weiter.

Solche Informationen betreffen die Struktur der Enzymproteine und die von ihnen synthetisierten Substanzen. Diese Synthesen finden jedoch im Zellplasma statt. Damit ist also eine Kommunikation zwischen dem Informationsspeicher im Zellkern und dem Protein-Syntheseapparat im Plasma, den Ribosomen, notwendig. Diese Aufgabe hat eine bestimmte Gruppe von RNS, die deshalb als Boten- oder

> *messenger-Ribonucleinsäuren (m-RNS)*

bezeichnet werden. Sie werden in den Ribosomen an die

> *ribosomale Ribonucleinsäure (r-RNS)*

gebunden und dienen als Matrize für die *Proteinbiosynthese (PBS)*. Die

> *transfer-Ribonucleinsäuren (t-RNS)*

binden die für die PBS benötigten Aminsäuren, aktivieren sie und treten mit den Aminosäure-Codons der m-RNS über ihr Anticodon in Wechselwirkung. Hierauf wird später noch etwas ausführlicher eingegangen.

Die Nucleinsäuren wurden bereits 1869 von *Miescher* im Eiter und 1889 von *Altmann* in Pflanzen entdeckt. Ihre Chemie wurde dann ausführlich durch *Kossel* und seine Schule untersucht. Erst 1944 aber wurde ihre wahre biologische Bedeutung von *O. T. Avery* et al. entdeckt. Näheres hierüber ist u. a. in der unter (1—3) angegebenen Literatur zu finden.

Auf die Chemie der Nucleinsäuren kann hier nur kurz eingegangen werden, so daß, wer nähere Information hierüber wünscht, auf das entsprechende Schrifttum verwiesen werden muß (1, 4—6).

Bei den Nucleinsäuren handelt es sich durchweg um lineare, also unverzweigte Polyester der Orthophosphorsäure mit der 2-Deoxyribose (DNS) oder der Ribose (RNS) die in 1′ mit einem Purin

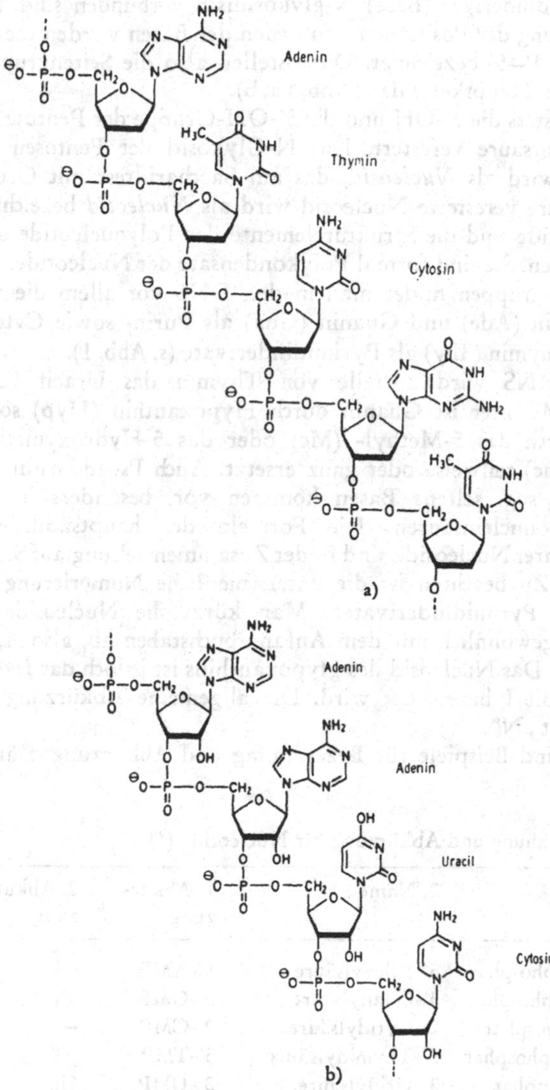

Abb. 1. Ausschnitt aus einer Deoxyribonucleinsäure (a) und einer Ribonucleinsäure (b). Die N-haltigen Basen sind die Seitengruppen der Phosphat-Pentose-Polyester Kette.

oder Pyrimidinderivat (Base) N-glykosidisch verbunden sind. Zur Unterscheidung der Positionen von denen der Basen werden die der Pentose mit $1'$–$5'$ bezeichnet. Diese stellen also die Seitengruppen der Polyester-Hauptkette dar (Abb. 1 a, b).

Dabei ist stets die $3'$-OH und die $5'$-OH-Gruppe der Pentose mit der Phosphorsäure verestert. Das N-Glykosid der Pentosen mit einer Base wird als *Nucleosid*, das am Saccharidrest mit Orthophosphorsäure veresterte Nucleosid wird als *Nucleotid* bezeichnet. Die Nucleotide sind die Strukturelemente der Polynucleotide oder Nucleinsäuren. Sie sind formal Polykondensate der Nucleotide.

Als Seitengruppen findet man in den DNS vor allem die vier Basen Adenin (Ade) und Guanin (Gua) als Purin- sowie Cytosin (Cyt) und Thymin (Thy) als Pyrimidinderivate (s. Abb. 1).

In den RNS wird anstelle von Thymin das Uracil (Ura) gefunden. Mitunter ist Guanin durch Hypoxanthin (Hyp) sowie Cytosin durch das 5-Methyl- (Mc) oder das 5-Hydroxymethylcytosin (Hmc) teilweise oder ganz ersetzt. Auch Pseudouridin (ψ) und andere sog. seltene Basen kommen vor, besonders in den transfer-Ribonucleinsäuren. Die Formeln der hauptsächlichsten Basen und ihrer Nucleoside sind in der Zusammenstellung auf S. XII aufgeführt. Zu beachten ist die unterschiedliche Numerierung bei Purin- und Pyrimidinderivaten. Man kürzt die Nucleoside im Polymeren gewöhnlich mit dem Anfangsbuchstaben ab, also A, G, C, T und U. Das Nucleosid des Hypoxanthins ist jedoch das Inosin, so daß es mit I bezeichnet wird. Die allgemeine Abkürzung für Nucleosid ist „N".

In Tab. 1. sind Beispiele für Bezeichnung und Abkürzungen angegeben.

Tab. 1. Bezeichnung und Abkürzung für Nucleotide (1)

1. Name	2. Name	1. Abkürzung	2. Abkürzung
Adenosin-$5'$-phosphat	$5'$-Adenylsäure	$5'$-AMP	pA
Guanosin-$3'$-phosphat	$3'$-Guanylsäure	$3'$-GMP	Gp
Cytidin-$2'$-phosphat	$2'$-Cytidylsäure	$2'$-CMP	—
Thymidin-$5'$-phosphat	$5'$-Thymidylsäure	$5'$-TMP	pT
Uridin-$3'$-phosphat	$3'$-Uridylsäure	$3'$-UMP	Up
Uridin-$5'$-diphosphat	—	$5'$-UDP	ppU
Uridin-$5'$-triphosphat	—	$5'$-UTP	pppU

Die Molekulargewichte der DNS sind in vielen Fällen so extrem hoch (bis ca. $3 \cdot 10^9$ und wohl auch höher), daß sie kaum ohne Fragmentierung isoliert werden können. Die bei einem Durchmesser von 20 Å und Längen in der Größenordnung von Millimetern bei mechanischer Beanspruchung auftretenden Scherkräfte sind bereits beim Pipettieren oder Rühren hinreichend groß, daß die Moleküle mechanisch zerreißen.

Im Hinblick auf die *Konformation* und die *biologische Funktion* der Polynucleotide ist die Tatsache von Bedeutung, daß die bei den O-haltigen Basen auftretende Keto-Enol-Tautomerie in neutralem Milieu auf der Ketoseite liegt. Vor allem aber ist in diesem Zusammenhang die von *Chargaff* 1950 gemachte Entdeckung von großem Interesse, daß im allgemeinen in den DNS der Gehalt an Thymin stets gleich dem von Adenin und der von Guanin gleich dem von Cytosin ist. Da also

$$A = T \text{ und } G = C \text{ so ist auch } A + G = T + C$$

Dies bedeutet, daß die Zahl der in Position 6 eine Aminogruppe tragenden Basen gleich der in dieser oder in Stellung 4 eine Ketogruppe besitzenden ist. In manchen Fällen ist ein Teil des Cytosins durch Methylcytosin ersetzt, wie z. B. in der DNS von Weizenkeimen. Und die DNS von T2-Phagen enthält anstelle von Cytosin das 5-Hydroxymethylcytosin. Aber auch hier ist somit die Zahl der in Position 6 eine Aminogruppe tragenden Basen gleich der die in dieser oder in Position 4 eine Ketogruppe besitzen. Allerdings gibt es Ausnahmen von dieser Regel, wie die Basenzusammensetzung der $\phi \times 174$ Phagen erkennen läßt (Tab. 2). Hier ist das Defizit an C gegenüber G nicht durch C-Derivate kompensiert, sondern hier liegt, auch bei A und T, eine echte Abweichung von der *Chargaff*schen Regel vor (7). Eine Erklärung hierfür besteht darin, daß diese DNS einsträngig ist, weshalb — wie sich aus dem Folgenden ergibt — eine Äquivalenz von C und G nicht notwendig ist.

Der Quotient $(A + T) / (G + C)$ ist hingegen variabel, so daß die chemische Zusammensetzung einer DNS in dieser Beziehung einen Freiheitsgrad aufweist. Der Grund für diese Eigenart des Basengehaltes der DNS ist — wie weiter unten noch klarer werden wird — darin zu suchen, daß Guanin und Cytosin drei Wasserstoffbrückenbindungen miteinander eingehen können, Adenin und Thymin aber nur zwei. Jeweils zwei Basen sind also komplementär zueinander (Abb. 2). Treten somit A und T sowie G und C jeweils in gleicher

Tab. 2. Molverhältnis der Basen von DNS verschiedener Herkunft (7)

Herkunft	Adenin	Thymin	Guanin	Cytosin	5-Methyl-cytosin	5-Hydroxy-methyl-cytosin	Lit.
Thymus (Mensch)	30,9	29,4	19,9	19,8			48
Thymus (Kalb)	28,2	27,8	21,5	21,2	1,3		49
Milz (Schwein)	29,6	29,2	20,4	20,8			48
Leber (Schaf)	29,3	29,2	20,7	20,8			48
Sperma (Hering)	27,8	27,5	22,2	20,7	1,9		49
E. coli (K12)	26,0	23,9	24,9	25,2			50
M. tuberculosis (Vögel)	15,1	14,6	34,9	35,4			51
Weizenkeime	26,5	27,0	23,5	17,2		5,8	48
T2 Phagen	32,5	32,5	18,2	—		16,8	52
∅ × 174-Phagen	24,6	32,8	24,1	18,5			53

Tab. 3. Molverhältnisse der Basen von RNS verschiedener Herkunft (7)

Herkunft	Adenin	Uracil	Cytosin	Guanin	Literatur
Leber (Kalb)	19,5	16,4	35,0	29,1	54
(Kaninchen)	19,3	19,9	32,6	28,2	55
(Huhn)	19,5	20,7	33,3	26,5	55
Bäckerhefe	25,1	24,6	30,2	20,1	56
Tabakmosaikvirus	29,9	26,3	25,4	18,5	57
E. coli	27,0	22,4	27,6	23,0	58

Menge auf, so ist bei dem als Basenpaarung bezeichneten Phänomen gewährleistet, daß sich die maximal mögliche Zahl von Wasserstoffbrückenbindungen ausbilden und damit der energieärmste Bindungszustand zwischen zwei Basenpaaren entsteht. Dies ist für die Konformation der DNS deshalb von Bedeutung, weil jeweils zwei Molekülketten über diese Wasserstoffbrücken zu einer Einheit miteinander verknüpft sind.

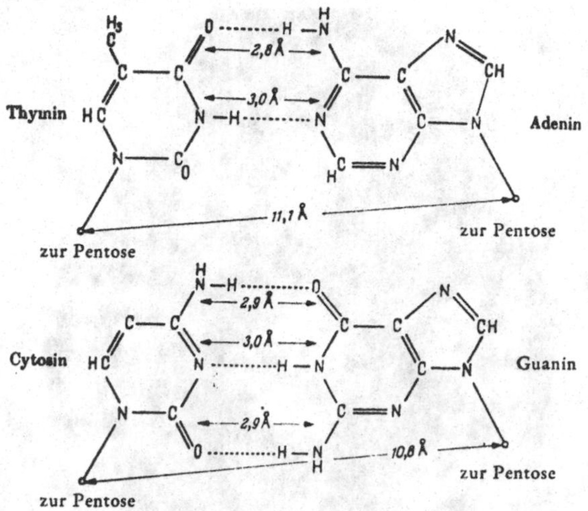

Abb. 2. Wasserstoffbrückenbindungen zwischen komplementären Basenpaaren: a) Adenin-Thymin mit zwei und b) Cytosin-Guanin mit drei interchenaren Wasserstoffbrücken (2).

2.1. Konformation der DNS

Grundlage der Konformationsaufklärung der DNS war die Röntgenstrukturanalyse von orientierten DNS-Fasern, wie sie sich z. B. aus strömenden wäßrigen Lösungen von DNS abscheiden. Die ersten Untersuchungen an noch wenig kristallinen Fasern teilten *Astbury* und *Bell* (8) 1938 mit. Bereits damals ordneten sie einen 3,34 Å Meridionalreflex den senkrecht zur Faserachse gestapelten Basenpaaren zu.

Nach der Entwicklung der Theorie der Röntgenstreuung von Helices durch *Cochran* et al. (9) erkannte man bald, daß die Röntgendiagramme der orientierten DNS-Fasern auf eine helicale Struktur hindeuten (10).

Die aus den Lösungen von DNS-Salzen erhaltenen Fasern sind sehr wasserreich und das Polymere kommt in Abhängigkeit vom Wassergehalt und vom Gegenion in wenigstens drei verschiedenen Konformationen vor, die mit A, B und C bezeichnet werden. Die A-Form (Abb. 3) wird aus Natrium-, Kalium- oder Rubidiumsalz-Lösungen und einer relativen Feuchte von 75 % erhalten. Das Natriumsalz ergibt bei einer relativen Feuchte von 90 % das

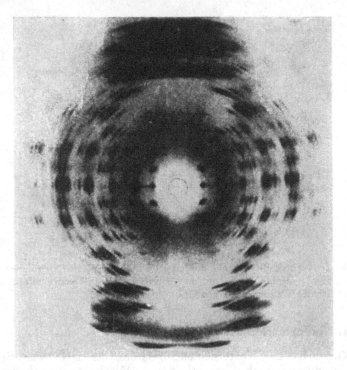

Abb. 3. Röntgendiagramm von DNS, Form A (13).

B-Diagramm. Es entspricht offenbar der im gelösten und im nativen Zustand vorliegenden Konformation. Infolge der recht geringen Kristallinität solcher Proben sind die Röntgendiagramme nicht sehr scharf. Stellt man jedoch DNS-Fasern aus 3 %igen LiCl-Lösungen her und bewahrt sie bei einer relativen Feuchte von 66 % auf, so erhält man die B-Form hochkristallin, wie sich aus dem in Abb. 4 wiedergegebenen Röntgendiagramm ergibt (11). Ohne LiCl-Zusatz geht die DNS bei 66 % relativer Feuchte in die Form-C über (12).

In allen Fällen zeigte sich, daß die röntgenologische Dichte der Helices außen größer als innen ist. Der Durchmesser einer DNS-Helix ist ebenso stets 20 Å. Unterschiedlich ist bei den drei Formen die Periodizität längs der Molekülachse. So ist bei DNS-A die Höhe eines Restes projiziert auf die Achse $h = 2,6$ Å, die Höhe

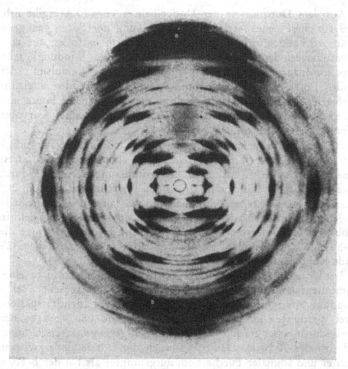

Abb. 4. Röntgendiagramm von DNS-Fasern erhalten ams 3%iger LiCl-Lösung, aufbewahrt unter 66 % relat. Feuchte: Form B (11).

einer Helix Windung 28 Å. Bei der nativen Form B findet man 3,4 und 34 Å, bei DNS-C 3,3 und 30,8 Å. Aus diesen Röntgendaten und den Erkenntnissen über die chemische Struktur der DNS leiteten *Watson* und *Crick* 1953 das Modell der Doppelhelix ab (10). Hiernach besteht das native DNS-Molekül aus zwei antiparallelen Molekülketten, die schraubenförmig um eine beiden gemeinsame Achse gewunden sind. Aus der höheren Röntgendichte an der Außenseite dieser Doppelhelices folgerten sie, daß sich die Phosphat-Pentose Polyesterketten mit den Phosphoratomen relativ hoher Ordnungszahl und Röntgendichte außen befinden, die Basen mit ihrer geringeren Röntgendichte nach innen gerichtet und — wie die Stufen einer Wendeltreppe — übereinander, senkrecht zur Helixachse angeordnet sind.

Aus dem Durchmesser der Doppelhelices von 20 Å ergibt sich, daß für diese gegenüberliegende Anordnung der Basen genügend Platz vorhanden ist. In der nativen B-Form entfallen auf eine Identitätsperiode von 34 Å (eine vollständige Windung) zehn Nucleotidpaare. Infolge des entgegengesetzten Umlaufsinns der beiden Polyesterketten und ihrer daraus resultierenden ungleichmäßigen Abstände entstehen entlang der Doppelhelix breite und schmale Furchen (grooves), auch große und kleine Kurvatur genannt (s. Abb. 5 u. 6).

Bei den Doppelhelices der A-Form entfallen auf eine Identitätsperiode von 28 Å elf Strukturelemente, wobei ein Nucleotidrest eine Höhe von 2,6 Å hat (13). Diese Abmessungen kommen durch eine Neigung der Basenpaare gegen den Helixdurchmesser um 20° zustande. Hierdurch sind die o. a. Furchen längs der Doppelhelix angenähert gleich breit. Dies geht aus dem Kalottenmodell in Abb. 6 deutlich hervor. Daneben haben die Deoxyriboseringe die C-3'-endo Konformation, während in der B- und C-Form die C-2'-endo Konformation auftritt (Abb. 7).

Im Unterschied zu A- und B-Form tritt die C-Form in einer nichtintegralen 28_3 Doppelhelix auf, bei der also auf eine Helixwindung $9^{1}/_{3}$ Struktureinheiten kommen und die Identitätsperiode drei Windungen umfaßt. Die Basenpaare sind um 5° gegen den Helixdurchmesser geneigt, jedoch in der entgegengesetzten Richtung wie bei der A-Form. Dadurch werden die Unterschiede zwischen breiter und schmaler Furche noch ausgeprägter als bei der B-Form (7, 12). Diese C-Form, die bei 66 % relativer Feuchte in Abwesenheit von LiCl erhalten wird, zeigt eine hexagonale Anordnung der Doppelhelices. DNS, die, wie bei der B-Form erwähnt, 3 % LiCl enthalten, gehen bei nur 44 % relativer Feuchte ebenfalls in die C-Form über, jedoch bilden die Doppelhelices hier eine orthorhombische Einheitszelle.

Wie aus dem eben Geschilderten hervorgeht, ist die DNS-Konformation nicht nur stark vom Wassergehalt abhängig, sondern auch von der Elektrolytkonzentration und damit von der Konzentration der Gegenionen der DNS-Phosphat-Anionen. Dies beruht darauf, daß die Aktivität des Wassers a_w mit zunehmender Konzentration von Lithium, Natrium oder Caesium abnimmt, wobei die Art des Kations keine allzu große Rolle spielt (18). Damit wird gleichzeitig die Hydration der DNS in Mol H_2O/Mol Nucleotid vermindert. Maßgebend hierfür die Aktivität des Wassers. Daneben besteht eine geringe Abhängigkeit von der Basenzusammensetzung (18).

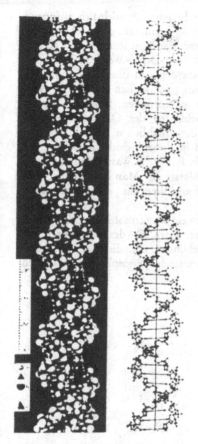

Abb. 5. Kalottenmodell einer DNS-Doppelhelix der nativen (B-)Form. Große und kleine Kurvatur sind deutlich zu erkennen (14, 15).

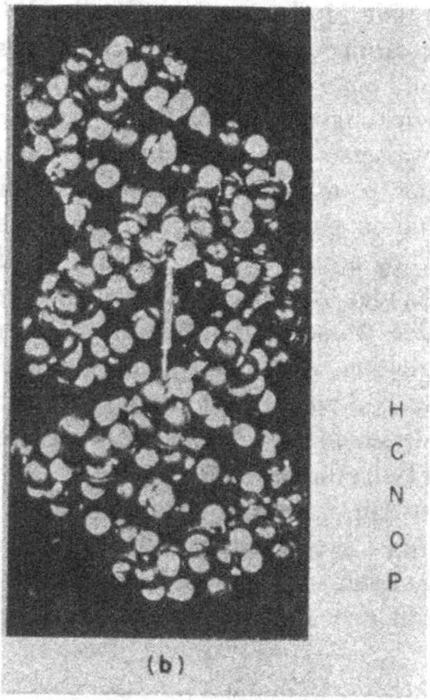

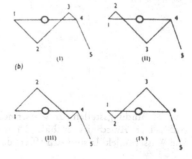

Abb. 6. Kalottenmodell einer doppelsträngigen Ribonucleinsäure 11_1-Helix, die der A-Form der DNS entspricht. Die Kurvaturen haben alle die gleiche Größe (16).

Abb. 7. Konformation der Pentose (17). (I) C2-endo, (I) C3-endo, (III) C2-exo, (IV) C3-exo.

13

Die Hydratwasserhülle der DNS besteht offensichtlich aufgrund verschiedener Untersuchungen aus einer primären, einer sekundären und einer tertiären Schicht (18). Durch die recht intensiven Wechselwirkungen verschiedener Art (u. a. Ion-Dipol-Wechselwirkungen, Wasserstoffbrücken [HBB]) unterscheiden sich die Wassermoleküle der primären Hydrathülle in ihrem physikalisch-chemischen Verhalten ganz wesentlich von denen im normalen, flüssigen Wasser. Dies ergibt sich u. a. aus Verschiebungen der OH-Schwingungsbanden im IR-Spektrum. Infolge der erheblichen Immobilisierung der Wassermoleküle können Ionen in dieser Schicht nicht mit der gleichen Aktivierungsenergie wie in flüssigem Wasser diffundieren, so daß sie für Elektrolyte undurchlässig ist. Man kann dabei drei verschiedene Arten von Wassermolekülen in dieser primären Hydrathülle unterscheiden:

Am festesten gebunden sind zwei Wassermoleküle, die durch Ion-Dipol-Wechselwirkung an das saure O^--des Phosphats gebunden sind, etwas weniger fest gebunden sind die vier über HBB mit den Pentose-Sauerstoffatomen und den Phosphodiesterbrücken

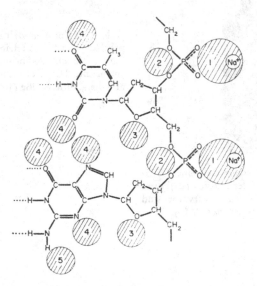

Abb. 8. Bindungsstellen für Wassermoleküle an einer DNS-Kette (schematisch). Der Ausschnitt enthält Thymin und Guanin als Seitengruppen. Die Wassermoleküle sind schraffiert dargestellt (19).

verbundenen Wassermoleküle (Abb. 8). Am wenigsten fixiert sind wohl fünf Wassermoleküle, die mit den Basen in den Kurvaturen der Helix in Wechselwirkung stehen. Insgesamt handelt es sich nach *Falk* et al. um 11—12 Wassermoleküle (18, 19). Diese Wassermoleküle gehen auch bei Abkühlung auf —20 °C nicht in eine eisartige Struktur über. Dies erscheint durchaus verständlich, da die sehr intensiven Wechselwirkungen der Wassermoleküle mit der DNS ihnen eine Orientierung aufzwingen, die nicht mit der von Eis I übereinstimmt, so daß keine eisartigen Strukturen längs der DNS auftreten können. Dies ist erst ab etwa 14 H_2O/Nucleotid nach Abkühlen auf —10 bis —20 °C möglich, also im Bereich der sekundären Hydrathülle.

Die Wassermoleküle der zweiten Schicht sind nicht direkt an die DNS gebunden. Es handelt sich dabei um 6—8 Wassermoleküle, die über Wasserstoffbrücken an die weitgehend immobilisierten der ersten Schicht gebunden sind. Auch diese Wassermoleküle unterscheiden sich infrarotspektroskopisch von denen des flüssigen Wassers.

Die tertiäre Hydrathülle ist nur wenig vom normalen flüssigen Wasser verschieden. Daher ist sie für Ionen durchlässig.

Bei hohen Wasseraktivitäten und in Abwesenheit von störenden Einflüssen gelöster Elektrolyte entsprechen alle drei Hydrathüllen dem nativen Zustand, in dem die B-Konformation der DNS vorliegt. Es wird angenommen, daß bei Elektrolytzusatz die B-Form solange unverändert bleibt, bis ein Hydratationsgrad Γ von 13 ± 1 H_2O/Nucleotidrest erreicht ist, d. h. bis die tertiäre Hydrathülle und der größte Teil der sekundären entfernt ist. Erst bei weiterer Verminderung der Wasseraktivität verbunden mit einem Abbau der primären Hydrathülle geht die B-Form in die C- und A-Form über. Hier sind nur noch die an die Nucleotidgruppen direkt gebundenen Wassermolekeln vorhanden.

Auch in Wasser-Alkohol-Mischungen findet anscheinend infolge eines Abbaus der primären Hydrathülle eine Konformationsänderung statt (18, 20). Dies geht einmal aus dem plötzlichen Abfall der Viskositätszahl $[\eta]$ als Funktion des Alkoholgehalts und zum anderen aus der weiteren allmählichen Abnahme von $[\eta]$ bei höheren Alkoholkonzentrationen hervor (Abb. 9).

Die Hydratation der DNS soll nach Untersuchungen von *Suwalsky* und *Traub* (18, 21) unabhängig davon sein, ob sie frei oder als Komplex mit basischen Polypeptiden (z. B. Histonen) vorliegen, wie es im Zellkern der Fall ist.

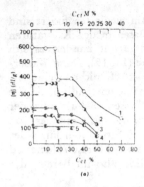
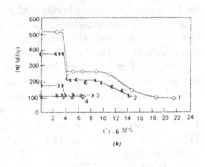

(a)

(b)

Abb. 9. Abhängigkeit der Viskositätszahl [η] von DNS-Lösungen a) vom Ethanolgehalt (Vol. %) bei verschiedenen Ionenstärken. NaCl-Gehalt: 1 : 4 · 10⁻⁴; 2 : 1 · 10⁻³; 3 : 4 · 10⁻⁴; 4 : 10⁻²; 5 : 1 · 10⁻¹ Mol/l (18, 20); b) vom Gehalt an tert. Butanol (Mol %) bei verschiedenen Ionenstärken. NaCl-Gehalt: 1 : 5 · 10⁻⁴; 2 : 1 · 10⁻³; 3 : 1 · 10⁻²; 4 : 10⁻¹ Mol/l (18, 20).

2.2. Stabilisierung der Doppelhelix

Die Doppelhelix der DNS stellt infolge ihres hohen Ordnungsgrades einen sehr entropiearmen Zustand dar. Die erforderliche Stabilisierung erfolgt zum einen dadurch, daß die einander gegenüberstehenden Basenpaare durch zwei oder drei Wasserstoffbrücken miteinander in Wechselwirkung stehen. Bei dieser „Basenpaarung" gilt strenge Komplementarität, d. h. ein Adeninrest steht stets einem Thymin- oder Uracilrest, ein Guanin- stets einem Cystosinrest gegenüber. A–T bilden dabei zwei, G–C drei Wasserstoffbrücken (Abb. 2). Damit sind also die beiden Stränge der Doppelhelix vollständig komplementär zueinander.

Andererseits wird die Doppelhelix auch in erheblichem Umfang durch die Wechselwirkung der π-Elektronen der übereinander gestapelten Basenpaare stabilisiert (Stapel-Effekt).

De Voe und *Tinoco* haben theoretisch gezeigt, daß die Übergangswahrscheinlichkeit der π-Elektronen zwischen Grund- und angeregtem Zustand einer Base durch die Nachbarschaft der anderen beiden Basen beeinflußt wird (21a). Durch die Basenstapelung wird die Übergangswahrscheinlichkeit der π-Elektronen in den angeregten Zustand vermindert, so daß der molare Extinktionskoeffizient abnimmt. Dies ist die Ursache für das Auftreten der „Hypochromizität" einer nativen DNS gegenüber einer Mischung gleicher Zusammensetzung aus den Nucleotidbausteinen derselben Konzentration oder — in etwas geringerem Umfang — einer denaturierten, nichthelicalen, ungeordneten DNS (Abb. 10). Offensichtlich findet auch hier noch eine gewisse Wechselwirkung der Basen statt, so daß der molare Extinktionskoeffizient noch etwas niedriger als der des Gemisches der einfachen Nucleotide ist.

Im allgemeinen bezieht man jedoch diese Änderung der Extinktionskoeffizienten bzw. der Absorption auf die der nativen DNS, so daß man — vom Zustand der Doppelhelix ausgehend — bei der Denaturierung, dem Übergang in einen weniger geordneten Zustand, einen hyperchromen Effekt beobachtet (Abb. 10). Diese

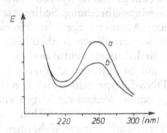

Abb. 10. UV-Spektren a) von denaturierter b) von nativer DNS. Hyperchromieeffekt bei der Denaturierung (schematisch).

Hyperchromizität H (im allgemeinen im Maximum der UV-Absorption der DNS bei 260 nm gemessen) definiert man folgendermaßen:

$$H = \frac{E'_{DNS}}{E_{DNS}} - 1$$

wobei E'_{DNS} der Extinktionskoeffizient der denaturierten DNS oder der monomeren Nucleotide, E_{DNS} der der nativen DNS ist. Bei denaturierter DNS ist H = 0,3—0,4, bei Monomeren beträgt H = 0,5—0,6. Die optische Aktivität der Nucleinsäuren wird im allgemeinen einmal durch die Kohlenhydratkomponente bedingt. Zu dieser Konfigurationsdissymmetrie kommt im nativen Zustand durch die Chiralität der Schrauben- bzw. Doppelschraubenstruktur eine Konformationsdissymmetrie und dadurch eine zusätzliche induzierte optische Aktivität der Basen hinzu. Damit unterscheidet sich die optische Aktivität eines nativen Nucleinsäuremoleküls quantitativ und vor allem qualitativ von der der denaturierten Nucleinsäuren, besonders aber von der der Summe der darin enthaltenen Mononucleotide.

Die im Stapeleffekt zum Ausdruck kommenden Wechselwirkungen der π-Elektronen sind, auch bei niedermolekularen Verbindungen mit π-Elektronensystemen, seit langem wohlbekannt. Sie lassen sich demgemäß auch an Mononucleosiden und -nucleotiden aufzeigen. So kann man diese zu einer koplanaren Assoziation führende Wechselwirkung der π-Elektronen u. a. dadurch nachweisen, daß bei NMR-Untersuchungen die Resonanzfeldstärke der Basenprotonen infolge der stärkeren Abschirmung in den Assoziaten zu höheren Werten verschoben ist.

Auch aus Lichtstreuungs- und hydrodynamischen Messungen (Viskosität, Strömungsdoppelbrechung, Sedimentation in der Ultrazentrifuge) kann man Aussagen über die Molekülform erhalten, wenn sie auch nicht so detaillierte Rückschlüsse auf die Konformation zulassen wie die Röntgenstrukturanalyse.

Bei der Bildung und Stabilisierung einer solch hochgeordneten Struktur wie der DNS-Doppelhelix spielen nicht nur die bisher besprochenen energetischen Wechselwirkungen eine Rolle, sondern auch Entropieeffekte da — wie bereits erwähnt — die DNS-Doppelhelix einen Ordnungszustand geringer Wahrscheinlichkeit und somit niedriger Entropie repräsentiert. Das bedeutet also, daß nach der *Gibbs-Helmholz*schen Beziehung für die freie Enthalpie einer solchen Doppelhelix

$$\Delta G = \Delta H - T\Delta S$$

der Enthalpieterm ΔH negativ genug sein muß, damit ΔG negativ wird, weil der zweite Term infolge des negativen Vorzeichens von ΔS positiv ist.

In ΔS ist aber nicht nur die Entropie der Molekülketten enthalten, sondern auch die der mit ihnen in Wechselwirkung stehenden Hydratwassermoleküle. Betrachtet man zwei Einzelhelices in wäßriger Lösung, so sind neben der Polyester-Hauptkette auch die seitständigen Basen hydratisiert, wobei die Wassermoleküle in diesen Hydrathüllen eine geringere Beweglichkeit infolge ihrer Wechselwirkung mit den hydratisierten Gruppen haben als weit von diesen entfernte. Damit ist also ihre Entropie geringer als die der „normalen" Wassermoleküle. Beim Zusammentreten zweier Einzelketten zur Doppelhelix werden diese Hydratwassermolekeln von den Basen entfernt, ihre Beweglichkeit und damit ihre Entropie

nimmt infolge des Gewinns vor allem an Translationsfreiheits-
graden zu. Diese positive Entropieänderung des Lösungsmittels
verringert somit die negative Konformationsentropie bei der Bildung der Doppelhelix. Es ist verständlicherweise sehr schwierig,
die Beiträge der einzelnen Energie- und Entropieterme zur Gesamt-
enthalpie der Doppelhelixbildung zu ermitteln, die insgesamt etwa
7 kcal/Mol (pro Basenpaar) beträgt.

2.3. Konformationsumwandlungen von DNS

Die native, geordnete, entropiearme Konformation der DNS
kann ebenso wie die anderer Biopolymerer durch Änderung
äußerer Parameter in andere Konformationen übergeführt werden.
Handelt es sich hierbei um weniger geordnete, knäuelartige
Konformationen, so spricht man von *Helix-Knäuelumwandlung.*
Es gibt jedoch auch Helix-Helix-Umwandlungen, bei der die
ursprüngliche Helix in eine andere Helixart übergeht (s. S. 179).

Bei den Deoxyribonucleinsäuren können solche Konformationsumwandlungen, die zu einem denaturierten, biologisch nicht mehr
funktionsfähigen Zustand führen, durch folgende Maßnahmen
bewirkt werden:

1. Temperaturerhöhung auf über 80 °C
2. pH-Wert-Änderungen auf < 4–3 oder > 11
3. Herabsetzung der Ionenstärke des Gegenions der Phosphat-
   ionen des Polynucleotid-Gerüstes
4. Änderung der Ionenart
5. Zusatz organischer Lösungsmittel wie Alkohole, Formamid,
   Dimethylformamid, Dimethylsulfoxid etc.

Wirken mehrere denaturierende Faktoren gleichzeitig ein, so beobachtet man, daß sie sich additiv verhalten.

Nachweisen kann man die eintretende Konformationsänderung
mit allen im vorigen Abschnitt angeführten Methoden wie UV-
Absorption (bei 260 nm), CD, ORD, Viskosität, Sedimentationskoeffizient, Diffusionskoeffizient, Lichtstreuung.

Die Meßgröße ändert sich als Funktion eines der oben genannten
äußeren Parameter (Temperatur, pH etc.) beim Eintreten der
Konformationsumwandlung mehr oder weniger sprunghaft, und
man erhält eine entsprechend steile S-förmige Umwandlungskurve
(Abb. 11). Bei diesen Vorgängen handelt es sich um kooperative
Prozesse ähnlich wie bei Phasenumwandlungen wie z. B. dem

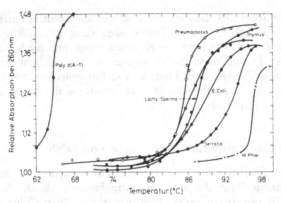

Abb. 11. Denaturierungstemperatur T_m von DNS mit verschiedenem Gehalt an (G + C) (1).

Schmelzen eines Stoffes. Dabei beeinflußt der Zustand eines Moleküls oder Molekülteils den seiner nächsten Nachbarn, so daß sich die Zustandsänderung von einem einmal gebildeten Keim aus sehr rasch fortpflanzt im Unterschied zu nichtkooperativen chemischen Vorgängen, bei denen ein Molekül nichts vom Zustand seines Nachbarmoleküls „weiß". Auf die Theorie der kooperativen Konformations-Umwandlungen wird noch näher eingegangen (S. 171). Die Lage eines solchen Vorganges auf der Abszisse (also der Temperatur- oder pH-Skala etc.) wird durch den Wert, bei dem die Hälfte der Moleküle im Ausgangszustand und die andere im End-Zustand vorliegt, also durch den Mittelpunkt der Umwandlung, durch den zugehörigen Wert T_m, pH_m etc. gekennzeichnet.

2.3.1. Thermische Konformationsumwandlung

Einige typische thermische Umwandlungskurven von DNS mit verschiedenen (G + C)-Gehalt (vgl. auch Tab. 2) zeigt Abb. 11, in der die relative UV-Absorption bei 260 nm als $f(T)$ aufgetragen ist.

Wie bereits mitgeteilt bilden in der Doppelhelix die Paare A—T zwei, die Paare G—C dagegen drei Wasserstoffbrücken aus. Man sollte daher erwarten, daß die Bindung zwischen diesen fester ist als zwischen jenen. Tatsächlich ist es so, daß T_m und damit die thermische Stabilität der Doppelhelix eine lineare Funktion des Gehaltes an (G + C) ist:

$$T_m = 69,3 + 0,41\,(G + C) \qquad\qquad [2\text{–}1]$$

Diese Beziehung gilt in einer Lösung, die 0,15 m an NaCl und 0,015 m an Na-citrat ist (Abb. 12). Die starke Abhängigkeit der T_m-Werte von der Ionenart und auch deren Konzentration geht aus Abb. 13 hervor.

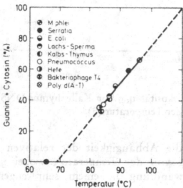

Abb. 12. T_m von DNS als Funktion des (G + C)-Gehaltes (14).

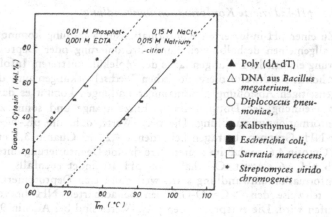

Abb. 13. Abhängigkeit der T_m-Werte von DNS verschiedenen (G + C)-Gehaltes bei verschiedener Zusammensetzung der Pufferlösung (15): a) in 0,01 m Phosphat + 0,001 m; b) in 0,15 m NaCl + 0,015 m Na-citrat.

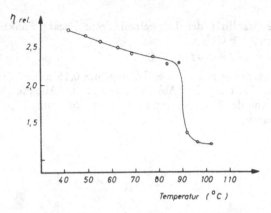

Abb. 14. Relative Viskosität η_{rel} von Kalbsthymus-DNS in 1,0 m NaCl, pH 7,0 als Funktion der Temperatur (3).

Abb. 14 zeigt die Abhängigkeit der relativen Viskosität η_{rel} einer DNS-Lösung von der Temperatur, wobei η_{rel} infolge der Helix-Knäuel-Umwandlung in einem sehr engen Temperaturintervall abfällt.

2.3.2. pH-induzierte Konformationsumwandlung

Zu einer pH-induzierten Konformationsumwandlung kommt es im allgemeinen deshalb, weil durch Protonierung oder Deprotonierung elektrische Ladungen längs der Moleküle auftreten. Infolge der hohen Reichweite dieser ionischen Wechselwirkungen und der gegenseitigen Abstoßung gleichnamiger Ladungen kommt es dann zur Trennung der Doppelhelix in Einzelstränge und somit zur Konformationsumwandlung. Die pK_{21}-Werte, d. h. die pK-Werte der NH_2-Gruppen, betragen bei Adenin 4,2, bei Guanin 3,3 und bei Cytosin 4,6, so daß im sauren Bereich eine Denaturierung unterhalb pH 4,6 eintritt. Oberhalb von pH 10 findet ebenfalls eine Konformationsumwandlung statt, weil dann eine Deprotonierung der teilweise den $>C=O$-Gruppen benachbarten NH hervorgerufen wird. Die entsprechenden pK_{22}-Werte sind bei Adenin 9,8, bei Guanin 9,2 bei Cytosin 12,2, bei Thymin 9,8 und bei Uracil 9,5.

Mit der pH-Wert-Änderung verschieben sich in diesen pH-Bereichen die Umwandlungstemperaturen T_m beträchtlich. Zwischen der Änderung von T_m mit dem pH, also von dT_m/dpH und der im

Mittel pro Basenpaar ausgetauschten Protonenzahl Δn besteht die Beziehung

$$\Delta n = \frac{\Delta HT_{m,\,app}}{2{,}303\,RT_m^2} \cdot \frac{dT_m}{dpH} \qquad\qquad [2-2]$$

wobei $\Delta HT_{m,\,app}$ die kalorimetrisch ermittelte scheinbare Umwandlungenthalpie ist. „Scheinbar" deshalb, weil darin noch die Ionisationsenthalpie des dritten Protons der Phosphorsäure mit $\Delta H_1 = 4{,}2$ kcal/Mol enthalten ist.

Bei einer mittleren Änderung der Protonenzahl von $\Delta n = 0{,}6$, also bei 60 %iger Protonierung, ergibt sich so für eine DNS (Kalbsthymus) in 0,15 m Phosphat-Puffer bei einer pH-Wert-Erhöhung von 10,3 auf 11,3 eine Herabsetzung von T_m von 68,8 °C auf 34,4 °C.

2.3.3. Stabilisierung und Destabilisierung der DNS-Konformation durch Ionen

Für die Stabilisierung der DNS-Doppelhelix sind, wie schon erwähnt, Ionen notwendig. In vivo handelt es sich dabei vor allem um Mg^{2+}-Ionen sowie um $\omega\text{-}NH_3^+$ und $\omega\text{-}NH\text{-}C\text{-}(NH_2)_2^+$-Ionen von basischen Proteinen (Histonen und Protaminen). In vitro haben sich neben den Alkaliionen auch die von Co^{2+}, Mn^{2+}, Ni^{2+} und Zn^{2+} in unterschiedlichem Maße als stabilisierend erwiesen. Die bereits erwähnte Beziehung zwischen dem Gehalt an $(G + C)$ und T_m in 0,2 m NaCl und 0,015 m Na-citrat, pH 7,5 folgt aus der allgemeinen Beziehung für den Zusammenhang zwischen $(G + C)$, T_m und der Na^+ Konzentration

$$\% \, (G + C) = 2{,}44 \, (T_m - 81{,}5 - 16{,}6 \log [Na^+]) \qquad [2-3]$$

Ganz allgemein besteht folgende Abhängigkeit zwischen T_m und dem negativen dekadischen Logarithmus der Ionenkonzentration $pM = -\log [M^+]$

$$T_m = A - B.pM \qquad\qquad [2-4]$$

Den Einfluß von pM auf T_m in CsCl und LiCl-Lösungen zeigt Abb. 15. Auch die Abhängigkeit der Umwandlungstemperatur T_m vom Gehalt an $(G + C)$ ist somit nach Gl. 2–1 abhängig von der Kationenkonzentration wie es die Abb. 16 wiedergibt. Mit zunehmender Kationenkonzentration (also kleinerem pM) wird sie jedoch merklich geringer.

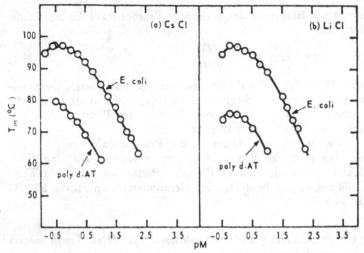

Abb. 15. T_m von Poly-dAT und E. coli DNS als Funktion der Ionenkonzentration [pM = —log M⁺)] von a) CsCl und b) LiCl (24).

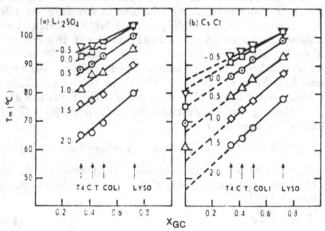

Abb. 16. T_m in Abhängigkeit vom Molenbruch X_{GC} der (G+C)-Paare. Als Parameter ist die Alkalikonzentration in pM-Einheiten von —0,5 bis 2,0 angegeben. a) für Li_2SO_4 b) für CsCl. Die Werte bei $X_{GC} = 0$ sind die von Poly-dAT in CsCl; extrapolierte und experimentelle Werte weichen um ca. 5 °C voneinander ab (24). (T4 DNS: $X_{GC} = 0,34$; Kalbs-Thymus: $X_{GC} = 0,42$; E. coli-DNS: $X_{GC} = 0,50$; M. lysodeiktikus DNS: $X_{GC} = 0,72$).

24

Kationen, die mit den Basen der DNS Komplexe bilden, wie Ag⁺, Pb⁺, Hg²⁺, Cu²⁺ und Fe²⁺ verursachen dadurch z. T. irreversible Strukturänderungen, führen also zur Denaturierung.

Auch einige Anionen, wie CCl_3COO^-, CNS^- und ClO_4^- wirken denaturierend auf DNS.

Die Konformation der nativen DNS wird jedoch nicht nur von den relativ kleinen Metallkationen, sondern auch von recht großen aromatischen Kationen, insbesondere planaren Mehrringsystemen wie Phenanthrolin und Acridin stabilisiert. Anscheinend erfolgt das in erster Linie durch π-Elektronenwechselwirkungen zwischen den Aromaten und den Basen (Stapeleffekt). Außerdem spielen dabei möglicherweise hydrophobe Effekte eine Rolle, da bei den methylierten Ringsystemen T_m noch stärker erhöht wird (Abb. 17).

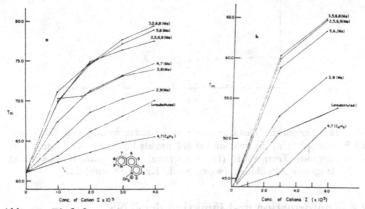

Abb. 17. Einfluß von kondensierten aromatischen Ringsystemen auf die Umwandlungstemperatur T_m. a) bei Lachs-Spermien DNS und b) Poly-(dAT)-Poly(dAT) in 0,01 m morpholinäthansulfonsauren Puffer bei pH 6,2 (25).

Andererseits müssen wohl auch sterische Effekte hierbei von Bedeutung sein, da z. B. phenylierte Ringsysteme niedrigere T_m-Werte als die unsubstituierten aufweisen (25).

2.3.4. Reversibilität der Doppelhelix-Knäuelumwandlung

Die Konformations-Umwandlung der DNS ist (abhängig von den experimentellen Bedingungen) mehr oder weniger reversibel. So ist nach thermischer Denaturierung der Denaturierungsgrad um so geringer je langsamer die Abkühlung erfolgt, so daß bei sehr langsamer Temperaturerniedrigung fast vollständige Renaturierung stattfindet. Bei schnellem Abkühlen hingegen wird der ungeordnete Zustand „eingefroren" und die auf dem Hyperchromie-Effekt beruhende Differenz der Extinktionskoeffizienten von renaturiertem und nativen Zustand $\Delta\varepsilon_{renat} - \Delta\varepsilon_{nat}$ bei 260 nm ist groß, wie Abb. 18 zeigt.

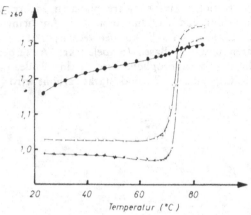

Abb. 18. Thermische Denaturierung und Renaturierung von DNS (aus T2-Bakteriophagen). Extinktion bei 260 nm als Funktion der Temperatur: —x— steigende Temperatur (Denaturierung) —●— schnelle Abkühlung —○— langsame Abkühlung (weitgehende Renaturierung) (22).

2.4. Konformation und Funktion der RNS

Es wurde bereits erwähnt (S. 4), daß man nach ihrer Funktion bei der Proteinbiosynthese drei verschiedene Arten von Ribonuclein-säuren unterscheiden kann. Außerdem kommen RNS auch in Viren vor und können dort infolge des besonderen Vermehrungsmecha-nismus der Viren als Informationsspeicher, aber auch als Matrize wie die m-RNS dienen. Der Vollständigkeit halber sei erwähnt, daß es noch einige andere Arten von RNS gibt, über die bisher wenig bekannt ist (vgl. 3).

Die RNS sind im Unterschied zur DNS im allgemeinen ein-strängig, mit Ausnahme von einigen Virus-RNS. Dies ist für ihre Konformation von ausschlaggebender Bedeutung. Sie unterscheiden sich im Molekulargewicht untereinander sehr erheblich. So bestehen die t-RNS nur aus etwa 76—84 Strukturelementen und haben daher relativ niedrige Molekulargewichte von etwa 25 000. Die m-RNS haben hingegen Molekulargewichte bis ca. 10^6 ähnlich wie die ribosomale RNS, können somit aus über 3500 Nucleotidresten aufgebaut sein.

2.4.1. Die Konformation der t-RNS

Diese bedingt, daß die äußere Gestalt dieser Moleküle globulär, ellipsoidartig ist, wie aus Lichtstreuungsmessungen der Röntgenkleinwinkelstreuung (KWS), der Strömungsdoppelbrechung, dem viskosimetrischen Verhalten etc. hervorgeht. So ist aufgrund der Röntgen-KWS das Achsenverhältnis der Phenylalanin-t-RNS 4 : 1 und damit sehr viel kleiner als bei einer vergleichbaren DNS (etwa 14 : 1). Infolge der relativ geringen Kettenlänge waren die t-RNS die ersten Nucleinsäuren, deren Sequenz aufgeklärt wurde, so daß man auch Konformationsbetrachtungen anstellen konnte. Die erste überhaupt bekanntgewordene Poly-Nucleotid-Sequenz ist die der Hefe-Alanin-Transfer-RNS [*Holley* et al. (26)]. Aufgrund der bemerkenswert hohen Hypochromie ist auf starke Basenwechselwirkung durch einen Stapeleffekt und damit auch auf doppelhelicale Strukturen zu schließen. Bei einsträngigen RNS sind solche Doppelhelices aber nur durch Kettenrückfaltungen möglich. Mit Hilfe des Komplementaritätsprinzips der Basenpaarung kann man bei bekannter Basensequenz durch Ausprobieren Modelle möglicher Sekundärstrukturen mit Doppel- und Einzelstrangabschnitten erstellen. Dabei kann man von der Voraussetzung ausgehen, daß Sekundärstrukturen mit einer maximalen Zahl gepaarter, also zueinander komplementärer, Basen am stabilsten sind. Sie ergaben sich aus der Basen-Sequenz der o. a. Alanin-Transfer-Ribonucleinsäure, die 1964 von *Holley* et al. aufgeklärt wurde. Etwa die Hälfte der Basen liegt dabei in doppelsträngigen Abschnitten infolge von Kettenrückfaltung vor. Die wahrscheinlichste Sekundärstruktur ist das Kleeblatt mit vier doppelsträngigen Abschnitten, die jeweils aus 4 bis 6 Basenpaaren bestehen. Die anderen vorgeschlagenen Strukturen haben kürzere, kaum noch stabile doppelsträngige Gebiete mit sehr kleinen Schleifen. Abb. 19 zeigt das verbesserte Modell sowie das der Serin-t-RNS aus Hefe. Die Kleeblattform läßt sich auch mit allen bekannten biochemischen Funktionen einer t-RNS vereinbaren, und es ist bei allen bisher aufgeklärten t-RNS möglich, diese Sekundärstruktur zu erhalten.

Nach ORD-Untersuchungen enthalten die t-RNS-Moleküle im Mittel 26 Basenpaare (36); damit sind 56—71 % der Reste gepaart angeordnet.

Die Kleeblatt-Konformation läßt fünf Abschnitte erkennen, die als Aminosäure-, TψC-, Extra-, Anticodon- und Dihydrouracil-Arm bezeichnet werden. Dabei enthält der Aminosäure-Arm die beiden Kettenenden und in den Aminoacyl-t-RNS befindet sich die Aminosäure am 3'-Ende. In allen bisher bekannten Fällen haben die letzten drei der vier ungepaarten als „Schwanz" bezeichneten Reste die Sequenz -C-C-A. Am sog. Anticodon-Arm befindet sich das für die biologische Funktion bei der PBS zwingend notwendige Anticodon. Hierüber erfolgt die Wechselwirkung mit dem Codon-Triplett der m-RNS. Der TψC-Arm wird so genannt, weil die zugehörige Schleife fast stets mit dieser Sequenz beginnt; er kann in einzelnen Fällen fehlen. Der Dihydrouracil-Arm enthält gewöhnlich ein- oder zweimal Dihydrouracil. Sein helicaler Abschnitt besteht nur aus drei oder vier Basenpaaren, die Schleife aus 8—10 Strukturelementen. Es wird angenommen, daß dieser Abschnitt für die Wechselwirkung der t-RNS mit der Aminoacylsynthetase erforderlich ist. Dieses Enzym ist für die Anlagerung der Aminosäure an die t-RNS notwendig. Die größten Unterschiede hinsichtlich seiner Größe weist der „Extra"-Arm zwischen Anticodon -und T-ψ-C-Arm auf, der aus 3 bis 14 Nucleotiden bestehen kann (Abb. 19).

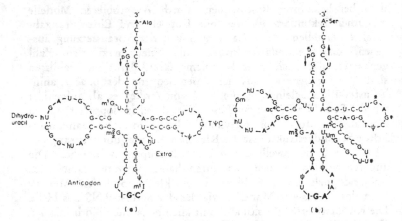

Abb. 19. Sekundärstruktur (Kleeblattform) von a) Hefe-Alanintransfer-RNS (t-RNS^Ala) (7, 20 und b) -Serin-t-RNS (t-RNS^Ser) (7, 21).

Interessant ist, daß in einigen t-RNS Thiopyrimidine auftreten. Anscheinend dienen sie ähnlich wie bei Proteinen zur Stabilisierung der Tertiärstruktur, da bei Tyrosin-t-RNS aus *E. coli* intramolekulare S-S-Brücken nachgewiesen worden sind. Daß die t-RNS eine definierte, für ihre biologische Funktion erforderliche, Tertiärstruktur besitzen und die Kleeblattform nur die Sekundärstruktur darstellt, ist außer jedem Zweifel. Dies geht aus den bereits erwähnten Röntgen-Untersuchungen, aus ihren hydrodynamischen Eigenschaften und der verminderten chemischen Reaktionsfähigkeit der Basen hervor. Die Konformation der verschiedenen t-RNS ist hiernach sehr ähnlich. Für die Tertiärstruktur wird das in Abb. 20 dargestellte Modell in Betracht gezogen, das der Wirklichkeit mehr oder weniger nahe kommt. Es scheint, als ob besonders dieses Modell in Abb. 20 die Forderung nach freier Zugänglichkeit von Aminosäure- und Anticodon-Arm und nach einer kurzen stäbchenförmigen Gestalt von 85—125 Å Länge und ca. 20 Å Dicke, die sich auch aus elektronenmikroskopischen Aufnahmen ergibt, erfüllt (Abb. 21).

So wurden eine Anzahl von t-RNS in Form von Einkristallen erhalten.

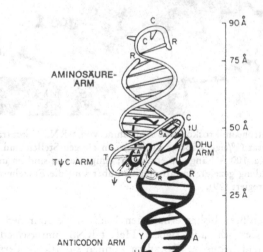

Abb. 20. Tertiärstruktur vorgeschlagen für Formyl-Methionin-t-RNS (t-RNS^F-Met) aus E. coli (7, 28).

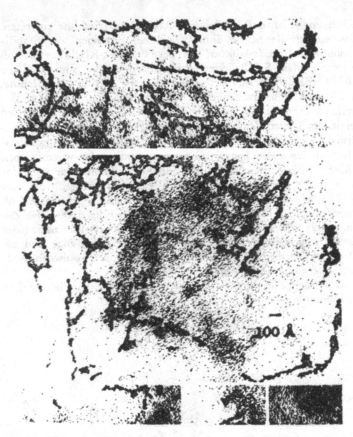

Abb. 21. Elektronenmikroskopische Aufnahme von t-RNS^{Ser} kontrastiert mit Uranylacetat (1%ige wäßrige Lösung). An einigen Stellen sind kurze Stäbchen von ca. 100 Å Länge zu erkennen; einige davon sind im unteren Teil der Abbildung gezeigt. Im allgemeinen aber sind die Einzelmoleküle fadenartig aggregiert (29).

Die wohl größten bisher erhaltenen Einkristalle stammen dabei von einem Gemisch aus sieben Hefe-t-RNS unterschiedlicher Kettenlänge und Sequenz. Trotzdem können sie alle in derselben Einheitszelle untergebracht werden, ähnlich der von N-Formyl-Methionin-t-RNS (aus *E. coli*), die stets als erste Aminoacyl-t-RNS die Proteinbiosynthese startet. Diese t-RNS bildet u. a. eine orthorhombische Einheitszelle, die mit den Abmessungen a = 120 Å, b = 55 Å und c = 25 Å eine der kleinsten der an diesen RNS beobachteten ist. Dabei entspricht c = 25 Å der Dicke des t-RNS Moleküls. Aus der Raumgruppe P 222 folgt außerdem, daß zwei Moleküle in der Einheitszelle enthalten sind, worauf b = 55 Å hinweist. Der Wert von a = 120 Å entspricht der Länge der Dimeren.

Abb. 22 gibt für eine hexagonale Form der F-Met-t-RNS aus E. coli die Anordnung der Moleküle im Kristall wieder. Die Wiederholungseinheit wird dabei von Dimeren gebildet, die aus 90 Å langen t-RNS-Molekülen bestehen.

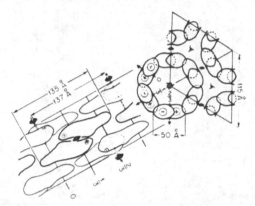

Abb. 22. Hexagonale Anordnung von Formyl-Methionin-t-RNS aus E. coli im Kristall (7, 30).

Die Tatsache, daß die t-RNS bei allen Lebewesen praktisch dieselben Funktionen haben, ist offenbar die Ursache dafür, daß ihre Basensequenz — auch bei entwicklungsgeschichtlich sehr weit von einander entfernten Arten — weitgehend ähnlich ist. Das zeigt Abb. 23 an Phenylalanin-t-RNS von Kaninchenleber, Weizenkeimlinge und Hefe. Verständlich wird dies, wenn man davon ausgeht, daß die Konformation eines Moleküls von seiner chemischen Primärstruktur bestimmt wird, eine bestimmte Konformation aber Voraussetzung für die Erfüllung der biologischen Funktion ist.

2.4.2. m-RNS

Das bei den t-RNS angewandte Prinzip zur Aufstellung von Modellen der Sekundär- und Tertiärstruktur kann in analoger Weise

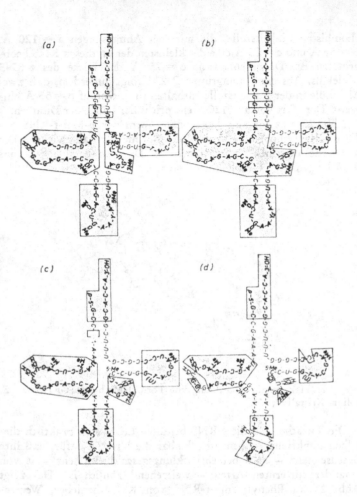

Abb. 23. Basensequenz von Phenylalanin-t-RNS von verschiedenen Lebewesen. Identische Sequenzen sind durch die schraffierten Felder gekennzeichnet. a) t-RNS^Phe aus Hefe und identische Sequenzen in Kaninchenleber-t-RNS^Phe; b) t-RNS^Phe aus Weizenkeimlingen und identischen Sequenzen von Kaninchenleber t-RNS^Phe; c) t-RNS^Phe aus Kaninchenleber, wobei die allen zellkernhaltigen Lebewesen (Eukaryonten) gemeinsamen Basen durch schraffierte Felder gekennzeichnet sind; d) wie c), jedoch sind die bei t-RNS^Phe von Pro- und Eukaryonten gemeinsam auftretenden Basen durch Schraffur markiert (3, 31).

bei den m-RNS angewendet werden. Auch bei ihnen weiß man aus den Ergebnissen der bei der t-RNS angeführten Meßmethoden, daß die Moleküle nicht stäbchenförmige, sondern globuläre Gestalt haben. So wurde für die einsträngige RNS aus Tabakmosaik-Viren (TMV) mit einem Molekulargewicht von $2 \cdot 10^6$ bei pH 8 in Lösung nur ein Trägheitsradius von 300 Å gefunden, während für ein stäbchenförmiges Molekül dieses Molekulargewichtes ca. 7500 Å zu erwarten sind. Auch hier besteht, wie aus den UV-Spektren hervorgeht, eine starke Hyperchromie von 40–50 % und damit eine beträchtliche, auf den Stapeleffekt zurückzuführende Basenwechselwirkung. Ebenso läßt die Abnahme der spezifischen Drehung von + 190° bei 20 °C auf Null bei + 80 °C darauf schließen, daß auch in den einsträngigen m-RNS-Molekülen Doppelhelices und damit ein recht hoher Ordnungsgrad vorliegen.

Durch eine beachtliche Leistung wurde von *Fiers* et al. (32, 33) 1976 in Gent die Primärstruktur des Moleküls der RNS aus MS2-Bakteriophagen bestehend aus 3569 Nucleotidresten (Molekular-

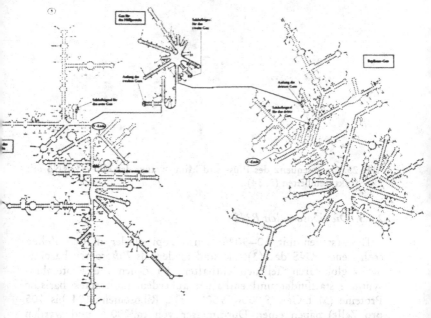

Abb. 24. Virus-RNS des Bakteriophagen MS-2 nach *Fiers* et al. (32, 33).

gewicht $1,2 \cdot 10^6$) aufgeklärt. Damit war es möglich, ein Modell der Sekundärstruktur eines so großen Moleküls aufzustellen, das eine sehr viel kompliziertere Sekundärstruktur als eine DNS hat, wie man aus Abb. 24 erkennt.

Ein weiteres Beispiel für die Sekundärstruktur einer Virus-RNS zeigt Abb. 25. Der Plusstrang ist dabei der im Virus normalerweise vorkommende, der Minusstrang ist die für die Vermehrung der Plusstränge erforderliche komplementäre Kopie. Näheres hierüber ist z.B. in (3) zu finden.

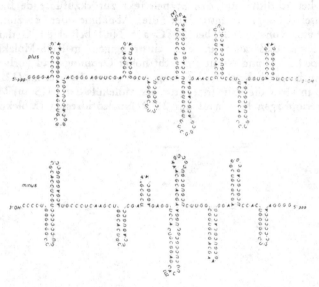

Abb. 25. Basensequenz des Plus- und Minusstrangs der MDV-1-RNS mit 218 Struktureinheiten (3, 34).

2.4.3. Die ribosomalen RNS

Diese stellen mit 80—90 % den Hauptteil der in den Zellen enthaltenen RNS dar (3). Sie sind in den als *Ribosomen* bezeichneten globulären Teilchen enthalten, an denen die Proteinbiosynthese stattfindet und enthalten außerdem noch stark basische Proteine (Mol. Gew. 9 000—28 000). Die Ribosomen (104 bis 105 pro Zelle) haben einen Durchmesser von ca. 200 Å und werden gewöhnlich durch Angabe ihrer Sedimentationskonstanten S in

Svedberg-Einheiten (10^{-13} g) charakterisiert. Bakterienzellen enthalten 70 S-, tierische und pflanzliche Zellen 80 S-Ribosomen. Unterhalb einer Magnesium-Ionenkonzentration von 0,01 Mol/l zerfallen sie in eine größere 50- bzw. 60 S- und eine kleinere 30- bzw. 40 S-Untereinheit. Diese sind aus mehreren Proteinen und zwei bzw. einem r-RNS-Molekül zusammengesetzt.

Bei den am ausführlichsten beschriebenen Ribosomen von *E. coli* enthält die 50 S-Einheit eine r-RNS vom Mol. Gew. 1,1 · 10^6 (23 S) und eine niedermolekulare 5 S aus 120 Nucleotidresten, die nur aus A, U, G, C- aufgebaut ist, d. h. keine seltenen Basen besitzt, sowie 33 verschiedene Proteine. Die kleinere 30 S-Einheit besteht aus einer r-RNS-Kette vom Molekulargewicht 0,55 · 10^6 (16 S) und 21 verschiedenen Proteinen. Die beiden hochmolekularen r-RNS enthalten nicht nur methylierte Basen sondern auch methylierte Ribosen, wie z. B. im N^6-2'-O-Dimethylcytidin. Beide sind in ihrer Sequenz weitgehend aufgeklärt. Nach dem bei t-RNS und m-RNS angewandten Prinzip der maximalen Basenpaarung wurden z. B. für die weitgehend aufgeklärte Sequenz der 16 S-rRNS aus *E. coli* eine mögliche Sekundärstruktur vorgeschlagen.

Die 5 S r-RNS besteht bei Bakterien zwar aus derselben Zahl von Strukturelementen wie bei der in tierischen Zellen enthaltenen, unterscheidet sich aber ganz deutlich durch die Basensequenz und damit auch durch ihre Sekundär- und Tertiärstruktur. Zumindest bei Wirbeltieren scheint sie weitgehend identisch zu sein. Auch hier ist die Sekundärstruktur noch nicht ganz sicher. In der 60 S-Untereinheit der Ribosomen aus Zellen von Eukaryonten ist noch eine zweite niedermolekulare r-RNS (5,8 S) enthalten, deren Sequenz vollständig bekannt ist (3, 35).

Insgesamt gesehen liegen in den r-RNS lange doppelhelicale Abschnitte vor. Röntgenuntersuchungen an orientierten Proben vor allem der hochmolekularen r-RNS ergaben, daß sie in zwei Strukturen vorkommt, die als α- und βr-RNS bezeichnet werden. Anscheinend unterscheiden sie sich nur durch die Anordnung der Helices im Kristallgitter und nicht durch die Konformation der Doppelhelices (7). Die Röntgendiagramme der ribosomalen RNS und der DNS sind sich recht ähnlich. Hieraus ergibt sich eine Identitätsperiode von 30,4 Å. Es ist noch nicht völlig sicher, ob eine 10_1-Helix mit einer Neigung der Basenebenen von 11° vorliegt, wobei die Doppelhelices um eine 3fache Schraubenachse angeordnet sind (Raumgruppe P 3_2), oder ob es sich um 11_1-Helices mit einer Neigung der Basenebenen von 14° handelt (7).

Untersuchungen an Modellsystemen von Gemischen zweier zueinander komplementärer synthetischer Homopolynucleotide wie z. B. Poly (rA+rU) machen die Existenz der 11_1-Helix in ribosomaler RNS wahrscheinlich.

2.5. Synthetische Polynucleotide

Diese spielen als Modellsubstanzen u. a. für Konformationsuntersuchungen eine sehr wesentliche Rolle. Sie wurden daher in dieser Hinsicht u. a. von *Arnott* et al. eingehend untersucht (17). Die meisten solcher Systeme enthalten rechtsgängige Doppelhelices mit antiparalleler Anordnung der beiden Ketten, die komplementär zueinander sind und wie bei der *Watson-Crick*-Helix über Wasserstoffbrücken miteinander verbunden sind. Interessanterweise gibt es aber nicht nur Doppel- sondern auch Tripelhelices, bei denen wenigstens für die Basen eines Stranges eine derartige Paarung nicht möglich ist. Dies gilt z. B. für die Dreifachhelix Poly(rU) · Poly(rA) · Poly(rU) (36). Extremfälle sind die Tripelhelices des Systems Poly(rI) · Poly(rA) · Poly(rI), da I (Inosinsäure) komplementär zu Cytosin, nicht aber zu Adenin ist. Hier ist also überhaupt keine Komplementarität vorhanden (37).

Für die Betrachtung der Sekundärstruktur der Modellnucleotide und der natürlichen Polynucleotide ist eine stereochemische Untersuchung der möglichen Konformationen sinnvoll. Dies um so mehr, als die aus den Röntgenbeugungsdiagrammen erhältlichen Informationen wegen der auf etwa 3 Å begrenzten Auflösung nicht völlig ausreichend sind. Während Bindungslängen und Bindungswinkel praktisch konstant sind und mit denen von niedermolekularen Nucleotiden übereinstimmen, können die Rotationswinkel um die in Abb. 26 gezeigten Bindungen z. T. recht unterschiedliche Werte haben. Es handelt sich dabei um die sechs Rotationswinkel

$\omega, \varphi, \psi, \vartheta, \xi$ und χ

Allerdings wird durch den aus den Röntgenbeugungsdiagrammen sehr genau bestimmbaren Identitätsperioden bzw. der Höhe h eines Strukturelementes und des als „angular twist" bezeichneten Winkels, den benachbarte Reste miteinander einschließen, die Zahl der Freiheitsgrade auf vier reduziert. Eine weitere Einschränkung dieser Freiheitsgrade resultiert daraus, daß gemäß dem *Watson-Crick*-Modell Wasserstoffbrücken bestimmter Länge gebildet

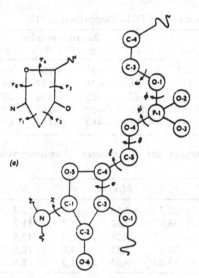

(a)

Abb. 26. Rotationswinkel an der Phosphorsäure-Pentose-Polyester-Kette eines Polynucleotids (17).

werden. Nützlich sind diese Rotationswinkel u. a., um die Beziehung zwischen den verschiedenen Strukturen zu erkennen. Dabei kann man bei den Desoxyribonucleotiden zwei als A und B bezeichnete Grundtypen unterscheiden (vgl. S. 9 ff.), die durch die C-3′-endo- und die C-3′-exo-Konformation der Pentoseringe und damit durch den Winkel σ charakterisiert werden. Hiervon wird der Winkel χ stark beeinflußt, der die Orientierung der Basen gegenüber den Pentoseringen wiedergibt. Tab. 2—5 gibt die o. a. Winkel für fünf DNS-Konformationen, die z. T. an synthetischen Modell-Polynucleotiden erhalten wurden (B′ und D) wieder. Die B′-Modifikation wurde bei dem synthetischen Polyd(A) · Polyd(T) und Polyd(I) · Polyd(C) (17, 38) beobachtet und die D-Modifikation an Polyd(AT) · Polyd(AT) (17, 30), Polyd(GC) · Polyd(GC) u. a.

Ein wesentlicher Unterschied der Sekundärstruktur basengepaarter RNS gegenüber der DNS besteht darin, daß die RNS-Doppelhelices keine Konformation vom B-Typ haben (17). Dies ist anscheinend darauf zurückzuführen, daß die Ribose die C-3′-endo-Konformation etwas bevorzugt. Außerdem tritt an C-2′ infolge der OH-Gruppe sterische Hinderung bei den Konformationen vom B-Typ auf.

Tab. 4. Rotationswinkel von DNS-Doppelhelices (17)

Modifikation	Rotationswinkel						
	ω	φ	ψ	ϑ	ξ	σ	χ
DNS-A	178	−47	−85	−152	45	83	86
DNS-B	155	−96	−46	−147	36	157	143
DNS-B′	145	−87	−52	−136	39	157	145
DNS-C	161	−106	−39	−160	37	157	143
DNS-D	141	−101	−62	−152	69	157	144

Tab. 5. Abmessungen der Kurvaturen (Furchen) von DNS-Doppelhelices (17)

Modifikation	$t(°)$	$h(Å)$	m	M	d	D
DNS-A	32,7	2,56	11,0	2,7	2,8	13,5
DNS-B	36,0	3,37	5,7	11,7	7,5	8,5
DNS-B′	36,0	3,28	6,9	13,5	6,5	8,5
DNS-C	38,5	3,31	4,8	10,5	7,9	7,5
DNS-D	45,0	3,03	1,3	8,9	6,7	5,8

(m und M sind die Breite der kleinen und großen Kurvatur in Å. Sie ist jeweils definiert durch den senkrechten Abstand zweier Phosphoratome jeder Kette, vermindert um den Durchmesser einer Phosphatgruppe von 5,8 Å.

d und D sind die Tiefe von kleiner und großer Kurvatur. Sie ist jeweils folgendermaßen definiert:

$$d = r_p - r_{N2G} + 1,4 \quad \text{für A- und B-Gruppe}$$
$$D = r_p + r_{N6A} + 1,4 \quad \text{für A-Gruppe}$$
$$D = r_p - r_{N6A} + 1,4 \quad \text{für B-Gruppe}$$

r_p, r_{N2G} und r_{N6A} sind die Radien des Phosphor-, Guanin N-2 und Adenin N-6 Atoms, bzw. des Thymin O-2 bei B′- und D-DNS. 1,4 Å ist die Differenz von P(2,9 Å) und N(1,5 Å)-Radius.

$t(°)$: Rotationswinkel pro Nucleotidrest, h = Höhe eines Restes)

Aus verschiedenen Virusarten wurde zweisträngige RNS vom A-Typ mit h = 2,82 Å und t = 32,7° isoliert. Dieselbe Konformation haben die synthetischen zweisträngigen Polyribonucleotide Poly(rA) · Poly(rU) und Poly(rI) · Poly(rC) (17). Unter den Bedingungen, unter denen bei DNS der Übergang von der A in die B-Form erfolgt, also bei hohem Wassergehalt, wird eine A′-Konformation mit h = 3,00 Å und t = 30° erhalten (17). Sie sind beide der A-Form der DNS ähnlich. Da jedoch bei der RNS h einen größeren Wert hat, sind die großen Kurvaturen etwas breiter als bei DNS-A.

Tab. 6. Rotationswinkel von RNS-Doppelhelices [nach (17)].

Modifikation	Winkel						
	ω	φ	ψ	ϑ	ξ	σ	χ
RNS-A	−147	−79	−60	175	49	83	73
RNS-A'	−164	−63	−63	−171	45	85	79

Abmessungen der Kurvaturen von RNS-Doppelhelices [nach (17)].

Modifikation		Abmessungen (in Å)				
	t(°)	h(Å)	m	M	d	D
RNS-A	32,7	2,82	11,2	4,2	2,7	13,1
RNS-A'	30	3,00	11,0	8,1	3,1	13,8

Abkürzungen s. S. 38.

2.6. Konformationsumwandlungen von RNS

Soweit bisher bekannt, erfolgt die Konformationsumwandlung bei den RNS in einem sehr viel breiteren Temperaturbereich als bei der DNS (Abb. 27). Die t-RNS zeigen nicht nur breite,

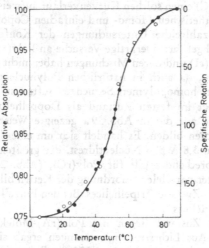

Abb. 27. Änderung der relativen Absorption bei 258 nm (O) und der spezifischen Drehung bei 589 nm (O) von Tabak-Mosaik-Virus-(TMV) RNS als Funktion der Temperatur (1, 30).

sondern auch mehrstufige Denaturierungskurven, die bei jeder t-RNS-Art trotz gewisser Ähnlichkeiten anders sind. Diese durch Überlagerung mehrerer Komponenten entstandenen resultierenden Umwandlungskurven weisen auf Zwischenzustände, die durch die Entfaltung der Tertiär- und der Sekundärstruktur zustandekommen. Beide Vorgänge erfolgen nicht unabhängig voneinander, sondern sie sind miteinander gekoppelt. Die Übergangszustände werden durch eine unterschiedliche Stabilität der verschiedenen Strukturbereiche der t-RNS hervorgerufen. So soll bei Methionin-t-RNS und bei Tyrosin-t-RNS aus E. coli zuerst der Dihydrouridin-Arm, bei Phenylalanin t-RNS aus Hefe zuerst der Acceptor- und der Anticodon-Arm denaturiert werden. Berechnete und gemessene Denaturierungskurven sind in Abb. 28 a und b wiedergegeben.

Die Entfaltung der Tertiärstruktur soll durch den Gehalt an 5-Methylcytosin sowie an 2'-O-Methylribose beeinflußt werden. Letztere kommt häufig im Anticodon-Arm der t-RNS vor. Bei der Hefe-Phenylalanin-t-RNS hat man festgestellt, daß das Phosphorester-Gerüst an dem Rest der ein 2-O'-Methyl-ribosid eine Kinke hat (3). Die Konformationsumwandlung bei den RNS erfolgt allgemein (also nicht nur bei den t-RNS) in einem recht breiten Temperaturintervall. Daraus ergibt sich, daß auch synthetische RNS wie Poly(AGUC) einen solchen Kurvenverlauf aufweisen.

Auch an synthetischen Homo- und einfachen Copolyribonucleotiden wurden zahlreiche Untersuchungen der Konformationsumwandlung durchgeführt. Derartige Versuche an Poly(rA), Poly(rC), Poly(rU), Poly(rI) und deren Mischungen haben nicht ausschließlich Modellcharakter, da auch in natürlichen Polynucleotiden kürzere und auch längere homopolymere Sequenzen auftreten.

Poly(rA) liegt im festen Zustand als Doppelhelix vor, wobei die Adeninreste auf die in Abb. 29 a gezeigte Weise miteinander Wasserstoffbrücken bilden. Es handelt sich um eine 8_1-Helix [*] mit einer Höhe von 3,8 Å pro Nucleotidrest, der größten bisher beobachteten. Entsprechendes gilt für Poly(rC), (Abb. 29 b) das eine 12_1-Helix [*] unter paralleler Anordnung der Ketten bildet. Poly (rI) ergibt im festem Zustand Tripelhelices. Bei den Einzelketten handelt es sich um 26_3-Helices [*].

Im gelösten Zustand liegen die Poly(rA)-Moleküle nicht als Stäbchen vor. Aus Lichtstreuungsmessungen ergab sich für Moleküle des Polymerisationsgrades ≈ 9000 ein Trägheitsmassenradius

---

[*] Erläuterung siehe S. 57, 58.

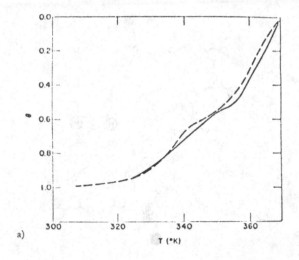

a)

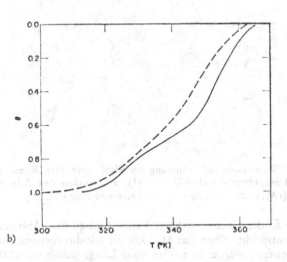

b)

Abb. 28. Berechnete (———) und experimentelle (- - - -) Umwandlungs-kurven. a) von t-RNS$^{F\text{-Met}}$ und b) t-RNS^{Tyr} aus E. coli (31).

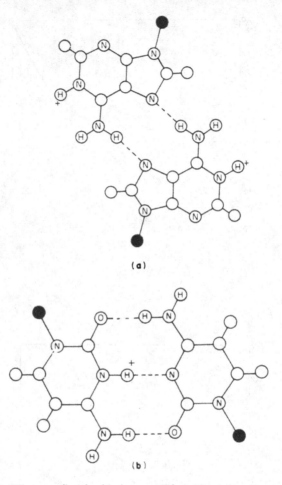

(a)

(b)

Abb. 29. Wasserstoffbrückenbindung zwischen identischen Basen synthetischer Homopoly-ribonucleotide (7, 41). a) zwischen den Adeninbasen von Poly(rA); b) zwischen den Cytosinbasen von Poly(rC).

von 690 Å, der einem mittleren Faden-End-zu-End-Abstand von 1700 Å entspricht. Wenn das Molekül als stäbchenförmige Doppelhelix vorliegen würde, so müßte seine Länge jedoch ca. 30 000 Å betragen. Trotzdem wäre es falsch, hier von einer ungeordneten Struktur zu sprechen, wie aus der beobachteten Hyperchromie von ca. 40% hervorgeht. Sowohl diese Hyperchromie als auch die optische Drehung sind — wie Abb. 30 zeigt — stark temperaturabhängig. Allerdings erfolgen diese Änderungen nicht in einem so schmalen Temperaturintervall wie bei DNS, sondern — wie bei den bereits erwähnten nativen RNS (s. S. 39) — in einem ziemlich breiten Bereich. Man nimmt daher an, daß, wie in Abb. 31 schematisch

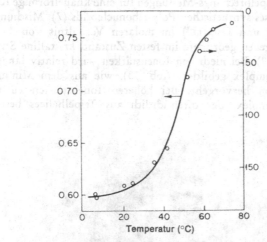

Abb. 30. Absorption bei 257 nm (linke Ordinate) und optische Drehung (rechte Ordinate) von Poly(rA) als Funktion der Temperatur bei pH 7,0 in 0,015 m Na-citrat und 0,15 m NaCl (7, 42).

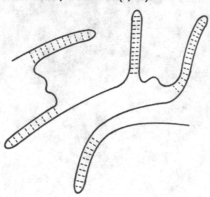

Abb. 31. Doppelhelicale Abschnitte unterbrochen von Einzelstrang-Abschnitten bei einsträngigen Poly-ribonucleotiden (7).

43

angedeutet, doppelhelicale Abschnitte verschiedener Länge und verschiedener thermischer Stabilität vorliegen.

Im Unterschied zu den Lösungen von Poly(rA) zeigen die von Poly(rU) nur eine geringe und zudem temperaturunabhängige UV-Absorption. Dies spricht ebenso wie die niedrige spezifische Drehung von −8° und die Ergebnisse von Lichtstreuungs- sowie Strömungsdoppelbrechungs-Messungen für eine knäuelförmige Konformation dieses synthetischen Poly-ribonucleotids (7). Mischungen von Poly(rA) und Poly(rU) im molaren Verhältnis von 1 : 1 oder 1 : 2 ergeben geordnete im festen Zustand kristalline Strukturen (Abb. 32). Bei niedrigen Ionenstärken wird relativ langsam ein 1 : 1 Komplex gebildet (Abb. 33), wie aus dem Minimum der Extinktion hervorgeht. Bei höheren Ionenstärken entsteht der 1 : 2-Komplex, der offensichtlich aus Tripelhelices besteht,

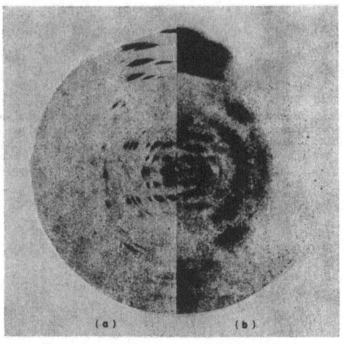

(a)   (b)

Abb. 32. Röntgendiagramm von orientierten, kristallinen Proben. a) von Poly(rA+rU) 1 : 1 und b) Poly(rA+2rU) (7, 44).

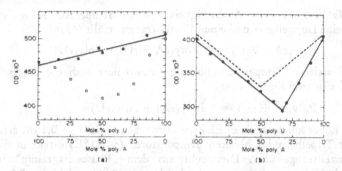

(a)　　　　　(b)

Abb. 33. a) Langsame Bildung des Poly(rA+rU) Komplexes bei niedrigen Ionenstärken (pH 6,5; 0,01 m Na-kakodylat) erkenntlich an der Extinktionsabnahme nach 24 Stunden (offene Kreise). Die ausgefüllten Kreise geben die Extinktion unmittelbar nach dem Vermischen der Komponenten wieder. b) Bei höheren Ionenstärken (0,1 m NaCl, 0,01 m Glycylglycin, $1,2 \cdot 10^{-3}$ m $MgCl_2$ pH 7,2) entsteht nach sehr kurzer Zeit der Poly-(rA+rU)-Komplex wie die gestrichelte Kurve zeigt. Nach längerer Zeit zeigt das Minimum der Extinktion (ausgefüllte Kreise, durchgezogene Linie) bei ≈ 67% Poly U, das im Gleichgewicht der dreisträngige Poly-(A+2U)-Komplex gebildet worden ist (7, 43).

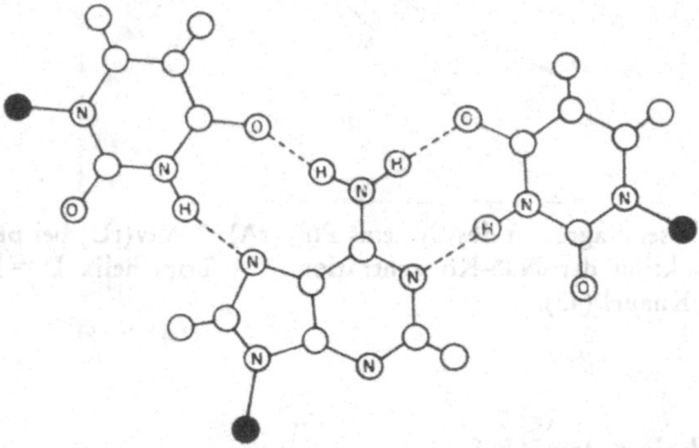

Abb. 34. Wasserstoffbrückenbildungen zwischen den Basen des dreisträngigen Poly(rA+2rU) (7, 41).

die auf die in Abb. 34 gezeigte Weise durch HBB miteinander verbunden sind. Dieses System ist von mehreren Autoren ausführlich untersucht worden (41, 43–45). Dabei ergab sich, daß die Tripelhelix nach Herabsetzung der Salzkonzentration z. B. auf

45

[Na$^+$] < 0,1 m in Abhängigkeit von der Temperatur reversibel in eine Doppelhelix und einen Einzelstrang zerfällt (45):

$$\text{Poly}(rA + 2rU) \rightleftharpoons \text{Poly}(rA + rU) + \text{Poly}(rU)$$

Bei weiterer Temperaturerhöhung entassoziiert auch die Doppelhelix in zwei Einzelstränge

$$\text{Poly}(rA + rU) \rightleftharpoons \text{Poly}(rA) + \text{Poly}(rU)$$

In höher konzentrierten Elektrolytlösungen ([Na$^+$] > 0,1 m) geht die Tripelhelix bei höheren Temperaturen ($\approx$ 60 °C) direkt in die Einzelstränge über. Dies geht aus dem „Phasendiagramm" in Abb. 35 hervor. Es zeigt auch, daß bei ca. 60 °C und Na$^+$ = 0,1 m ein Tripelpunkt existiert an dem alle Zustände koexistieren (45).

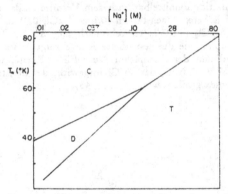

Abb. 35. Phasendiagramm des Systems Poly(rA)·2 Poly(rU) bei pH 7 (45) T$_m$ als Funktion der Na$^+$-Konzentration. T = Tripelhelix D = Doppelhelix, C = Knäuel (45).

2.7. Funktion der RNS

Wie bereits eingangs (S. 4) erwähnt, sind die drei „klassischen" Typen von Ribonucleinsäuren unmittelbar an der Proteinbiosynthese beteiligt. Im vorliegenden Rahmen kann allerdings nur kurz hierauf eingegangen werden, und es muß auf die vielen ausgezeichneten Darstellungen dieses Gegenstandes in der biochemischen Literatur verwiesen werden (1–3, 46, 47).

Die Proteinbiosynthese (PBS) beruht im wesentlichen auf zwei Teilschritten, der *Genexpression* oder *Transkription* und der *Translation*.

2.7.1. Transkription

Die Erbinformationen sind in den DNS der Zellkerne gespeichert, werden dort aber nicht unmittelbar nutzbar gemacht, da die Proteinbiosynthese (PBS) in den Ribosomen des Zellplasmas stattfindet. Es muß also Übermittler geben, die der Kommunikation zwischen dem als Informationsspeicher dienenden Zellkern und den Produktionsstätten im Plasma dienen. Dies ergab sich auch daraus, daß zusammen mit der PBS im Plasma eine Zunahme des Gehaltes an Ribonucleinsäuren erfolgt, so daß offenbar bestimmte Arten von Ribonucleinsäuren, die als messenger (Boten)-RNS bezeichnet werden, diese Kommunikationsfunktion ausüben. Bei der m-RNS-Synthese dient die DNS des Zellkerns als Matrize.

Aufgrund des Komplementaritätsprinzips ist die Nucleotidsequenz einer m-RNS komplementär zur Sequenz des DNS-Stranges, an dem sie synthetisiert wurde, und entspricht der des anderen komplementären Stranges der DNS, mit dem Unterschied, daß jeweils Uracil anstelle von Thymin auftritt. Man bezeichnet diese m-RNS-Synthese als *„Transkription"*, sie erfolgt unter Mitwirkung des Enzyms RNS-Polymerase.

Die bei der Transskription gebildete m-RNS enthält die Information für die Sequenz der Aminosäuren im zugehörigen, vom entsprechenden DNS-Abschnitt codierten Protein bzw. Polypeptid. Bei deren Synthese muß dann die Nucleotidschrift der m-RNS in die Aminosäuresequenz übersetzt werden, so daß man hier von *„Translation"* spricht. Um die Orte der Poteinbiosynthese zu lokalisieren, setzte man wachsenden Zellkulturen radioaktiv markierte Aminosäuren zu und unterwarf die kurz danach mechanisch zerstörten Zellen der Sedimentationsanalyse in einer Ultrazentrifuge. Dabei wurde gefunden, daß der größte Teil der markierten Aminosäuren in der Ribosomenfraktion enthalten ist. Damit erwiesen sich die Ribosomen (s. S. 4, 34) als die Orte der Proteinbiosynthese.

2.7.2. Translation

Zunächst hatte man angenommen, daß die Bindung der für die Proteinbiosynthese benötigten Aminosäuren unmittelbar an die

Basen bzw. an ein Basentriplett, ein sog. *Codon*, der m-RNS erfolgt. Ein Triplett ist deshalb erforderlich, weil ca. 20 Codons für die 20 in den Polypeptiden und Proteinen enthaltenen Aminosäuren notwendig sind, in den DNS und RNS aber im wesentlichen nur jeweils vier verschiedene Basen vorkommen. Mit einer Kombination von zwei Basenpaaren als Codon könnten nur $4^2 = 16$ Aminosäuren codiert werden, während sich bei einem Triplett $4^3 = 64$ Möglichkeiten ergeben, also erheblich mehr als benötigt *(degenerierter Code)*. Das sog. *Codelexikon* ist in Tab. 7 wiedergegeben.

Tab. 7. Genetischer Code

1. Buchstabe	2. Buchstabe				3. Buchstabe
	U	C	A	G	
	Phe	Ser	Tyr	Cys	U
U	Phe	Ser	Tyr	Cys	C
	Leu	Ser	Ende	Ende	A
	Leu	Ser	Ende	Try	G
	Leu	Pro	His	Arg	U
C	Leu	Pro	His	Arg	C
	Leu	Pro	GlN	Arg	A
	Leu	Pro	GlN	Arg	G
	Ile	Thr	AsN	Ser	U
A	Ile	Thr	AsN	Ser	C
	Ile	Thr	Lys	Arg	A
	Start, Met	Thr	Lys	Arg	G
	Val	Ala	Asp	Gly	U
G	Val	Ala	Asp	Gly	C
	Val	Ala	Glu	Gly	A
	Start, Val	Ala	Glu	Gly	G

Hierin sind die den 64 möglichen Basen-Tripletts (= Codons) zugeordneten Aminosäuren enthalten. Wie man sieht gibt es z. B. für Leucin, Serin, Arginin sechs, für Alanin, Glycin, Prolin, Threonin, Valin vier Codons, für Tryptophan und Methionin nur ein Codon. Die Degeneration des genetischen Code ist also nicht statistisch auf alle 3 Basen des Tripletts verteilt. So unterscheiden sich mehrere Codons für eine Aminosäure meist nur in der letzten Base, nur für Leucin und Arginin variiert auch die erste Base. Lediglich beim Serin erstreckt sich die Variation auf alle drei Basen. Drei Tripletts (UAA, UGA und UAG) sind als sog. non-sense-Codons keiner Aminosäure zugeordnet und dienen als Terminationscodons für die Beendigung der PBS. Die Tripletts AUG und GUG codieren stets dann, wenn sie am Anfang stehen, die Startaminosäure N-Formylmethionin. Befindet sich AUG an einer anderen Position einer Sequenz, so ist es das Codon für Methionin selbst. GUG ist an jeder anderen Stelle ein Codon für Valin.

Bei den Untersuchungen der Wechselwirkung zwischen Aminosäuren und m-RNS bzw. mit Tri-ribonucleotiden fand man, daß die physikalisch-chemischen Wechselwirkungen zwischen ihnen nicht zu Komplexen führt, wie sie während der Proteinbiosynthese auftreten. Nach *Crick* (1957) werden demnach die Aminosäuren nicht direkt an der m-RNS aufgereiht, sondern unter Zwischenschalten einer Adaptorsubstanz *(Adaptorhypothese)*. Als diese Adaptorsubstanz fand man dann die Transfer-Ribonucleinsäuren, die einerseits jeweils eine spezifische Aminosäure erkennen und mit Hilfe des Enzyms Aminoacyl-t-RNS-Synthetase zu binden vermögen. Andererseits erkennen sie das der betreffenden Aminosäure entsprechende Codon der m-RNS, an das sie über ein hierzu komplementäres Basentriplett, das *Anticodon,* gebunden werden, wie die Abb. 36 zeigt.

Bei der Bildung der Aminoacyl-t-RNS wird die Carboxylgruppe der Aminosäure mit der 3'OH-Gruppe der t-RNS verestert.

In Abb. 36 ist die Proteinbiosynthese schematisch dargestellt. Dabei wird am Ribosom an einer Bindungsstelle A die Aminoacyl-t-RNS und an einem anderen Ort P die Polypeptidyl-t-RNS gebunden. Um die Wechselwirkung zwischen t- und m-RNS zu ermöglichen muß diese mindestens mit den Codons für die beiden t-RNS ebenfalls an das Ribosom gebunden sein. Bei der Synthese der Peptidbindung wird die an den Ort P gebundene t-RNS vom Polypeptid gelöst. Im nächsten Schritt – der Translocation – wird dann das Ribosom relativ zur m-RNS verschoben, so daß die neugebildete Polypeptidyl-t-RNS den Ort P einnimmt. Die Auswahl dieser -t-RNS wird durch das nun an den Ort A gerückte Codon der m-RNS besorgt. Ergänzend sei angemerkt, daß die PBS deshalb besonders effektiv verläuft, weil nicht nur ein, sondern mehrere Ribosomen (20 und mehr) an einer m-RNS entlang wandern. Durch Sedimentationsanalyse in der Ultrazentrifuge und

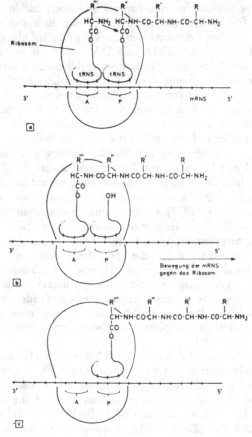

Abb. 36. Schematische Darstellung der PBS. Man erkennt die an das Ribosom gebundene, als Matrize dienende m-RNS sowie die daran mit dem Anticodon gebundene Aminoacyl-t-RNS. Nach der Verknüpfung des neu hinzugetretenen Aminosäurerestes mit der wachsenden Kette wird die t-RNS in Position P abgespalten (b) und A rückt nach P (c) (1).

im Elektronenmikroskop konnten diese „*Polysomen*" unmittelbar nachgewiesen werden.

Der Mechanismus der Informationsübertragung bei der Translation wurde überwiegend durch Versuche in zellfreien Systemen ermittelt.

3. Polypeptide und Proteine

3.1. Sterische Grundlagen der Konformation von Polypeptiden und Proteinen

In diesem Abschnitt sollen die möglichen Konformationen der o. a. Biopolymeren nur in Abhängigkeit von inneren Parametern betrachtet werden. Hierunter sind Atomabstände, Rotations- und Bindungswinkel zu verstehen. Nicht betrachtet werden hier energetische Wechselwirkungen intra- oder intermolekularer Art, auch nicht solche mit Lösungsmittelmolekülen und ebensowenig Entropieeffekte. Auch stehen Tertiär-Strukturen und Strukturen höherer Ordnung in diesem Abschnitt nicht zur Diskussion. Es sollen somit ausgehend von der Primärstruktur nur die sterisch möglichen Sekundärstrukturen betrachtet werden.

Grundlage für die folgenden Überlegungen ist, daß die Peptidketten durch eine lineare Verknüpfung von Aminosäuren entstehen, also keine Verzweigungen enthalten (Abb. 37). Ferner, daß

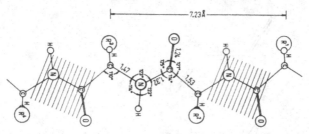

Abb. 37. Bindungswinkel und Bindungsabstände in Å der gestreckten (all-trans) Polypeptidkette (1 a).

die die Aminosäurereste verknüpfende Amidgruppierung zwischen der C-N-Bindung einen partiellen, ca. 40 % betragenden Doppelbindungsanteil aufweist. Daraus ergeben sich einmal zwei mögliche Resonanzstrukturen (Abb. 38) und andererseits eine Aufhebung der freien Drehbarkeit um die C-N-Bindung, was zu einer gewissen Starrheit der einzelnen Kettenabschnitte führt, wenn man von einem α-C-Atom zum nächsten geht. Man kann sich demnach die Polypeptidkette aus lauter gleichen starren Einheiten (Blöcken) aufgebaut denken, die am C_a miteinander verbunden sind und deren Atomabstände und Bindungswinkel feste Werte haben.

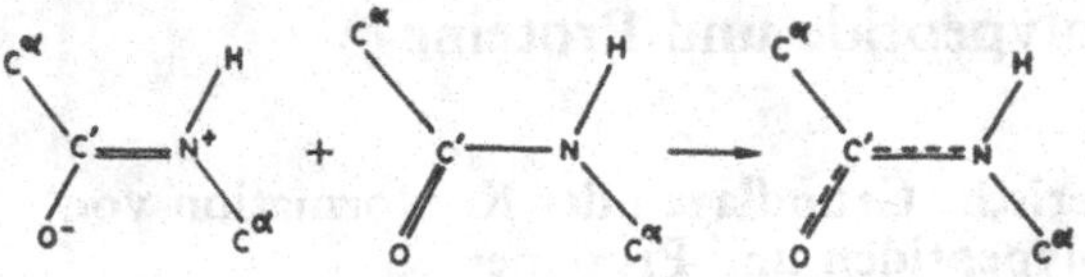

Abb. 38. Resonanz-Grenzstruktur der trans-Peptid-Gruppe (1b) nach *Pauling* und *Corey*.

Weiter resultieren aus der aufgehobenen freien Drehbarkeit um die C-N-Bindung zwei mögliche Konfigurationen, nämlich *cis* und *trans*. Von der cis-Form leitet sich das einfachste zyklische Dipeptid, das Diketopiperazin ab (Abb. 39) und ebenso die mehrgliedrigen zyklischen Peptide.

In allen offenkettigen Peptiden liegt normalerweise die trans-Form vor, weil deren Energie um 2 kcal/Mol negativer ist als die der cis-Form. Sie ist damit stabiler als diese, wie sich aus den NMR-Spektren von Modellsubstanzen wie z. B. N-Methylacetamid ergibt.

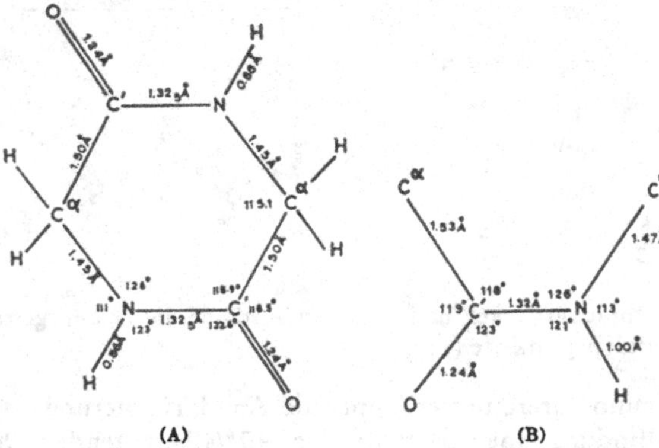

(A)   (B)

Abb. 39. Bindungswinkel und Bindungsabstände in Å der cis-Peptideinheit und bei Diketopiperazinen (1).

Anders ist es bei den Iminosäuren Prolin und 4- bzw. 3-Hydroxyprolin. Hier sind cis- und trans-Form energetisch gleichwertig, so daß beim Poly-L-prolin zwei Konformationen existieren, die jeweils auf dem Vorliegen einer cis- bzw. einer trans-Kette beruhen.

3.1.1. Die Winkel φ und ψ

Die Bindung zwischen dem α-C-Atom und dem Amidstickstoff-atom (N-C^α) sowie die zwischen dem Carboxyl-C'- und α-C-Atom haben Einfachbindungscharakter, so daß um diese Bindungen relativ ungehinderte Rotation zu erwarten ist. Daraus ergibt sich bei der Verknüpfung von zwei Aminosäureresten eine große Reihe von möglichen Konformationen. Man kann sie durch die beiden Rotationswinkel φ um die N-C^α- und ψ um die C'-C^α-Bindung charakterisieren.

Zur Beschreibung der Konformation einer Polypeptidkette mit Hilfe der beiden Winkel φ und ψ geht man von der vollständig gestreckten Kette als Standardkonformation aus. Hierbei liegen alle Einheiten jeweils coplanar in der N-C^α-C'-Ebene mit einem Bindungswinkel τ zwischen N-C^α-C' von 110°. Der Abstand zwischen dem ersten und dritten C^α beträgt 7,23 Å. Diese Standard-konformation ist dadurch defininiert, daß φ = ψ = 0 gilt.

Von dieser Standard-Konformation gelangt man zu allge-meineren Konformationen, wenn man etwa zunächst die C'-C^α-Bindung um den Winkel ψ und dann die N-C^α-Bindung um den Winkel φ im Uhrzeigersinn rotieren läßt. Dabei zeigt die —C'$\overset{O}{\underset{O^-}{\diagdown}}$ Gruppierung auf den Betrachter hin, die N-C^α-Bindung weist von ihm weg (vgl. Abb. 40). Diese Möglichkeit der Rotation um ψ und φ besteht natürlich bei jeder Peptideinheit, die auf die Kette aufwächst. Man geht daher bei der Beschreibung einer möglichen Konformation einer Polypeptidkette zunächst immer von der ge-streckten Standardkonformation aus. Dann läßt man zunächst die erste Einheit um die Winkel ψ$_1$ und φ$_1$ rotieren, hält dann jeweils

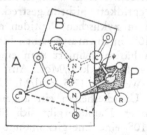

Abb. 40. Die Rotationswinkel ψ um C — C' und φ um C' — N zwischen zwei Peptideinheiten (1).

die möglichen Konformationen fest, läßt hiernach um ψ_2 und φ_2 rotieren etc. Für ein Peptidgerüst mit N-Peptid-Einheiten braucht man also N-Paare von ψ und φ, um seine Konformation vollständig zu beschreiben. Die Rotation des Peptidgerüstes um φ bzw. ψ ist durch die Größe der Seitenketten aber auch durch den Sauerstoff der Carbonylgruppe bzw. die Wasserstoffe am C_α und am -N- gehindert. Rotation um 360° ist in der Regel nicht möglich. Diese Rotationswinkel können um so größer sein je kleiner die vorhandene Seitengruppe ist und umgekehrt. D. h. die Anzahl der maximal möglichen Konformationen wird beim Polyglycin am größten sein und mit zunehmender Größe der Seitenkette immer stärker eingeschränkt.

3.1.2. Die Winkel ω und χ

Sind Störungen der Pauling-Coreyschen Peptideinheit (1a, 1b) vorhanden und treten somit davon abweichende Winkel und Atomabstände auf, so benötigt man zum Beschreiben der Konformation weitere Parameter, wenn auch ψ und φ die wichtigsten sind. Wie bereits erwähnt ist die Pauling-Coreysche Peptideinheit exakt planar. Wenn dies nicht ganz zutrifft, also eine Verdrillung dieser Ebene vorliegt, so braucht man zur Beschreibung der Nichtplanarität der Peptidgruppe einen zusätzlichen Winkel ω. Er beschreibt die Rotation um die Peptidbindung C'-N bzw. den Winkel zwischen der C^α-C'-N- und der C'-N-C^α-Ebene. Anders gesagt: ω_1 ist der Rotationswinkel zwischen der C'$_i$-N$_{i+1}$-Bindung bzw. zwischen dem i-ten und dem i + 1ten Aminosäurerest. Er hat ein positives Vorzeichen bei einer Drehung im Uhrzeigersinn um die C'-N-Bindung. Bei der trans-Peptideinheit kann man ω im allgemeinen gleich Null setzen. Nur in wenigen kristallinen Strukturen ist $\omega \neq 0$, wenn die Peptidkette nicht in gestreckter Lage angeordnet ist. Außerdem kann in zyklischen Peptiden $\omega \neq 0$ sein und in wenigen Fällen bis 10°, in einem zyklischen Hexapeptid sogar 15° betragen. In solchen Fällen definiert man eine Destabilisierungsenergie $k\omega^2$ mit $k = 15-30$ kcal/Mol. Aus IR-Messungen von Miyazawa folgt ein Wert von 17,5 kcal/Mol (2), jedoch wird oft wegen vorhandener Unsicherheiten ein abgerundeter Wert von 20 kcal/Mol verwendet. Damit ergibt sich für eine Torsion der C'-N-Bindung um 10° eine Energiezunahme um 0,65 kcal/Mol gegenüber der planaren Form. Gegenüber der planaren trans-Einheit hat die planare cis-Peptidgruppe ein $\omega = 180°$.

Zur Beschreibung eines Peptidkettengerüstes mit N-Einheiten benötigt man somit N (ψ, φ, ω). Da aber ein Polypeptid am C^α bis zu 20 verschiedene Seitenketten tragen kann, so ist zur Beschreibung des ganzen Moleküls auch eine Berücksichtigung der Konformation der Seitenketten erforderlich. Bei einer endständigen COO^--Gruppe werden beide O als gleichwertig betrachtet, ebenso die beiden Amino-

gruppen $\left(-NH-C\begin{smallmatrix}\diagup NH_2 \\ \diagdown NH_2\end{smallmatrix}+\right)$ des protonierten Arginins. Die Standard-

Konformation einer Seitenkette ist dadurch definiert, daß C^α und C^β in einer Ebene liegen und beide Liganden cis-Stellung einnehmen, z. B. $N\diagdown_{C^\alpha-C^\beta}\diagup^{C^\gamma}$. Bewegungen in den Seitenketten werden wiedergegeben durch die Rotationswinkel χ um die Bindungen C^α-C^β, C^β-C^γ etc. Die Zahl der möglichen Konformationen der Seitenkette nimmt mit der Kettenlänge zu. Zur Wiedergabe der vollständigen Konformation eines Polypeptide einschließlich der Seitenkette benötigt man also außer ψ_i, φ_i und ω_i noch χ_i für jeden der i-Aminosäurereste. Im allgemeinen ist für die Beschreibung offener Peptidketten die Annahme einer planaren Peptideinheit mit $\omega = 0$ eine hinreichend gute Näherung. Die Winkel χ haben aus sterischen Gründen nur eine recht begrenzte Anzahl von Werten.

Untersucht man nun die tatsächlich auftretenden Konformationen einer Kette, so ergibt sich, daß schraubenförmige, helicale Strukturen sehr häufig sind. Sie haben einen besonders regelmäßigen Aufbau.

3.1.3. Helices

Helices sind dadurch ausgezeichnet, daß ψ und φ für alle Peptideinheiten denselben Wert haben, d. h. $\varphi_1 = \varphi_2 = \cdots \varphi_n$ bzw. $\psi_1 = \psi_2 = \cdots \psi_n$. Eine Helix ist charakterisiert

1. durch die Zahl n der Aminosäurereste pro Windung
2. durch die Ganzhöhe p

Als „angular twist" oder Drehungswinkel pro Rest bezeichnet man den Ausdruck

$$f^\circ = \frac{360^\circ}{n} \quad \text{bzw.} \quad f = \frac{1}{n}$$

Positive Werte für n und f° bzw. f kennzeichnen eine Rechtshelix, wobei sich das N-terminale Ende oben befindet. p ist natürlich stets positiv. Durch Ändern von ψ und φ kann man theoretisch alle möglichen Helices konstruieren, wobei sich n und p entsprechend ändern. (Die Bildung von Wasserstoffbrücken wird im vorliegenden Zusammenhang zunächst nicht berücksichtigt.) Tatsächlich sind aber wie bereits erwähnt nicht alle ψ und φ möglich, da sich die Atome in bestimmten Bereichen dieser Rotationswinkel gegenseitig überlappen müßten. Das ist in Abb. 41 dargestellt.

Pauling und *Corey* (1c) untersuchten die möglichen Helices, bei denen die maximale Zahl von Wasserstoffbrücken als eine Voraus-

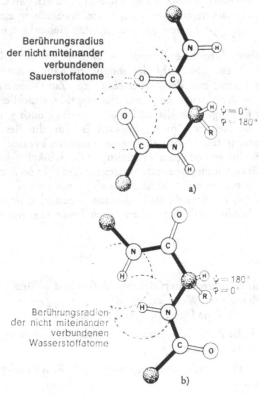

Abb. 41. Nichterlaubte Konformationen. a) Überlappung der Carbonylsauerstoffatome benachbarter Peptidgruppen bei ψ = 0°, φ = 180°. b) Überlappung der Protonenwirkungsradien der NH-Gruppen benachbarter Peptidgruppen bei ψ = 180°, φ = 0° (nach *Dickerson* und *Geis* „Struktur und Funktion der Proteine", Weinheim 1971, S. 25).

setzung für die Stabilität einer Helix, gebildet werden kann. Dabei fanden sie die α-Helix mit n = 3,6, p = 5,3 Å und je einer intrachenaren Wasserstoffbrücke zwischen den NH ···· CO-Gruppen zum fünften folgenden Rest (Abb. 42). Die α-Helix wird als „nichtintegrale Helix" bezeichnet, da sie pro Windung eine gebrochene Zahl von Resten besitzt. Integrale Helices sind solche mit zwei, drei, vier, fünf oder sechs Resten pro Windung.

Man charakterisierte Helices zunächst durch die Angabe von n und der Zahl der Atome die in dem durch eine Wasserstoffbrücke geschlossenen Ring enthalten sind, z. B.

α-Helix: 3,6$_{13}$-Helix
π-Helix: 4,4$_{16}$-Helix   (τ = 115°)
ω-Helix: 4$_{13}$ -Helix

Die π-Helix ist nur dann möglich, wenn der Bindungswinkel τ am C$_α$ von 109° 28' auf 115° vergrößert wird.

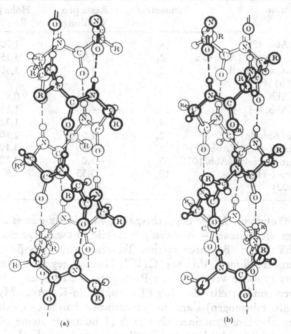

(a)   (b)

Abb. 42. α-Helix nach *Pauling* und *Corey* (1 d). a) linksgängige, b) rechtsgängige Form.

Da aber nicht alle Helices Wasserstoffbrücken enthalten wie z. B. die Prolinhelices, da sie — aus Iminosäuren gebildet — kein H am Stickstoff mehr haben ist man dazu übergegangen, die Zahl der Reste pro Identitätsperiode und die zugehörige Windungszahl anzugeben. So befindet sich bei der α-Helix der nach 18-Resten folgende in derselben räumlichen Position wie der erste. Dies aber sind genau fünf Helixwindungen (18 : 3,6), so daß nach dieser Bezeichnungsweise eine 18_5-Helix vorliegt. In der Tabelle sind für einige solcher periodischen Konformationen von Helices und Faltblattstrukturen neben der Symmetriebezeichnung die Zahl der Reste pro Windung und die Höhe eines Restes angegeben.

In Polypeptiden und Proteinen kommt die α-Helix und die β-Faltblattstrukturen von den periodischen Konformationen be-

Tab. 8. Charakteristische Daten einiger periodischer Polypeptidkonformationen (3)

Konformation	Symmetrie	Reste pro Windung	Höhe pro Rest (Å)
α-Helix (Abb. 42)	18_5	3,60	1,50
β-Faltblatt, parall. (Abb. 43 a)	2_1	2,0	3,25
β-Faltblatt, antiparall. Abb. 43 b)	2_1	2,0	3,50
γ-Helix (Abb. 44)		5,14	0,98
π-Helix (Abb. 45)		4,40	1,15
ω-Helix	4_1	—4,0	1,325
2,2-Helix (Abb. 46)	2_1	2,0	2,80
Polyglycin-II-Helix (Abb. 47)	3_1	±3,0	3,10
Poly-L-pro II-Helix (Abb. 102)	3_1	—3,0	3,12
Poly-L-pro I-Helix (cis) (Abb. 102)	10_3	3,33	1,9

sonders häufig vor. Außer der rechtsgängigen α-Helix gibt es auch — allerdings viel seltener — die weniger stabile linksgängige α-Helix. Man erhält sie z. B. durch rasches Trocknen von Poly-β-benzyl-L-asparaginat-Filmen, die aus $CHCl_3$-Lösung gegossen wurden. Besonders typische Vertreter von Proteinen, die reich an α-Helixstrukturen sind, stellt die KMEF-Gruppe (α-Keratin, Myosin, Epidermin, Fibrinogen) dar. Im wesentlichen handelt es sich also dabei um fibrilläre Proteine. Aber auch globuläre Proteine können wie Myoglobin und Hämoglobin überwiegend α-helical (bis zu 70 %) gebaut sein (s. Tab. 9).

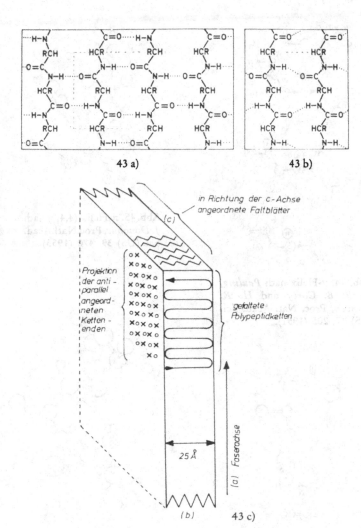

Abb. 43. β-Faltblatt-Konformation. a) antiparallel, b) parallel, c) croß-β
[nach (105)].

Viele der besonders von Insekten erzeugten Seidenarten sind Vertreter von Proteinen mit β-Faltblattstruktur. Die optimale Anordnung der interchenaren Wasserstoffbrücken bedingt die Faltung

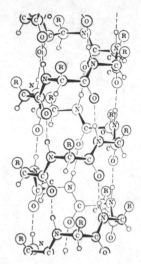

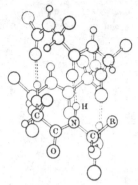

Abb. 45. π-Helix ($4,4_{16}$) nach *J. Donohue*, Proc.Natl.Acad. Sci. (US) **39**, 470 (1953).

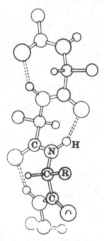

Abb. 44. γ-Helix nach *Pauling, L., R. B. Corey* und *H. R. Brancon*, Proc. Nat. Acad. Sci. (US) **37**, 205 (1951).

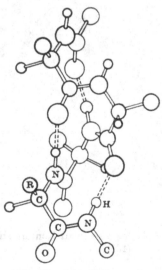

Abb. 46. $2,2_7$-Helix nach *J. Donohue*, Proc. Natl. Acad. Sci. (US) **39**, 470 (1953).

Abb. 47. $3,0_{10}$-Helix nach *J. Donohue*, Proc. Natl. Acad. Sci. (US) **39**, 470 (1953).

Tab. 9. α-Helix- und β-Faltblattanteile in einigen globulären Proteinen

Protein	α-Helix in %	β-Faltblatt in %
Ribonuclease	19	38
Papain	28	14
Cytochrom C	39	0
Lysozym (Hühnereiweiß-)	40	16
Lactatdehydrogenase	45	24
Insulin	45	12
Myoglobin	75	0
Hämoglobin	75	—

der Ketten, die parallel oder antiparallel zueinander angeordnet sein können.

In β-Faltblattstrukturen kommen, wie später noch näher gezeigt wird, Aminosäuren mit kurzen Seitenketten wie Glycin, Alanin, Serin vor. Helices mit interchenarer Anordnung der Wasserstoffbrücken auf der Grundlage der Polyglycin II/Polyprolin II-Helices treten in den Tripelhelices des Kollagens als einem glycin- und prolinreichen Protein auf.

Die linksgängige ω-Helix wird u. a. beim Poly-β-benzylaspartat unter bestimmten Bedingungen beobachtet.

3.1.4. Erlaubte Konformationen von Polypeptidketten

Wie bereits erwähnt, können die Rotationswinkel ψ und ϕ nicht alle Werte zwischen 0 und 360° annehmen, da sie durch die Wirkungsradien der Atome limitiert sind. So ist z. B. $\psi = 180$ und $\phi = 180°$ nicht möglich, weil dann die O- und H-Atome sich überlappen würden. „Vollständig erlaubt" sind nur solche Konformationen bei denen die Atomabstände größer sind als die minimal möglichen. Durch das Auftreten von Wasserstoffbrücken können jedoch die möglichen Abstände (durch „Eintauchen" des H-Atoms in die Elektronenhülle des Akzeptoratoms) kleiner sein als die aufgrund der Atomradien berechneten. Liegen die Atomabstände in einer Peptidkonformation zwischen diesem Normal-Limit und dem Extrem-Limit, so handelt es sich um „partiell erlaubte" Konformationen. Die vollständig und partiell erlaubten Konformationen kann man aus dem *Ramachandran-Diagramm* entnehmen, in dem die entsprechenden ψ- und ϕ-Bereiche für Polypeptide aus L-Aminosäuren angegeben sind (Abb. 48a). Die mit I, II und III

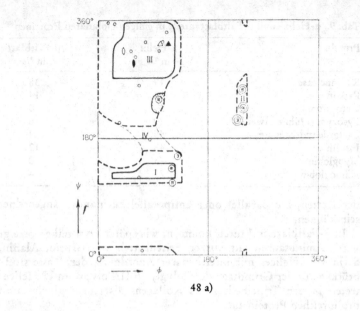

48 a)

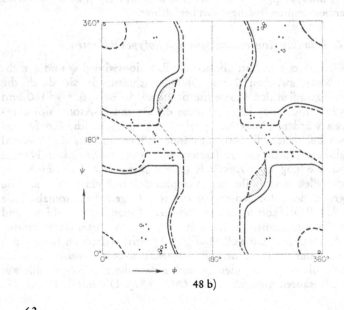

48 b)

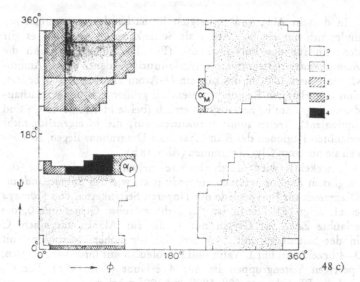

48 c)

Abb. 48. a) Ramachandran-Diagramm: Rotationswinkel ψ und φ der erlaubten Konformationen (mit ausgezogenen Linien umrahmt) und der partiell erlaubten Konformationen (gestrichelte Umrahmung). α$_I$, α$_{II}$: rechts- bzw. linksgängige α-Helix; ○, ●: antiparallele bzw. parallele β-Faltblattstruktur; Ⓡ: 2$_7$-Bandstruktur und 2,2$_7$-Helix; 3 und π bezeichnen die 3$_{10}$ und die π-Helix; △: Polyprolinhelix; ▲: Kollagenstruktur. b) Ramachandran Diagramm für Glycin (τ = 110°). c) Ramachandran Diagramm für Aminosäuren mit längeren Seitenketten: 0: nicht erlaubte Konformationen; 1: (und ebenso 2—4) für Glycin α-H erlaubt; 2—4: für Alanin CH$_3$-Gruppe erlaubt; 3—4: für längere unverzweigte Seitenketten; 4: für L-Valin und Isoleucin [nach Scheraga et al. (5)].

bezeichneten Regionen stellen erlaubte Werte für ψ und φ dar, allerdings sind die in II nur partiell erlaubt. Sie enthalten die Rotationswinkel für die linksgängige α-Helix. Die Region IV ist an sich nicht erlaubt, sie wird es erst dann, wenn der Bindungswinkel τ am α-Kohlenstoffatom von 109° 28′ auf etwa 115° vergrößert ist. Mit Vergrößerung von τ$_a$ nimmt also die Zahl der erlaubten Konformationen zu. Es treten dann Brücken zwischen den erlaubten Regionen auf. Umgekehrt geht mit einer Abnahme von τ$_a$ z. B. auf 105° die Zahl der möglichen Konformationen zurück. So entfällt II ganz und zwischen I und III besteht keine Verbindung mehr (Abb. 48).

63

In dem in Abb. 48 a) gezeigten Ramachandran-Diagramm befindet sich nur ein β-C-Atom als Seitenkette an C^α, d. h. es gilt demnach für das Poly-L-alanin. (Für D-Aminosäuren sind die *Ramachandran*-Diagramme spiegelbildlich zu denen der L-Aminosäuren.) Beim Glycin, das nur ein H-Atom anstelle des C^β besitzt, sind die erlaubten Regionen wesentlich größer und das Ramachandran-Diagramm ist zentrosymmetrisch (beide H-Atome an C^α sind äquivalent). Treten somit Strukturen auf, die in eigentlich nicht erlaubten Regionen des Ramachandran-Diagramms liegen, so können sie nur vom Glycin stammen (Abb. 48 b).

Umgekehrt wird durch längere Seitenketten die Zahl der möglichen Konformationen eingeschränkt, wie das *Ramachandran*-Diagramm für Polypeptide mit längeren Seitenketten von *Scheraga* et al. zeigt (5). Hierin ist das nicht erlaubte Gebiet mit 0, die erlaubte Zone für Glycin mit 1, die für Alanin mit einem C in der Seitenkette mit 2—4 und das für höhere Homologe mit 3—4 bezeichnet. Für L-Valin und L-Isoleucin mit ihren verzweigten, sperrigen Seitengruppen ist nur 4 erlaubt (Abb. 48 c). Für C^γ sind nur Winkel χ von 60°, 180° und 300° möglich.

Hat τ^α seinen normalen Wert von 109°28′, so sind Helices mit mehr als fünf Aminosäuren pro Windung aus sterischen Gründen nicht erlaubt, es können dann keine intrachenaren Wasserstoffbrücken mehr gebildet werden. Sie sind normalerweise möglich zwischen den Peptideinheiten 3 → 1, 4 → 1 und 5 → 1, wobei die Richtung vom Donator (NH) zum Akzeptor (CO) angegeben ist. Zwischen τ^α von 108 bis 112° treten Wasserstoffbrücken zwischen 4 → 1 und 5 → 1 auf. Wird τ^α auf mehr als 112° vergrößert, so sind Wasserstoffbrücken zwischen 6 → 1 möglich wie sie in der π_p- und π_M-Helix vorliegen (1). Das Gebiet in dem die π-Helix (Abb. 45) auftritt ist sehr klein. Man hat sie neuerdings bei D,L-Peptiden wie dem Antibiotikum Gramicidin A das aus nur 15 Aminosäureresten besteht, beobachtet (6). Auch synthetische D,L-Poly-α-aminosäuren wie das Poly-D,L-alanin gehen beim Erhitzen von der α-Helix in die $\pi_{DL}^{4,4}$-Helix über. Die $\alpha_{D,L}$-Helix des Poly-L-alanins ist mit einer Gesamtenergie von −11,16 kcal/Mol gegenüber der α_L-Helix mit −11,70 kcal/Mol thermisch etwas weniger stabil.

Aus sterischen Gründen ist, wenn in einer Seitenkette ein C^γ vorliegt, bei einem $\chi = 60°$ (Position I) kein Einbau in die α- und die 3_1-Helix möglich. Wenn also Valin in einer α-Helix auftritt, so können die beiden γ-C-Atome nur in 180° (Position II) und

300° (Position III) stehen. C^γ und C^ε kommen meist nur in Position II ($\chi = 180°$) vor.

Aminosäuren mit einem Heteroatom an C^β, also z. B. Serin, Threonin, Cystein und Cystin nehmen eine Sonderstellung ein. Hier befindet sich das γ-Heteroatom (O oder S) in Position I und deshalb können Serinsequenzen etc. nicht in einer α-Helix, sondern allenfalls in eine 3_1-Helix vorliegen.

Bei der Bisaminosäure Cystin beträgt der Winkel zwischen den beiden S-Atomen 90° (1).

Die terminalen planaren Endgruppen von Arginin, Asparaginsäure, Glutaminsäure, Histidin und Tyrosin stehen stets entweder coplanar oder senkrecht zur planaren Peptideinheit.

Nach den Untersuchungen von *Blout* und *Fasman* an Homo-Poly-α-aminosäuren kann man zwischen α-helixbildenden und β-Faltblattbildnern unterscheiden (7, 8).

Zu den α-Helixbildnern gehören u. a.

Alanin, Leucin, Asparaginsäure, Glutaminsäure, Lysin, Methionin, Tyrosin und Phenylalanin sowie Histidin und Tryptophan,

zu den β-Faltblattbildnern

Valin, Isoleucin, Serin, Threonin, Cystein

also Aminosäuren mit einer Verzweigung oder einem Heteroatom an C^β.

Andererseits können aber auch Poly-α-aminosäuren aus α-Helixbildnern in der β-Faltblatt-Konformation vorkommen, wenn sie in geeigneter Weise mechanisch (z. B. durch Verstrecken von Fasern oder Folien) oder chemisch (z. B. bei erhöhter Temperatur in alkalischen Milien) behandelt werden (9, 10).

Die Konformation von Polypeptiden und Proteinen ist bekanntlich nicht allein von sterischen Faktoren abhängig. Sie wird außerdem in hohem Maße von den zwischenmolekularen Wechselwirkungen der Carbonamidgruppen des Polypeptidkettengerüsts und der verschiedenen Seitengruppen bestimmt. Da Polypeptide und Proteine im allgemeinen im gelösten oder gequollenen Zustand vorliegen sind die Wechselwirkungen zwischen ihnen und den Molekülen des Lösungsmittels sehr wesentlich für die Stabilisierung der Konformation. Wie in der schematischen Übersicht (Abb. 49) gezeigt ist, kommen für die Stabilisierung der Konformation einmal die

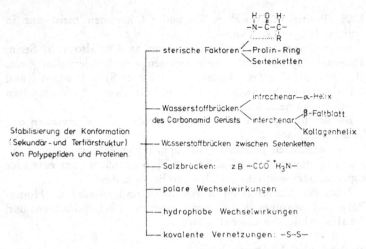

$$
\begin{array}{c}
\text{H} \quad \text{O} \quad \text{H} \\
| \qquad || \qquad | \\
-\text{N}-\text{C}-\text{C}- \\
\qquad\qquad | \\
\qquad\qquad \text{R}
\end{array}
$$

Stabilisierung der Konformation
(Sekundär- und Tertiärstruktur)
von Polypeptiden und Proteinen

— sterische Faktoren ⟨ Prolin-Ring
⟨ Seitenketten

— Wasserstoffbrücken ⟨ intrachenar—α-Helix
des Carbonamid Gerüsts ⟨ interchenar ⟨ β-Faltblatt
Kollagenhelix

— Wasserstoffbrücken zwischen Seitenketten

— Salzbrücken: z.B. $-\text{COO}^- \overset{+}{\text{H}_3}\text{N}-$

— polare Wechselwirkungen

— hydrophobe Wechselwirkungen

— kovalente Vernetzungen: $-\text{S}-\text{S}-$

Abb. 49. Stabilisierung der Konformation von Polypeptiden und Proteinen durch zwischenmolekulare Wechselwirkung und sterische Faktoren.

zwischenmolekularen Wechselwirkungen der Carbonamidgruppen des Polypeptidkettengerüstes durch intra- oder intermolekulare Wasserstoffbrücken in Betracht. Weiter sind die Wechselwirkungen der Seitenketten untereinander zu berücksichtigen. Dabei kann es sich je nach der Art der Seitengruppen um ionogene Wechselwirkungen, um Ion-Dipol oder Dipol-Dipolwechselwirkungen, um Wasserstoffbrückenbindungen und natürlich um Dispersionswechselwirkungen handeln (11, 12). Diese energetischen Wechselwirkungen spielen ebenso bei den Beziehungen zwischen dem Carbonamidgerüst und den Seitengruppen mit dem Lösungs- bzw. Quellungsmittel sowie deren Komponenten (z. B. Elektrolyte) eine große Rolle. Nicht zuletzt aber sind hier die sog. hydro- bzw. lyophoben Wechselwirkungen, die entropischer Natur sind sehr wichtig. Wegen ihrer großen Bedeutung für Konformation und Funktion der Biopolymeren soll deshalb zunächst kurz auf die verschiedenen Typen zwischenmolekularer Wechselwirkungen eingegangen werden.

3.2. Arten zwischenmolekularer Wechselwirkungen

3.2.1. Polkräfte (13)

Hierzu gehören die elektrostatischen Wechselwirkungen zwischen Ionen und die Wechselwirkungen von Molekülen mit unsymmetrischer Ladungsverteilung.

Die elektrostatischen oder *Coulomb*schen Wechselwirkungen sind sehr weitreichend. Für die potentielle Energie zweier Ionen (geladener Teilchen) gilt bekanntlich

$$U = \frac{Z_i Z_j e_o^2}{r}, \text{ für die ausgeübte Kraft } K = \frac{Z_i Z_j e_o^2}{r^2} \qquad [3-1]$$

wobei Z_i und Z_j die Zahl der Elementarladungen e_o der Ionenarten i und j sind, die sich im Abstand r voneinander befinden.

Dipolmoleküle sind zwar elektrisch neutral, haben aber eine unsymmetrische Ladungsverteilung aufgrund ihrer chemischen Struktur. Diese Ladungsasymmetrie wird durch das Dipolmoment μ, das Produkt aus dem Abstand der Ladungsschwerpunkte l und der Elementarladung e ($\mu = e \cdot l$) charakterisiert. Ionen üben auf Dipolmoleküle ein Drehmoment aus. Die potentielle Energie zwischen beiden beträgt $U = -\frac{e_o \mu}{r^2} \cos\delta$, die ausgeübte Kraft $K = -\frac{e_o \mu}{r^3} \cos\vartheta$.

Beide hängen also vom Winkel ϑ, den die Dipolachsen mit der Verbindungslinie zwischen ihrem Mittelpunkt und dem Ion bildet, ab und die stabilste Lage würde für $\vartheta = 0$ erreicht. Die Ausrichtung der Dipole wird jedoch durch die Temperaturbewegung gestört, so daß die mittlere Energie eines Dipols noch von der Temperatur abhängt, und man erhält unter Berücksichtigung dieser Tatsache

$$U = \frac{e_o^2 \mu^2}{3r^4 kT} \qquad [3-2]$$

Solche Wechselwirkungen können sowohl zwischen den elektrisch geladenen Seitengruppen saurer und basischer Aminosäuren mit den polaren OH, oder -CONH$_2$ Gruppen verschiedener Aminosäuren oder mit Lösungsmittelmolekülen auftreten. Von besonderer Bedeutung für die Konformation sind polare Wechselwirkung z. B. bei den stark basischen Histonen und Protaminen sowie bei Poly-α-aminosäuren mit sauren oder basischen Seitengruppen.

Erwähnt werden müssen an dieser Stelle auch die Dipol-Dipol-Wechselwirkungen, deren mittlere statistische Wechselwirkungsenergie

$$U = \frac{2\mu_1^2 \mu_2^2}{3r^6 kT} \qquad [3-3]$$

mit der 6. Potenz des Abstandes abnimmt. μ_1, μ_2 sind die Dipolmomente der beteiligten Moleküle.

Schließlich kommen noch die demselben Abstandsgesetz unterliegenden Induktionskräfte in Betracht. Sie beruhen darauf, daß ein Ion oder Dipol in Nachbarmolekülen ein elektrisches Dipolmoment induziert. Das induzierte Moment liegt dabei naturgemäß stets in Richtung des induzierenden Pols bzw. Dipols, so daß immer eine Anziehung auftritt, die im Unterschied zu den o. a. Wechselwirkungen temperaturunabhängig ist.

Für das induzierte Dipolmoment μ_{ind} gilt, wenn die induzierende Feldstärke $\vec{E}$ nicht zu hoch ist

$$\mu_{ind} = a \cdot \vec{E} \qquad\qquad [3\text{--}4]$$

Die Polarisierbarkeit a wird dabei als unabhängig von $\vec{E}$ angenommen. Die mittlere potentielle Energie eines Dipols und des induzierten beträgt

$$U = - \frac{\mu^2 a}{r^6} \qquad\qquad [3\text{--}5]$$

handelt es sich um zwei permante Dipolmoleküle, so gilt

$$U = - \frac{2\mu^2 a}{r^6} \qquad\qquad [3\text{--}6]$$

3.2.2. Dispersionskräfte

Dispersionskräfte sind im Unterschied zu den bisher genannten und den noch zu erwähnenden Arten zwischenmolekularer Wechselwirkungen ubiquitär, also zwischen jeder Art von Materie mehr oder weniger intensiv vorhanden. Sie sind dafür verantwortlich, daß auch unpolare Stoffe wie die Kohlenwasserstoffe oder Helium im flüssigen Zustand vorkommen können. Ursache der Dispersionskräfte ist nach der Theorie von *London*, daß bei den Atomen bzw. Molekülen dieser Stoffe nur im zeitlichen Mittel eine symmetrische Ladungsverteilung existiert, in jedem Moment aber rotierende Dipole vorliegen. Über die auf der Grundlage zweier gekoppelter linearer Oszillatoren beruhende Theorie kann hier nicht eingegangen werden. Für dreidimensionale Oszillatoren als die die Atome betrachtet werden, ergibt sich eine potentielle Energie von

$$U = - \frac{3h\nu_0 a^2}{4r^6} \qquad\qquad [3\text{--}7]$$

wobei ν_0 die Eigenfrequenz des Oszillators, h das *Planck*sche Wirkungsquantum und die Energie $h\nu_0$ gleich der Ionisierungsarbeit I des Atoms (200–300 kcal/Mol) ist. ν_0 kann auch aus der Dispersionsformel für die Refraktion entnommen werden, weil sich deren Frequenzabhängigkeit gewöhnlich mit einer Eigenfrequenz ν_0 darstellen läßt. Dies ist der Grund weshalb man diese Kräfte als Dispersionskräfte bezeichnet. Auch hier tritt wieder eine Abnahme mit r^6 ein. Für zwei verschiedene Moleküle gilt

$$U_{12} = -\frac{3}{2}\frac{a_1 a_2}{r^6} h \frac{\nu_1 \nu_2}{\nu_1 + \nu_2} = -\frac{3}{2}\frac{a_1 a_2}{r^6}\frac{I_1 I_2}{I_1 + I_2} \qquad [3-8]$$

Bei der Wechselwirkung mehrerer Moleküle sind die Dispersionskräfte additiv, z. B.:

$$U = U_{12} + U_{13} + U_{23} \qquad [3-9]$$

Für die gesamte sog. mittlere *van der Waals*sche Wechselwirkungsenergie zweier Moleküle gilt der Ausdruck

$$U = -\frac{1}{r^6}\frac{2\mu_1^2 \mu_2^2}{3kT} + \mu_1^2 a_2 + \mu_2^2 a_1 + \frac{3}{4} a_1 a_2 h \frac{\nu_1 \nu_2}{\nu_1 + \nu_2} \qquad [3-10]$$

Daß die Dispersionswechselwirkungen auch in stark polaren Stoffen eine wichtige Rolle spielen, zeigt sich darin, daß der prozentuale Anteil der Dispersionswechselwirkungen zur Sublimationswärme des recht polaren NH_3 ($\mu = 1,50$ D) 50 %, der der Dipol-Dipol-Wechselwirkungen 44,6 % und der der Induktionswechselwirkungen 5,4 % beträgt. Die Bedeutung dieser Wechselwirkungen für die Stabilisierung der Überstruktur von Biopolymeren, wie Keratinfasern, Poly-L-alanin und Poly-L-leucin hat *Zander* kürzlich gezeigt (13 a, b).

3.2.3. *Wasserstoffbrückenbindungen (HBB)*

Die bisher aufgeführten Wechselwirkungen sind im allgemeinen mit ca. 0,5 kcal/Mol sehr viel schwächer als chemische Hauptvalenzbindungen (> 20 kcal/Mol). Recht stark sind dagegen die zwischen beiden einzuordnenden Wasserstoffbrückenbindungen (13, 13 c) (HBB) die je nach der Art der beteiligten Bindungspartner eine Energie von 3 bis ≈ 10 kcal/Mol haben. Voraussetzung für die Bildung einer HBB ist, daß eine Protonendonator-Gruppe X-H hinreichender Acidität und ein Protonenakzeptor Y genügender Basizität vorhanden sind. Dann kann unter dem Einfluß des

Akzeptors Y der Bindungsabstand X-H des Donators unter Zunahme der Polarisierung vergrößert werden und das Proton in die Elektronenhülle von Y „eintauchen", an ihr anteilig werden:

$$R\text{-}X\text{-}H \cdots Y\text{-}R'$$

Der Abstand der Atome X und Y ist aus diesem Grunde beim Vorliegen einer HBB kleiner als sich aus der Summe der Wirkungsradien der an der HBB beteiligten Atome ergibt.

Als Protonen-donatoren kommen insbesondere OH-, NH-, und NH_2-Gruppen, ebenso HF in Betracht, nicht aber CH_3 und CH_2-Gruppen, da deren Protonen zu wenig acide sind. Geeignete Protonenakzeptoren sind O, N und F also die gleichen Atome an die die Protonen der H-Donatoren gebunden sind. In zahlreichen Fällen sind Donator und Akzeptor in demselben Molekül vorhanden, wie z. B. bei Wasser, Alkoholen, Carbonsäuren, Amiden und Fluorwasserstoff. Aus diesem Grunde neigen die Moleküle der betr. Verbindungen stark zur Assoziation über HBB, wodurch deren Eigenschaften sehr stark bestimmt werden. Dies ist für die Existenz des irdischen Lebens von größter Bedeutung, da Wasser, ohne das Vorhandensein von Wasserstoffbrücken einen Schmelzpunkt von etwa $-90\,°C$ und einen Siedepunkt von $-80\,°C$ haben würde, ähnlich wie H_2S, das so gut wie keine HBB bilden kann. Daneben werden auch Oberflächenspannung, Verdampfungsenthalpie und -entropie, Dielektrizitätskonstante etc. infolge des Vorliegens von HBB stark erhöht gegenüber vergleichbaren Verbindungen in denen diese Art zwischenmolekularer Wechselwirkungen nicht vorliegt. Ein recht bekanntes Beispiel hierfür ist der Vergleich der Alkohole mit den isomeren Äthern. Verständlicherweise werden nicht nur die Eigenschaften niedermolekularer Stoffe durch HBB sehr weitgehend bestimmt, sondern dasselbe gilt auch für Polymere im allgemeinen und für Biopolymere im besonderen. Diese enthalten bekanntermaßen eine Vielzahl von Gruppen, die zum Bilden von Wasserstoffbrücken befähigt sind und die für die Konformation und Funktion der Biopolymeren von entscheidender Bedeutung sind. Die Natur der HBB soll nach einer Annahme von *Pauling* (13 c) hauptsächlich elektrostatisch sein. Daß diese Theorie nicht ganz befriedigend ist, ergab sich, als *Coulson* nachwies, daß der Hauptbeitrag zum Dipolmoment des Wassers durch die einsamen Elektronenpaare des Sauerstoffs geleistet wird und daß die O-H-Bindung einen wesentlich geringeren ionischen Anteil aufweist als früher angenommen (13 c). *Cannon* stellte aufgrund von IR-

Messungen und theoretischen Überlegungen folgende 3 Kriterien für die Bildung einer HBB X-H … Y auf (13 c).

1. Die X-H-Bindung muß ionische Anteile enthalten, weshalb X notwendigerweise stark elektronegativ sein muß, damit $X^- \cdots {}^+H$ entsteht und somit das 1s Orbital des H nicht vollständig für die X-H-Bindung gebraucht wird. Es steht daher zur partiellen Überlappung mit einem unbesetzten Orbital von Y zur Verfügung.

2. Das Y-Atom muß einsame Elektronenpaare in asymmetrischen Orbitalen haben.

3. Wie bereits erwähnt, muß das H-Atom auf der Verbindungslinie zwischen X und Y liegen, wenn die Bindungsenergie und damit die Wechselwirkung maximal sein sollen. Allerdings ergeben Abweichungen von der Linearität der HBB bis zu etwa 30° nur vernachlässigbare Änderungen der Bindungsenergie (15).

Der Ausdruck „*elektrostatisch*" wird allgemein so gebraucht, daß zwei miteinander in Wechselwirkung stehende Teilchen ohne Deformation einer Ladungswolke oder Elektronenaustausch einander genähert werden können. Wenn jedoch zwei solcher Moleküle einander nahe genug kommen, so polarisieren sie sich gegenseitig und es tritt eine Verformung der Ladungswolken ein. Hierdurch kommt es zu einem Delokalisationsterm. Wenn elektrostatische Wechselwirkungen für die Bildung einer Wasserstoffbrücke und damit für deren Energie hauptsächlich verantwortlich wären, so sollte zwischen dieser und dem Dipolmoment des Protonakzeptors eine Beziehung bestehen. Dies ist aber nicht der Fall. Hinzu kommt, daß die Intensität der O-H-Valenzschwingung in einer H-Brücke häufig stärker ist als aufgrund elektrostatischer Wechselwirkungen zu erwarten wäre. Dies wird von *Coulson* auf Elektronendelokalisation zurückgeführt (13 c). Konvalente Anteile sind also anscheinend in H-Brücken ein sehr wichtiger Faktor. Wasserstoffbrückenbindungen spielen nun für die Konformation und die Funktion sehr vieler Biopolymeren nicht nur unmittelbar eine Rolle, indem funktionelle Gruppen eines Moleküls intrachenare HBB oder die von mehreren Molekülen interchenare HBB bilden. Auch mittelbar sind sie für das Verhalten von Biopolymeren von erheblicher Bedeutung, wenn diese sich in wäßrigem Milieu befinden. Dies ist einmal darauf zurückzuführen, daß hier die HBB zwischen Wasser und Biopolymeren mit denen zwischen den Biopolymer-Molekülen selbst in Konkurrenz treten. Andererseits sind sie auch deshalb sehr wesentlich, weil sie die Ursache der sehr hohen Nahordnung des flüssigen Wassers auch weit oberhalb der Schmelztemperatur sind. Diese Nahordnung wird durch die Wechselwirkung von Biopolymermolekülen mit dem umgebenden Wasser beeinflußt. So kommt es u. a. durch eine Veränderung der „Wasserstruktur" in unmittelbarer Nähe apolarer hydrophober Gruppen zu Effekten, die als „hydrophobe Wechselwirkungen" bekannt sind. Diese spielen für die Stabilisierung der Konformation zahlreicher Biopolymeren, vor allem von Polypeptiden und Proteinen, aber auch von Polynucleotiden, eine erhebliche Rolle.

Aus den eben genannten Gründen ist es daher im Zusammenhang mit der Betrachtung der Konformation und der physikalisch-chemischen Eigenschaften von Biopolymeren sinnvoll, sich etwas näher mit der „Struktur" des flüssigen Wassers zu befassen.

3.2.4. Wasserstruktur

Das wohl wichtigste Charakteristikum des Wassermoleküls ist, daß es an vier Wasserstoffbrückenbindungen beteiligt sein kann, und zwar einmal über die beiden Protonen und zum anderen über die beiden freien Elektronenpaare $(2s)^2(2p_z)^2$. Der Winkel zwischen dem $2p_x$ und dem $2p_y$-Orbital des Sauerstoffs ist im flüssigen Wasser und im Eis von 90° auf 109° aufgeweitet (14). Dadurch sind die beiden p-Zustände zu einer Mischung zwischen s- und p-Zustand hybridisiert.

Die beiden freien Elektronen, die als Protonenakzeptoren mit benachbarten Wassermolekülen je eine HBB eingehen können, bilden mit dem O-Atom einen Tetraederwinkel von $\approx 109°$. Sie liegen in einer Ebene senkrecht zu der H-O-H-Ebene (Abb. 50 a). Aus diesem Grunde ist jedes Wassermolekül in der normalerweise vorliegenden Eis I-Modifikation tetraedrisch von vier anderen umgeben. Es liegt also wie im SiO_2-Tridymitgitter eine hexagonale Symmetrie mit großen Gitterhohlräumen vor, wie Abb. 50 b zeigt. Das Maximum der Wechselwirkung zwischen den Wassermolekülen liegt somit in O-H $\cdots$ O-Richtung und nicht in der des Dipolmoments. Dieses bildet die Halbierende des Winkels H-O-H und hat bei kondensiertem Wasser den recht erheblichen Wert von $\approx 2,5$ Debye (D) gegenüber 1,86 D im Dampfzustand. Diese Erhöhung des Dipolmomentes im kondensierten Zustand ist durch die gegenüber dem Dampfzustand vergrößerte Hybridisierung bedingt.

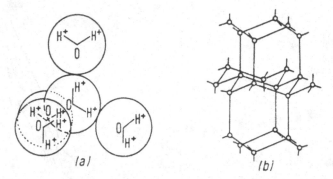

 (a) ... (b)

Abb. 50. Anordnung der Sauerstoffatome im Tridymitgitter vom Eis I (14, 14 a).

Neutronenbeugungs-Untersuchungen an D_2O-Eis haben ergeben, daß zwischen zwei Sauerstoffatomen jeweils zwei Dichtemaxima vom Betrag $\frac{1}{2}$ auftreten. Dies bedeutet, daß sich in den vier Tetraederrichtungen eines O-Atoms im Zeitmittel je $\frac{1}{2}$ D befindet, daß also ein D beiden O angehört. Somit findet also ein ständiger Platzwechsel statt (15).

Die starken Wechselwirkungen zwischen den Wassermolekülen sorgen nun dafür, daß beim Schmelzen des Eises seine hohe Ordnung keineswegs vollständig zusammenbricht, sondern daß eine recht beträchtliche Nahordnung erhalten bleibt. Dies geht einmal aus Röntgenbeugungsuntersuchungen an flüssigem Wasser hervor. Die dabei erhaltenen Elektronendichteverteilungs-Funktionen von *Morgan* und *Warren* (Abb. 51) zeigen ebenso wie die anderer Autoren, daß ein beliebig herausgegriffenes Wassermolekül bei 1,5 °C genau wie in Eis von vier nächsten Nachbarn und zehn statt zwölf übernächsten Nachbarn im Abstand von 2,8 und 4,5 Å umgeben ist (16, 17). Damit befinden sich bei Berücksichtigung der nächsten und übernächsten Nachbarn von 17 Wassermolekülen nur zwei, also $\approx 12\,\%$, auf „Zwischengitterplätzen". Daher ist also die Zahl der HBB, die beim Schmelzen des Eises gelöst wird, recht klein. Energetische Abschätzungen bestätigen dies offenbar. So dividierte *Pauling* die Schmelzenthalpie des Eises von 1,43 kcal/Mol durch die zum Lösen aller HBB erforderliche sehr viel höhere Enthalpie von $2 \cdot 4,5$ kcal/Mol (18), um den Anteil von HBB zu erhalten, der beim Schmelzen gebrochen wird:

73

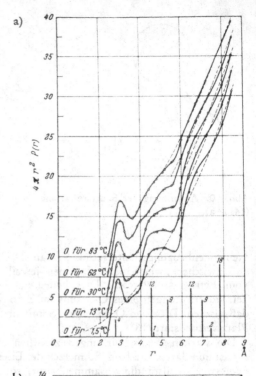

a)

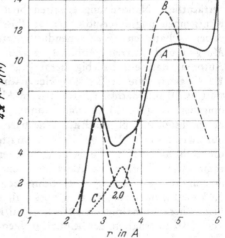

b)

Abb. 51. a) Radiale Elektronendichteverteilung in Wasser; zwischen 1,5° und 83 °C nach *Morgan* und *Warren* 15, 16). b) Elektronendichteverteilung A in Wasser von 1,5 °C und in Eis (B) sowie Differenz C zwischen A und B (15, 16).

$$\frac{\Delta H_s}{2E_{HBB}} = \frac{1,43\ kcal/Mol}{2 \cdot 4,5\ kcal/Mol} = 0,16 \qquad\qquad [3\text{--}11]$$

(Dabei ist E_{HBB} die Bindungsenthalpie pro HBB, auf ein H_2O-Molekül entfallen zwei HBB).

Hierbei ist nicht berücksichtigt, daß beim Schmelzen nicht nur Wasserstoffbrücken, sondern auch andere Arten zwischenmolekularer Wechselwirkungen aufgehoben werden, so daß der oben erhaltene Wert von 16% gelöster HBB zu hoch sein dürfte. Um eine entsprechende Korrektur anzubringen, wurde in Gl. [3–12] von der Schmelzenthalpie des Eises ΔH_S(Eis) die des Schwefelwasserstoffs $\Delta H_S(H_2S)$ subtrahiert. Da H_2S praktisch keine HBB bildet sonst aber dem H_2O ähnlich ist, kann die Schmelzenthalpie des H_2S näherungsweise dem Betrag der o. a. anderen beim Schmelzen aufgehobenen zwischenmolekularen Wechselwirkungen gleichgesetzt werden. Man erhält dann (15)

$$\frac{\Delta H_s(Eis) - \Delta H_s(H_2S)}{2E_{HBB}} = \frac{(1,43 - 0,57)\ kcal/Mol}{2 \cdot 4,5\ kcal/Mol} = 0,096$$
$$[3\text{--}12]$$

Fox und *Martin* (19) dividierten die Schmelzwärme des Eises durch dessen Sublimationswärme ΔH_{subl} von 11,6 kcal/Mol, da diese Enthalpieänderung die Aufhebung praktisch aller Arten zwischenmolekularer Wechselwirkungen beinhaltet. Damit wird ausschließlich von den an H_2O experimentell erhaltenen Werten ohne zusätzliche Annahme, auch nicht über die Energie der HBB ausgegangen. Man erhält dabei einen Wert von 12% beim Schmelzprozeß gebrochener HBB.

Auch die sehr umfangreichen und grundlegenden infrarotspektroskopischen Untersuchungen von *Luck* über die Temperaturabhängigkeit der OH-Oberschwingungen führten zu ganz analogen Ergebnissen (15, 20). Hiernach nimmt die scharfe OH-Bande bei 1,14 μ bis zur kritischen Temperatur T_k stark zu, die „Eisbande" der vierfach gebundenen H_2O-Molekeln ab. Geht man davon aus, daß die Extinktion des 1,14 μ Bandenmaximums bei T_k die der freien nicht über HBB gebundenen OH-Gruppen ist (Abb. 52), so kann man den Anteil freier OH-Gruppen bei jeder andern Temperatur ermitteln. Dabei erhält *Luck* für Wasser von 0 °C sogar noch weniger als 10% gelöste HBB.

Modellvorstellungen und Theorien über die Struktur des flüssigen Wassers gibt es recht viele, und es ist in diesem Rahmen nicht möglich hierauf näher einzugehen (22–29). Es sei nur darauf

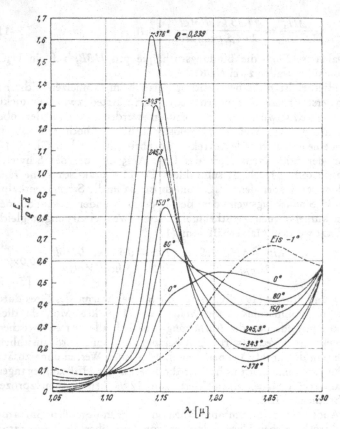

Abb. 52. Oberschwingung der OH-Valenzbande bei 1,14 μ bei verschiedenen Temperaturen (15).

hingewiesen, daß bereits *Röntgen* 1892 davon sprach, daß das Wasser eine „gesättigte Lösung von Eis-Molekeln" darstelle. Damit nahm er bereits sehr früh die Idee der modernen Mischungstheorien vorweg. Von den bereits erwähnten Röntgen-Untersuchungen von *Morgan* und *Warren* (16) führt nämlich ein direkter Weg zu den modernen Theorien zu denen insbesondere die Clustertheorien gehören. Nach *Frank* und *Wen* (1957) liegen im Wasser flukturierende Cluster mit einer Lebensdauer von $\approx 10^{-12}$ sec vor (21). Da es bei der Bildung einer Wasserstoffbrücke durch eine Art Resonanzphänomen zu einem Ladungstrennungseffekt kommt, wie in

Abb. 53 angedeutet, wird die Tendenz zur Wasserstoffbrückenbildung verstärkt (21). Auf diese Weise kommt es zu einem kooperativen Entstehen und Zusammenbrechen der Cluster. Die bekannteste und wohl meist diskutierte Theorie der Wasserstruktur ist die von *Nemethy* und *Scheraga* (22), die auf den Vorstellungen der fluktuierenden Cluster von *Frank* und *Wen* aufbaut (21). Obwohl sie die freie Energie des Wassers zwischen 0 und 100 °C innerhalb von 3% wiedergibt und ebenso die Entropie und die innere Energie recht gut mit den gefundenen übereinstimmen, kann und muß man gewisse Einwände erheben. Dies betrifft nicht allein und nicht so sehr die Tatsache, daß die berechneten

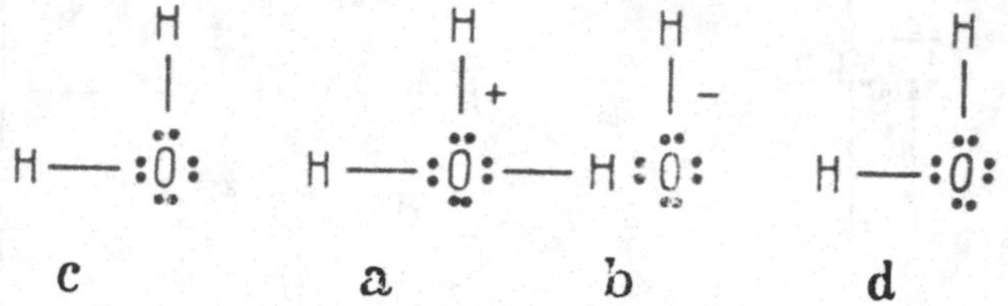

Abb. 53. Ladungstrennungseffekt und kooperativer Charakter der Wasserstoffbrückenbildung nach *Frank* und *Wen* (21, 23).

Werte der spezif. Wärme C_v eine erheblich stärkere Temperaturabhängigkeit zeigen als die experimentellen Werte, sondern die mit $\approx 54\%$ viel zu hohe Zahl an gelösten Wasserstoffbrücken bei 0 °C. *Luck* kommt unter Berücksichtigung des Anteils freier OH-Gruppen zu sehr viel größeren Clustern aus 640 H_2O-Molekeln bei 0 °C (15). Auch *Haggis*, *Hasted* und *Buchanan* konnten mit Hilfe ihrer Clustertheorie unter der Voraussetzung, daß im Wasser von 0 °C nur 9% aller HBB gelöst sind, die äußere Verdampfungswärme des Wassers aufgrund dielektrischer Messungen sehr genau berechnen (26). Auch dies deutet also sehr stark darauf hin, daß der Anteil gelöster HBB in Wasser von 0 °C etwa bei 10% liegen dürfte, somit also ganz beträchtlich unter dem der aus der von *Nemethy* und *Scheraga* entwickelten Theorie erhaltenen Werte. Andererseits aber muß man sich natürlich stets darüber im klaren sein, daß alle diese Überlegungen für reines Wasser, und allenfalls noch für sehr verdünnte Lösungen gelten. Durch gelöste Stoffe aber, also in dem hier interessierenden Fall von gelösten oder gequollenen Biopolymeren wird die Struktur des Wassers im allgemeinen mehr oder weniger verändert (14,

15, 20). Dies geht unter anderem aus Infrarotuntersuchungen an konzentrierteren Elektrolytlösungen hervor (14, 20). Hierbei ist zur Charakterisierung des Ioneneinflusses der von *Bernal* und *Fowler* eingeführte Begriff der *Strukturtemperatur* sehr nützlich (27). Sie ist die Temperatur, bei der eine bestimmte Eigenschaft des reinen Wassers, wie z. B. die Intensität einer Infrarotbande denselben Wert hat wie die betreffende Lösung bei 20 °C. So ist bei 0,96 µ die Extinktion einer 1 molaren $NaClO_4$-Lösung von 20 °C so groß wie die von Wasser bei 43 °C, die Extinktion einer 5 molaren $NaClO_4$-Lösung von 20 °C ist — wie Abb. 54 zeigt —

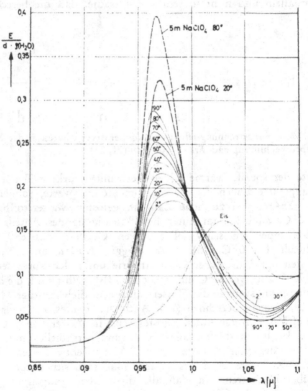

Abb. 54. Intensität der 0,96-Bande von Wasser bei verschiedenen sowie von 5 m $NaClO_4$-Lösung von 20° bzw. 80 °C. Die „Strukturtemperatur" dieser Lösungen liegt weit über 100 °C, sie wirken somit gegen „strukturbrechend" gegenüber Wasser (15).

gleich der von reinem Wassers bei mehr als 100 °C (14). Umgekehrte Effekte werden bei Lösungen von Sulfaten und Karbonaten festgestellt. Ionen der erstgenannten Art bauen damit die Struktur des Wassers, d. h. die Zahl der Wasserstoffbrücken in gleicher Weise wie eine Temperaturerhöhung ab, die „Beweglichkeit" der Wassermoleküle nimmt zu. Deshalb spricht man von „strukturbrechenden" Ionen. Die Ionen der zweiten Art erhöhen offenkundig die Zahl geschlossener HBB, verstärken also die Strukturbildung und damit auch die Zeit in der eine Molekel in einer Gleichgewichtslage verharrt. Die Beweglichkeit der Wassermolekeln wird in diesem Fall verringert. Dies ergeben z. B. Messungen der dielektrischen Relaxationszeit von *Hasted* et al. (28, 29). Zu entsprechenden Schlüssen führen ebenso die umfangreichen NMR-Untersuchungen, insbesondere der reziproken Spin-Gitter-Relaxationszeit $(1/T_1)$ durch *Hertz* und Mitarbeiter (30–32). Durch die Änderung der Mobilität der Wassermolekeln wird auch die Viskosität von Elektrolytlösungen erheblich beeinflußt.

Üblicherweise ist die Viskosität η einer Lösung größer als die des reinen Lösungsmittels η_0, die relative Viskosität η/η_0 also größer als 1. Elektrolytlösungen bei denen der strukturbrechende Charakter der Ionen dominiert, können eine relative Viskosität $\eta/\eta_0 < 1$ sowie einen positiven Temperaturkoeffizienten der relativen Viskosität haben (34). Man kann u. a. mit Hilfe solcher Untersuchungen zeigen, daß die strukturbrechende Wirkung bereits unmittelbar an der Ionenoberfläche beginnt (34). Derartige Untersuchungen sind für die Deutung der denaturierenden Wirkung von konzentrierten Elektrolytlösungen von Interesse. In solchen Lösungen wie z. B. 5–7 molaren Guanidiniumsalzlösungen liegen nur noch soviel Wassermoleküle vor, daß die Ionen lediglich eine mehr oder weniger vollständig ausgebildete primäre Hydrathülle besitzen. Diese Beeinflussung der Beweglichkeit der Wassermoleküle im Hinblick auf Stabilisierung und Destabilisierung der nativen Konformation von Proteinen ist von Bedeutung, weil diese nicht nur durch energetische zwischenmolekulare Wechselwirkungen stabilisiert wird, sondern ebenso von den milieubedingten entropischen hydrophoben Wechselwirkungen (36, 37).

3.2.5. Hydrophobe Wechselwirkungen

Die hydrophoben Wechselwirkungen beruhen darauf, daß die Wassermoleküle in der Umgebung apolarer Moleküle stärker geordnet sind als im freien Wasser, so daß die Entropie des Systems abnimmt. Dies ist die Ursache dafür, daß sich die unpolaren Kohlenwasserstoffe nur sehr wenig in Wasser lösen, obwohl es sich hierbei um einen exothermen Vorgang handelt, die Lösungsenthalpie also negativ ist. Die freie Enthalpie des Systems wird also sehr rasch mit der Zahl der gelösten apolaren Moleküle Null, da in der *Gibbs-Helmholtz*schen Beziehung der positive Entropieterm $T \cdot \Delta S$ gleich dem negativen Enthalpieterm wird.

Anders gesagt haben apolare Moleküle oder Molekülgruppen stets die Tendenz durch gegenseitige Assoziation den Kontakt mit dem Wasser zu verringern (Abb. 55), die Zahl der stärker geordneten Wassermoleküle und damit die Entropieabnahme so niedrig zu halten wie es von der Thermodynamik gefordert wird. Mit der Bildung hydrophober Wechselwirkungen ist somit ein Entmischungsvorgang mit einer positiven Entropie verknüpft. Da die Bildungsenthalpie $\Delta H^\circ_{H\varphi}$ hydrophober Wechselwirkungen Null oder schwach positiv ist, ist die freie Bildungsenthalpie $\Delta F^\circ_{H\varphi}$ relativ stark negativ. Daraus ergibt sich also, daß es sich hierbei nicht um energetische, sondern um entropiebedingte Wechselwirkungen handelt. Dies bedingt, daß ihre Intensität mit der Temperatur ein Maximum durchläuft, bei niedrigen Temperaturen also mit der Temperatur zunimmt. Bei aliphatischen Seitenketten ist dies bis etwa 58 °C der Fall, bei aromatischen bis etwa 42 °C.

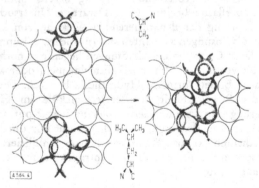

Abb. 55. Hydrophobe Wechselwirkung zwischen einer Alanin- und einer Leucinseitenkette eines Polypeptids (schematisch). Man erkennt, daß die Zahl der Wassermoleküle, die mit den apolaren, hydrophoben Gruppen in Kontakt stehen durch die Berührung der vordem getrennten Gruppen abnimmt (37).

Tatsächlich haben *Fasman* et al. an Poly-(L-glutaminsäure) und an einem Copolymeren aus L-Glutaminsäure und L-Leucin eine Zunahme des α-Helixgehaltes mit zunehmender Temperatur beobachtet (37, 38).

Hydrophobe Wechselwirkungen können sowohl intrachenar als auch interchenar die Stabilität der Konformation erhöhen (Abb. 55).

In der Tab. 10 sind die thermodynamischen Parameter für die Bildung einiger paarweiser hydrophober Wechselwirkungen wiedergegeben. In der Änderung der freien Enthalpie einer hydrophoben Wechselwirkung $\Delta F_{H\varphi}$ ist einmal die Änderung der freien Enthalpie bei der Strukturänderung des Wassers ΔF_W enthalten. Daran sind Y_S Wassermolekeln beteiligt, die danach nicht mehr in Kontakt mit den apolaren Gruppen, sondern mit andern Wassermolekeln sind. Weiter sind in $\Delta F_{H\varphi}$ die Differenz der *van der Waal*schen Wechselwirkungsenergie der apolaren Gruppen $Z_R E_R$ (Z_R = Zahl der paarweisen Wechselwirkungen mit der Energie E_R) enthalten sowie die Energie E_{RW} zwischen den apolaren Gruppen und den ΔY_s Wassermolekeln, die vorher benachbart waren (0,5 ΔY^s). Ferner kommt eine Entropieänderung infolge der zumindest partiellen Aufhebung von Rotationsfreiheitsgraden der apolaren Seitengruppen hinzu ($\Sigma\Delta F_{rot}$). Insgesamt ergibt sich also

$$\Delta F_{H\varphi} = \Delta Y^s \Delta F_w + Z_R E_R - 0{,}5 \; \Delta Y^s E_{RW} + \Sigma\Delta F_{rot} \qquad [3\text{--}13]$$

Tab. 10. Berechnete thermodynamische und strukturelle Parameter für die Bildung paarweiser hydrophober Wechselwirkungen maximaler Intensität zwischen einigen Aminosäureseitengruppen bei 25 °C (37).

| | Thermodynam. Parameter | | | Strukturelle Parameter[2] | |
	$\Delta F^O_{H\varphi}$ (kcal/ Mol)	$\Delta H^O_{H\varphi}$ (kcal/ Mol)	$\Delta S^O_{H\varphi}$ (kcal/ Mol · Grad)	ΔY_S	Z_R
Ala-Ala[1]	−0,3	0,4	2,1	4	2
Ileu-Ileu	−1,5	1,8	11,1	10	5
Phe-Leu	−0,5	0,9	4,7	6	3
Phe-Phe	−1,4	0,8	7,5	12	6

Ala = Alanin, Ileu = Isoleucin, Leu = Leucin, Phe = Phenylalanin
[1] Die für Ala — Ala angegebenen Werte gelten näherungsweise auch für eine paarweise hydrophobe Wechselwirkung minimaler Intensität zwischen beliebigen Aminosäureseitenketten.
[2] Die Bedeutung von ΔY_S und Z_R ist im Text erklärt.

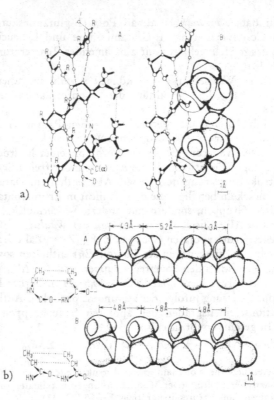

Abb. 56. Kalottenmodelle der hydrophoben Wechselwirkung apolarer Seitengruppen (37). a) intrachenar zwischen einer L-Leucyl- und einer L-Valylseitenkette von benachbarten Windungen einer rechtsgängigen α-Helix (gestrichelte Linien: Wasserstoffbrücken, punktiert: sich berührende CH₃-Gruppen). b) interchenar bei β-Faltblattstrukturen; A) antiparallele, B) parallele Fb-Struktur von Poly-alanin. Die Peptidketten verlaufen senkrecht zur Papierebene.

Darin gilt $E_R = -0,15$ kcal/Mol für aliphatische und $-0,50$ kcal/Mol für aromatische Gruppen; 0,5 $E_{RW} = -0,031$ kcal/Mol für aliphatische und $-0,16$ kcal/Mol für aromatische. ΔF_{rot} liegt abhängig von der Länge der Seitenkette zwischen 0 und 0,3 kcal/Mol. ΔF_W beträgt $-0,123$ kcal/Mol unabhängig von der Temperatur. $\Delta F_{H\varphi}$ liegt bei 25° je nach Art der Seitenketten und dem Ausmaß des gegenseitigen Kontaktes zwischen −0,2 und −1,5 kcal/Mol, wobei $\Delta H_{H\varphi}$ 0,3 bis 0,8 kcal/Mol und $\Delta S_{H\varphi}$ +1,7 bis 11 cal/g Grad betragen können. *Nemethy* und *Scheraga* berechneten nicht nur die freien Enthalpien paarweiser hydrophober Wechselwirkungen, sondern auch die von mehreren Gruppen so wie sie bei der Überführung einer Gruppe aus wäßrigem Milieu in eine apolare, kohlenwasserstoffartige Umgebung auftritt. Diese Werte liegen um mehr als 50 % unter denen, die bei der Überführung von Kohlenwasserstoffen gleicher Kettenlänge in Wasser auftreten, wie aus Tab. 11 hervorgeht, da durch die Bindung an die Hauptkette die Zahl der Kontakte die die Seitenketten mit dem Wasser haben verringert wird.

Hydrophobe Wechselwirkungen sind aber nicht nur bei rein apolaren aliphatischen oder aromatischen Ketten für die Stabilisierung der Polypeptidkettenkonformation von Belang, sondern

Tab. 11. Berechnete thermodynamische Parameter für die Überführung von Aminosäureseitenketten und entsprechenden Kohlenwasserstoffen aus Wasser in ein apolares Medium bei 25 °C (37).

	Aminosäureseitengruppen[1]				Kohlenwasserstoffe	
	ΔF°_{tr} (kcal/ Mol)	ΔH°_{tr} (kcal/ Mol)	ΔS°_{tr} (kcal/ Mol · Grad)	Δf_t[2]		ΔF°_{tr} (kcal/ Mol)
Ala	−1,3	1,5	9,4	−0,73	Methan	−2,6
Val	−1,9	2,2	13,7	−1,69	Propan	−5,0
Leu	−1,9	2,4	14,3	−2,42	Butan	−5,8
Ileu	−1,9	2,4	14,5	−2,97		
Met	−2,0	2,7	16,0	−1,30		
Pro	−2,0	2,2	14,0			
Phe	−0,3[3]	2,7	10,1	−2,65		
	−1,8[4]	1,0	9,5		Toluol	−5,3
Inkrement für eine Methylgruppe				−0,73		−0,8[5]

[1] Met = Methionin, Pro = Prolin, Val = Valin.
[2] Beitrag der Seitengruppe zur freien Enthalpie des Übergangs einer Aminosäure aus Wasser in Äthanol nach Tanford.
[3] Überführung in ein alifatisches Lösungsmittel.
[4] Überführung in ein aromatisches Lösungsmittel.
[5] Für unverzweigte Kohlenwasserstoffe ist $\Delta H^\circ = 0,23$ kcal/Mol und $\Delta S^\circ = 1,76$ cal/Grad · Mol.

auch bei solchen Seitenketten die — meist in ω-Position — eine polare bzw. ionogene Gruppe tragen wie z. B. Glutaminsäure, Lysin, Arginin, Tyrosin. In diesen Fällen können die Seitenketten entweder durch gegenseitige Zusammenlagerung oder durch Anschmiegen an die Hauptkette hydrophobe Wechselwirkungen ausbilden (Abb. 57 a und b). In diesem Fall ragt die endständige polare

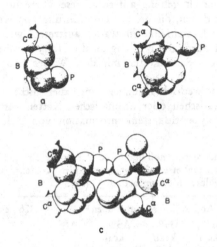

Abb. 57. Kalottenmodelle der hydrophoben Wechselwirkung von Seitenketten mit polarer bzw. ionogener Endgruppe (P). a) Wechselwirkung durch Anschmiegen einer Lysinseitenkette an das Polypeptidkettengerüst (back-bone). b) Wechselwirkung zwischen dem apolaren Teil einer Lysinseitengruppe und einer benachbarten Isoleucingruppe. c) Wechselwirkung (Salzbrücke) zweier ionogener Seitengruppen (Lysin- und Glutaminsäurerest), die gleichzeitig an hydrophoben Wechselwirkungen mit apolaren Leucin- bzw. Isoleucinresten beteiligt sind. Diese wiederum gehen gegenseitig hydrophobe Ww. ein (39).

Gruppe seitlich nach außen und steht entweder mit den Molekülen des Lösungsmittels oder mit anderen polaren Seitengruppen in Wechselwirkung. Nach *Kendrew* (37, 37 a) gibt es bei kristallisiertem Myoglobin parallel zur Oberfläche der Moleküle verlaufende Seitenketten. Dabei bilden ein Lysyl- und ein Glutamylrest eine Wasserstoffbrücke während die apolaren Teile dieser Seitenketten auf der Oberfläche des Moleküls aufliegen. Dieser Effekt wird immer dann eintreten, wenn ein Kontakt mit anderen Seiten-

Tab. 12. Thermodynamische Parameter der Bildung von hydrophoben Wechselwirkungen maximaler Intensität zwischen Seitenketten mit polarer Endgruppe bei 25 °C (39).

	$\Delta F^{O}_{H\varphi}$ (kcal/Mol)	$\Delta H^{O}_{H\varphi}$ (kcal/Mol)	$\Delta S^{O}_{H\varphi}$ (kcal/Mol · Grad)
Glu-Leu	−0,5	+0,7	+4,0
Lys-Leu	−1,0	+1,4	+8,1
Tyr-Phe	−1,2	+0,7	+6,1

gruppen nicht möglich ist. Tab. 12 enthält die thermodynamischen Funktionen für die Bildung einer hydrophoben Wechselwirkung von Glutaminsäuren mit Leucin, Lysin mit Leucin und Tyrosin mit Phenylalanin.

Der in $\Delta S_{H\varphi}$ enthaltene Beitrag ΔS_{rot} ist — da er durch die Aufhebung von Rotationsfreiheitsgraden bedingt ist — negativ, jedoch dem Betrag nach wesentlich kleiner als der durch die Änderung der Wasserstruktur bedingte positive Term. Er liegt zwischen − 0,3 cal/g Grad bei Tyrosin und − 1,6 cal/g Grad bei Lysinseitenketten.

Hydrophobe Wechselwirkungen treten nach *Nemethy* und *Scheraga* nicht nur zwischen den Seitenketten der Aminosäuren z. B. zwischen benachbarten Windungen einer α-Helix auf, sondern auch zwischen einer β-ständigen apolaren Gruppe und dem α-CH des vierten vorhergehenden Restes, wodurch gleichfalls die α-Helix stabilisiert werden soll. Unter Einbeziehung dieser Wechselwirkung wurde für ein Poly-(L-alanin) vom Polymerisationsgrad $P_n = 100$ mit Hilfe des $\Delta F_{H\varphi}$-Wertes von −0,3 kcal/Mol pro Paar berechnet, daß die Helix-Knäuel-Umwandlung um 175 °C höher liegt als bei einem Polyglycin mit demselben P_n. Während nach den Messungen von *Gratzer* und *Doty* (40) ein Poly-(L-alanin) mit $P_n = 325$ auch bei 95 °C noch als α-Helix vorliegt, bildet Polyglycin keine α-Helix. Dies ist also qualitativ in Übereinstimmung mit den o. a. Ergebnissen von *Nemethy* und *Scheraga*. Daß die hydrophoben Wechselwirkungen — abhängig von der Größe der Seitenkette — von erheblichem Einfluß auf die thermische Stabilität der α-Helix in Wasser sind, ergibt sich nicht nur daraus, daß diese bei analogen Studien in der Reihenfolge Poly-(L-leucin) > Poly-(L-phenylalanin) > Poly-(L-alanin) abnimmt. Man erkennt dies auch daran, daß die ganz beträchtliche Stabilität der α-Helix des Poly-L-alanins stark herabgesetzt bzw. aufgehoben wird, wenn ein H-Atom der CH_3-Seitenkette des L-Alanin durch eine polare, hydrophile Gruppe wie -COOH oder-NH_2 ersetzt wird.

Die auf diese Weise aus dem Poly-(L-alanin) abgeleitete Poly-(L-asparaginsäure) hat auch bei pH-Werten $\leq$ 4,3, in denen die Carboxygruppe nicht ionisiert ist, eine nur sehr instabile α-helicale Konformation (41, 42), während die Poly-(L-α,β-Diaminopropionsäure) überhaupt keine α-Helix bildet (43). Den recht unterschiedlichen Einfluß der Seitengruppen auf die Stabilität der α-Helix ersieht man ferner daraus, daß Poly-(L-glutaminsäure) bei pH-Werten $\leq$ 4,3 zu 100 % α-helical ist (42), die entsprechende Poly-(L-α,γ-Diaminobuttersäure) aber nur zu 10 %, das Poly-(L-ornithin) mit drei CH_2-Gruppen zu 20 % und erst das Poly-(L-lysin) mit vier CH_2-Gruppen in der Seitenkette zu 100 % α-helical ist (alle im nicht ionisierten Zustand). Möglicherweise ist dieses unterschiedliche Verhalten der amino- und der carboxysubstituierten Poly-α-aminosäuren auf den qualitativ unterschiedlichen Einfluß dieser Gruppen auf die Wasserstruktur zurückzuführen (44). Es könnte sein, daß im Fall der Aminogruppe die Wechselwirkungen der Wassermolekeln mit den Carbonamidgruppen des Gerüstes begünstigt werden. Dann aber würde die Bildung der die α-Helix stabilisierenden intrachenaren Wasserstoffbrücken, infolge der Konkurrenz der mit den -CO-NH-Gruppen in Wechselwirkung stehenden Wassermoleküle, erschwert oder verhindert. Bei der Poly-(L-Asparaginsäure) und deren Homologen findet möglicherweise unter dem strukturbildenden Einfluß der Carboxygruppe eine Abschirmung der Gerüstcarbonamidgruppen gegenüber der Wechselwirkung mit dem Wasser statt. Fest steht aber, daß die polaren Substituenten, ganz besonders aber die ω-NH_2-Gruppe, die Fähigkeit der betreffenden Poly-α-aminosäuremoleküle zur α-Helixbildung in Wasser sehr stark herabsetzen bzw. aufheben. Es ist also keineswegs so, daß die α-Helix in erster Linie durch die interchenaren HBB des Gerüstes stabilisiert wird und erst in zweiter Linie durch die Seitenkettenwechselwirkungen. Den tatsächlich entscheidenden Einfluß der Seitenketten auf die Konformation — wie er aus den Untersuchungen von *Blout* und *Fasman* (7, 8) hervorgeht — erkennt man im eben diskutierten Zusammenhang auch an Folgendem. *Hatano* und *Yoneyama* (45) konnten zeigen, daß die Stabilität der α-Helix von ω carbobenzoxysubstituierten Poly-(α,ω-diaminocarbonsäuren) im Gegensatz zu den o. a. nichtsubstituierten um so höher ist, je kürzer die Seitenkette ist. Sie führen dies auf

HBB zwischen den Carbobenzoxygruppen der Seitenketten unter Ausbildung einer superhelicalen Struktur zurück (Abb. 58).*)

Daß im wäßrigen Milieu die hydrophoben Wechselwirkungen zwischen den CH_2-Gruppen der Seitenketten dem destabilisierenden Einfluß der polaren Substituenten entgegenwirken ist evident. Ebenso, daß sie damit die α-Helixbildung erst ermöglichen. Nur wenn der Substituent in ω durch eine entsprechende pH-Änderung des Milieus eine elektrische Ladung erhält, tritt infolge der gegenseitigen elektrostatischen Abstoßung dieser Gruppen eine pH- bzw. ladungsinduzierte Ordnungsumwandlung ein. Dann also reichen auch beim Poly-L-lysin die hydrophoben Wechselwirkungen zwischen den apolaren Teilen der Seitenketten nicht mehr aus, um die sehr starken, weitreichenden elektrostatischen Abstoßungskräfte der ionischen Endgruppen zu kompensieren. Bei den Polymeren der in der Natur bisher nicht festgestellten höheren Homologen des Lysins mit fünf und sechs CH_2-Gruppen liegen nach *Tseng* und

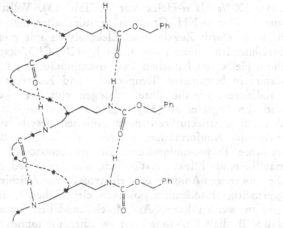

Abb. 58. Mögliche Stabilisierung der α-Helix von Poly(γ-N-carbobenzoxy-L-α,γ)diaminobuttersäure durch Wasserstoffbrücken zwischen den Seitengruppen, wodurch es zur Ausbildung einer superhelicalen Struktur kommt (schematisch) nach *Hatano* und *Yoneyama* (45).

---

* Da diese Polymeren außerdem in Wasser unlöslich sind, die o. a. Untersuchungen somit in organischen Lösungsmitteln durchgeführt wurden, ergibt sich aus dem inversen Verhalten der Helixstabilität auch hieraus die wesentliche Bedeutung des Lösungsmittels für die Konformation.

Tab. 13. α-Helixanteil von Poly-[α,ω-diaminocarbonsäuren]

$$\left[H_2N-(CH_2)_n-\overset{\displaystyle CO}{\underset{\displaystyle NH}{CH}} \right] x \text{ mit } n = 1\text{--}6 \text{ bei protonierter und nichtproto-}$$

nierter ω-Aminogruppe nach *Tseng* und *Yang* (46).

n	Bezeichnung	Helixanteil in Prozent	
		ω-NH$_2$ (100%)	ω-NH$_3^+$ (50%)
1	Poly-[α,β-Diaminopropionsäure]	0	0
2	Poly-[α,γ-Diaminobuttersäure]	10	0
3	Poly-[L-ornithin]	20	0
4	Poly-[L-Lysin]	100	0
5	Poly-[α,ω-diaminoheptansäure]	100	50
6	Poly-[α,ω-diaminooctanonsäure]	100	100

Yang (46) die Moleküle bei 50%iger Protonierung noch zu 50 bzw. 100% als α-Helix vor (s. Tab. 13). Vollständige Protonierung der ω-NH$_2$-Gruppen zerstört allerdings auch hier die α-Helix. Durch Zugabe von Elektrolyten mit großen, strukturberechnenden Anionen vor allem J, SCN, ClO$_4'$ kann man jedoch die α-Helix von basischen Poly-α-aminosäuren im gesamten pH-Gebiet in bestimmten Temperatur- und Konzentrationsbereichen stabilisieren, wie die Untersuchungen von *Ebert* et al. (47—50a) und von *Sugai* et al. (51) zeigen. Dies ist an sich überraschend, denn diese strukturbrechenden Anionen destabilisieren üblicherweise die Konformation nativer Proteine. Bei den ionisierten basischen Poly-α-aminosäuren ist der beobachtete gegensätzliche stabilisierende Effekt verständlich, wenn man bedenkt, daß durch die einwertigen Anionen eine elektrostatische Abschirmung, der sich gegenseitig abstoßenden positiven elektrischen Ladungen hervorgerufen werden kann. An Molekülmodellen kann man zeigen, daß z. B. die ClO$_4'$-Ionen gut zwischen die ionischen Endgruppen des Poly-L-lysins eingefügt werden können. Dadurch entsteht um die rechtsgängige α-Helix eine linksgängige Superhelix aus Perchlorationen (Abb. 59 a, b). Die Bindung der Anionen an die Polykationen kann sowohl durch Leitfähigkeitsmessungen (51) als auch durch Sedimentationsmessungen in der analytischen Ultrazentrifuge nachgewiesen werden. Nach den Untersuchungen von *Paudjojo* (44, 44a) nimmt der dem Molekulargewicht proportionale Sedimentationskoeffizient mit der Anionenkonzentration stark zu

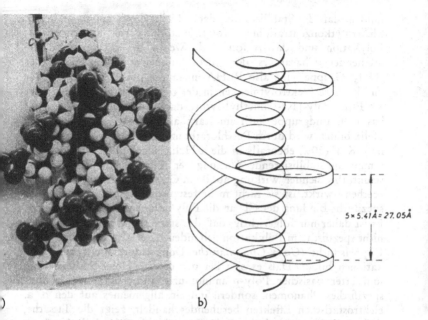

b)

Abb. 59. Mögliche Stabilisierung der α-Helix von protoniertem Poly-L-lysin (bei pH-Werten > 10,1) durch Perchlorationen u. a. Anionen anfolge Abschirmung der elektrostatischen Abstoßung unter Ausbildung einer linksgängigen ClO_4-Superhelix um die rechtsgängige α-Helix nach Bert und Ebert (34); a) Kalottenmodell; b) schematisch.

$5 × 5.41 Å = 27.05 Å$

nd geht wie bei einer *Langmuirschen* Adsorptionsisotherme gegen inen Grenzwert. Im Unterschied zu den o. a. Anionen stabilisiert as strukturbildende, zweifach negativ geladene Sulfat-ion die -Helix der basischen Poly-α-aminosäuren nicht (49–50). Man önnte zunächst annehmen, daß bei einer den strukturbrechenden Anionen analogen Bindung der Sulfationen an das Polykation ine negative Überschußladung längs des Moleküls entsteht, was wiederum mit der Existenz der α-Helix nicht verträglich wäre. Tatsächlich aber folgt aus den o. a. Sedimentationsuntersuchungen, daß eine solche feste Zuordnung der Sulfationen zum Poly-L-lysin ar nicht stattfindet (44). Dies stimmt mit dem Befund von *Sugai* t al. über die Stabilisierung der α-Helix von Poly-L-lysin und Poly-(L-homoarginin) (PLHA) — beide mit vier CH_2-Gruppen n der Seitenkette — durch Elektrolyte überein (51). Diese Autoren fanden, daß die Stabilisierung der α-Helix durch um so geringere Elektrolytkonzentrationen erfolgt, je stärker strukturbrechend das Polykation und das Anion sind. Wegen des stärker strukturbrechenden Charakters der Guanidiniumgruppe gegenüber der -NH$_3^+$-Gruppe wird also PLHA im sauren pH-Gebiet durch sehr viel kleinere Elektrolytmengen in der α-helicalen Form stabilisiert als PLL. Poly-[N$^\varepsilon$-trimethyl-lysin] das infolge seiner sehr stark basischen Endgruppe auch im stark alkalischen Bereich keine α-Helix bildet, wird durch Perchloratkonzentrationen von 10^{-2} Mol/l nach Kim (50 a) ebenfalls in die α-Helix übergeführt. Andererseits nimmt die stabilisierende Wirkung der Anionen mit abnehmender strukturbrechender Wirkung ab. Beim Cl$^-$, das kaum noch strukturbrechend wirkt, ist sie nicht mehr festzustellen. Tatsächlich ist eine spezifische Bindung der Cl$^-$ an die Polykationen kaum nachweisbar. Es ist daher nur folgerichtig, daß das stark strukturbildende SO$_4^{2-}$ nicht spezifisch am Polykation gebunden wird, also nur eine diffuse Doppelschicht (*Gouy-Chapmansche* Doppelschicht) um die Polykationen bildet. Daß es sich bei der o. a. α-Helix-Stabilisierung ionisierter basischer Poly-α-aminosäuren nicht um ein für diese spezifisches Phänomen, sondern um ein allgemeines auf den o. a. elektrostatischen Effekten beruhendes handelt, zeigt die Tatsache, daß nach *Sugai* et al. an Poly-(L-methionin-S-methylsulfoniumsalzen) die analogen Erscheinungen festgestellt worden sind (52). Die spezifische Adsorption der Anionen selbst ist kein rein elektrostatisches Phänomen und zeigt die große Bedeutung, die die Wasserstruktur und ihre Veränderung durch gelöste Substanzen auch indirekt für die Konformation von Biopolymeren haben kann. Hydrophobe Wechselwirkungen existieren natürlich nicht nur in geordneten Konformationen, sondern auch in den ungeordneten, knäuelförmigen denaturierter Proteine und Polypeptide (37, 53). Sind sie in beiden Zuständen gleich groß, so leisten die hydrophoben Wechselwirkungen keinen Beitrag zur Stabilisierung der geordneten Konformation. *Poland* und *Scheraga* haben dies auch rechnerisch gezeigt. Die Wahrscheinlichkeit, daß im Knäuelzustand zwischen den Seitengruppen von benachbarten Aminosäureresten hydrophobe Wechselwirkungen gebildet werden beträgt für Ala-Ala 0,3, für Leu-Leu 0,3 und für Ileu-Ileu 0,6 (37, 54).

Andererseits nimmt nach diesen Autoren die Stabilität der α-Helix erheblich zu, wenn interhelicale hydrophobe Wechselwirkungen auftreten (37, 54, 55). Möglicherweise liegt eine solche gegenseitige Stabilisierung von α-Helices in den Lösungen des

Poly-(L-alanins) in Dichlor- und auch in Trifluoressigsäure vor, in denen dieses Polymere noch bis zu 50 % α-helical ist (56—58).

Beeinflussung hydrophober Wechselwirkungen durch niedermolekulare Substanzen.

Niedermolekulare, apolare Stoffe sollten mit den apolaren Gruppen von Proteinen Wechselwirkungen eingehen, wobei einmal die Löslichkeit der niedermolekularen Substanz zunehmen sollte und außerdem Konformationsänderungen des Makromoleküls zu erwarten sind. Beide Effekte sind tatsächlich beobachtet worden. So ist nach *Wishnia* (37, 59) die Löslichkeit von Äthan, Propan und Butan in wäßrigen Lösungen von Rinder-Serum-Albumin, Hämoglobin und Lysozym erheblich größer als in reinem Wasser. Dasselbe wurde übrigens vom gleichen Autor an Natriumdodecylsulfat-Lösungen oberhalb der kritischen Mizellbildungskonzentration beobachtet (60), wie ja überhaupt die Mizellbildung das Beispiel für die Stabilisierung von Aggregaten durch hydrophobe Wechselwirkungen sind. Durch Zusetzen von Kohlenwasserstoffen werden z. B. bei β-Lactoglobulin und bei Rinderserumalbumin Konformationsänderungen bewirkt, die man im UV-Spektrum, an der Änderung der optischen Drehung und der Viskosität erkennen kann (37, 61).

Alkohole setzen mit zunehmender Kettenlänge proportional zu ihrer Konzentration die Denaturierungstemperatur T_m von Ribonuclease herab, was gleichfalls auf eine Schwächung der hydrophoben Wechselwirkungen zurückzuführen ist (Abb. 60). Man kann diese Abnahme von T_m aufgrund der Theorie der hydrophoben Wechselwirkung bestimmen. Zu diesem Zweck berechnet man eine „Bindungskonstante" für die „Bindung" des Alkohols an das

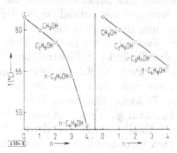

Abb. 60. Thermische Denaturierung von Ribonuclease (1 molare Lösung) in Alkoholen nach *Schrier, Ingwall* und *Scheraga* (62).

Protein aus der freien Enthalpie $\Delta F_{H\varphi}$ der beteiligten Wechselwirkungen und der damit verbundenen Entropieabnahme (37, 62).

In ähnlicher Weise setzen Tetraalkylammoniumsalze die Denaturierungstemperatur von Ribonuclease herab, wobei T_m ebenfalls um so mehr abnimmt, je länger die Alkylketten sind. Auch dieser Effekt ist einwandfrei auf eine direkte Beeinflussung der hydrophoben Wechselwirkung zurückzuführen (37, 63).

Bei unlöslichen fibrillären Proteinen wie Keratinfasern und Kollagen sind hydrophobe Wechselwirkungen von erheblicher Bedeutung für die Stabilisierung der Konformation und der Überstruktur, worauf besonders Zahn hingewiesen hat (64). Auch hier werden die Wechselwirkungen anscheinend durch Alkohole vermindert, wie aus der Verringerung der mechanischen Festigkeit hervorgeht. Ionogene Tenside setzen in Abhängigkeit vom pH-Wert die Temperatur bei der die Keratinfasern unter Zusammenbruch der geordneten Struktur schrumpfen, stark herab. Da anionische Tenside diese Wirkung nur im sauren, kationische im neutralen und alkalischen Bereich zeigen, wurde dieser Effekt von *Ebert* und *Stein* (65) in der Weise gedeutet, daß die Tensidmoleküle über ihre ionischen Endgruppen an entsprechende Gegenionen der Keratinmoleküle gebunden und an diese weitere Tensidmoleküle mizellartig angelagert werden, wie aus Sorptionsmessungen von *Stein* folgt (66). Dadurch wird die Umgebung der hydrophoben Bereiche der Keratinmoleküle aus dem wäßrigen Milieu in ein apolares überführt, womit die Voraussetzungen für die Existenz der hydrophoben Wechselwirkungen entfallen.

Ist in den bisher genannten Fällen eine direkte Wechselwirkung zwischen der niedermolekularen, apolaren Komponente und den hydrophoben Bereichen des Makromoleküls die Ursache für die Beeinflussung der Konformationsstabilität, so ist dies auch durch eine indirekte Änderung der hydrophoben Wechselwirkungen über eine Änderung der Wasserstruktur möglich. Dies folgt sowohl aus den Arbeiten über den Einfluß von Elektrolyten über die thermische Stabilität des löslichen Proteins Ribonuclease von *v. Hippel* et al. (67) als auch aus denen von *Ebert* et al. (68) über die von Keratinfasern in wäßrigen Elektrolytlösungen. Dabei beobachtet man — wenn das Kation konstant gehalten und das Anion variiert wird — eine Erhöhung oder Erniedrigung der thermischen Stabilität des Proteins parallel zum strukturbildenden bzw. strukturbrechenden Einfluß der Anionen gegenüber dem Wasser. Sulfationen erhöhen also die Umwandlungstemperatur gegenüber reinem Wasser während sie durch Chlorid-, Bromid-, Jodid-, Perchlorat- und Rhodanid-Ionen zunehmend herabgesetzt wird (Abb. 61), also entsprechend der *Hofmeister*schen Reihe für die Löslichkeit von Proteinen. Man kann dies so interpretieren, daß durch gelöste strukturbrechende Anionen die Wasserstruktur herabgesetzt, ihre Beweglichkeit und damit ihre Entropie auch in der Nähe der apolaren Gruppen des Proteins erhöht wird. Dieser Einfluß der strukturbrechenden Anionen ist anscheinend so stark, daß er den strukturbildenden der apolaren Gruppen gegenüber dem Wasser weitgehend kompensiert. Beim Lösen der hydrophoben Wechselwirkung wird deshalb eine zumindest stark verminderte Entropieabnahme des Wassers in der Umgebung der betreffenden Gruppen auftreten. Da aber diese Entropieabnahme in der Umgebung hydrophober Moleküle oder Molekülteile die treibende Kraft für die hydrophoben Wechselwirkungen sind, werden damit die Voraussetzungen für ihre Existenz teilweise oder ganz aufgehoben. Den beträchtlichen Einfluß der Länge des aliphatischen Restes auf die Kontraktionstemperatur von Keratinfasern in Alkylsulfatlösungen bei pH 2,5 zeigt die Abb. 62. Daß bei diesen pH-Werten zumindest primär eine salzartige Bindung der anionischen Tensidmoleküle an basische Gruppen erfolgt, geht auch daraus hervor, daß im Röntgenkleinwinkeldiagramm ein dem Lysin zugeordneter Reflex bei 39 Å deutlich verstärkt wird (69, 70).

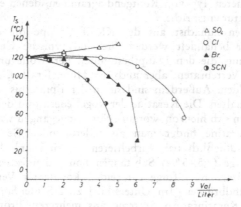

Abb. 61. Denaturierungstemperatur (Kontraktionstemperatur) von Keratinfasern in Abhängigkeit von der Konzentration und Art des Anions (Kation: Li⁺) nach *Ebert* et al. (68).

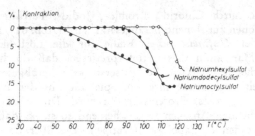

Abb. 62. Kontraktionstemperatur von Keratinfasern in Alkylsulfat-lösungen bei pH 2,5 in 0,1 m Citratlösung nach *Ebert* und *Wendorff* (68).

3.3. α-Keratinfasern als Beispiel α-helicaler, fibrillärer Gerüstproteine

Nach *Astbury* (87) ergeben mehrere sehr verschiedene fibrilläre Proteine wie zahlreiche Keratine, Myosin, Epidermin und Fibrinogen KMEF-Gruppe) ein weitgehend identisches Röntgenweitwinkel-diagramm. Es wurde ebenso wie die ihm zugrundeliegende Proteinstruktur als α-Diagramm bzw. α-Struktur bezeichnet. Im Unterschied dazu liefern andere fibrilläre Proteine wie die Keratine von Vogelfedern und von Reptilienhaut ebenso wie das Fibroin vieler Naturseiden (z. B. des Seidenspinners Bombyx mori) einen mit „β" bezeichneten Typ von Röntgendiagrammen, denen eine andere Proteinstruktur entspricht.

Hier sollen zunächst aus der KMEF-Gruppe die α-Keratine etwas näher behandelt werden. Sie sind typische Gerüst- oder Skleroproteine, die den Hauptbestandteil der Wolle und anderer Haare von Vertebraten, aber auch der Hufe, Krallen, Nägel und Gehörne bilden. Außerdem sind sie in der Epidermis und in den Zähnen enthalten. Die Keratine der Vogelfedern und der Reptilien unterscheiden sich hiervon, worauf später eingegangen wird (71,72).

Die α-Keratine findet man als Sklero- oder Gerüstproteine nahezu ausschließlich bei Wirbeltieren. Es sind unlösliche, stark schwefelhaltige (2,5—5 %) Substanzen hoher chemischer und mechanischer Resistenz infolge zahlreicher kovalenter Vernetzungen durch Disulfidbrücken. Im Unterschied zum Seidenfibroin (s. u.) stellen die Keratinfasern Systeme aus mehreren Proteinen dar. Infolge ihrer wirtschaftlichen Bedeutung sind sie besonders ausführlich untersucht (71—76).

Man unterscheidet hierbei große Kategorien von Keratinfasern und zwar

1. die sog. *Leithaare*, die im Embryonalzustand zuerst angelegt werden. Sie sind relativ dick und wenig gewellt. Zu ihnen gehört z. B. das menschliche Kopfhaar, das Mähnen- und Schweifhaar, das Grannen- und Stichelhaar.
2. die sog. *Gruppenhaare*, die sehr viel feiner und oft gekräuselt sind wie die Flaumhaare und die meisten Wollarten (74).

Alle diese Haare gehen aus der Haarwurzel hervor. Dort findet der als Keratinisierung bezeichnete Vorgang statt, bei dem die Cystein-SH-Gruppen zu Cystin-S-S-Brücken oxidiert werden. Parallel damit findet eine Entwässerung der Zellen statt und der Zellkern geht zugrunde. Wie oben bereits angedeutet — bestehen die Haare aus Verbänden abgestorbener Zellen, sind also Zellgewebe. Daraus resultiert die sehr komplexe Morphologie der Keratinfasern und ihre komplizierte chemische Zusammensetzung. Morphologisch kann man bis zu drei Hauptkomponenten unterscheiden und zwar

1. die *Cuticula* oder *Schuppenschicht*
2. den *Cortex* oder die *Rinde*
3. die *Medulla* oder das *Mark*, das in den feinen Fasern wie der Wolle im allgemeinen fehlt.

Die *Cuticula* wird von den Schuppenzellen gebildet, die weniger als 1 μ dick und dachziegelartig von der Haarwurzel zur Spitze hin angeordnet sind (vgl. Abb. 63). Zwischen den Schuppenzellen sorgt eine Intercellularmembran für ihren Zusammenhalt. Außerdem befindet sich jeweils an der oberen Kante ein Häkchen, das in eine Auskehlung der darunterliegenden Schuppen einhakt. Diese Verbindung bleibt selbst bei einer Dehnung von 50 % bestehen. Die Cuticularzellen haben einen Feinbau wie Abb. 64 zeigt. Er ist bei den Leithaaren mit bis zu 7 Schichten anders als bei den feinen Gruppenhaaren, z. B. der Wolle. Hier sind im allgemeinen 3 Schichten unterscheidbar:

Die oberste Schicht wird als *Epicuticula* bezeichnet und ist nur 100 Å dick, aber chemisch sehr resistent, stark vernetzt und hydrophob. Sie stellt ein erhebliches Diffusionshindernis, z. B. für Farbstoffe, aber auch für Elektrolyte in konzentrierten Lösungen dar (s. u.). Nach ihrer Zerstörung erfolgt eine sehr viel intensivere Anfärbung der Faser als vorher.

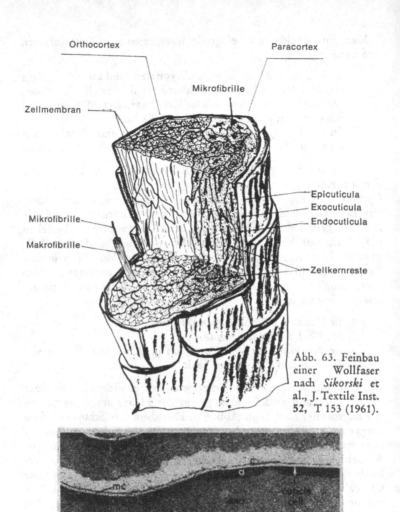

Abb. 63. Feinbau einer Wollfaser nach *Sikorski* et al., J. Textile Inst. 52, T 153 (1961).

Abb. 64. Elektronenmikroskopische Aufnahme eines Querschnitts durch die Cuticula von Menschenhaar das mit Thioglycolat reduziert und mit AgNO$_3$ kontrastiert wurde. endo = Endocuticula, exo = Exocuticula, mc: Interzellularmembran nach *Millward* in (72).

Unter der Epicuticula liegt die *Exocuticula* und darunter die schwefelfreie, gegen Trypsin resistente *Endocuticula*.

Insgesamt ist die Cuticula cystinreicher und damit stärker vernetzt als der Cortex. Sie enthält außerdem erheblich mehr Aminosäuren mit apolaren Seitengruppen und insbesondere solche die nicht in die α-Helix eingebaut werden können.

Der *Fasercortex* besteht aus den ca. 100 μ langen und 3—5 μ dicken, spindelförmigen Cortexzellen. Nach *Horio* und *Kondo* unterscheidet man hierbei zwei Typen (77):

1. *basophile*, von basischen Farbstoffen leicht anfärbbare Cortexzellen mit höherem Gehalt an sauren Aminosäuren und Wasser sowie niedrigem Cystingehalt, die als „*Orthocortex*"-Zellen bezeichnet werden, und

2. *acidophile*, mit sauren Farbstoffen anfärbbare Zellen infolge eines höheren Gehaltes an basischen Aminosäuren. Sie sind cystinreicher und damit stärker vernetzt, haben einen geringeren Wassergehalt und sind deshalb fester. Sie werden „*Paracortex*"-Zellen genannt.

Außerdem gibt es als Zwischenzustände die heterotypischen Zellen. Die Anordnung von Ortho- und Paracortex hat bestimmenden Einfluß auf die Fasergestalt. So kommt es bei einer bilateralen Anordnung wie in den Merinowollen (Abb. 65) infolge des stark unterschiedlichen Ausdehnungskoeffizienten von Ortho- und Paracortex zu einer starken Faserkräuselung. Bei peripheroaxialer Anordnung sind die Fasern dagegen glatt, wie z. B. bei Lincoln-Wolle. Orthocortex in praktisch reiner Form findet man bei den von Ziegen stammenden Mohairfasern. Die Wolle der Blackface-Schafe besteht so gut wie völlig aus Paracortex, wobei gleichzeitig erwähnt werden soll, daß es sich dabei nicht um Gruppen-, sondern um Leithaare handelt.

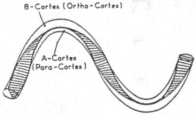

Abb. 65. Bilaterale Anordnung von Ortho- und Paracortex bei gekräuselten Keratinfasern z. B. Merinowolle nach *M. Horio* (77).

Die *Medulla* starker Haare besteht aus dem wenig vernetzten Weichkeratin, das mehr Cystein als Cystin enthält und dem in den Haarwurzeln enthaltenen Präkeratin ähnlich ist. Es ist ferner dem Protein Epidermin verwandt, das von *Rudall* mit 6 m Harnstofflösung aus Kuhnasen isoliert wurde und das recht hohe Molekulargewicht von 640 000 hat (77 a).

Hier interessiert jedoch besonders Aufbau, Konformation und physikalisch-chemisches Verhalten des *Fasercortex.*

Morphologisch gesehen bestehen die zugrundegegangenen Zellen des Cortex aus 0,2—0,3 μ dicken Makrofibrillen, die von einer schwefelreichen, weniger geordneten und aus mehreren Proteinen aufgebauten Matrix umhüllt sind. Die Makrofibrillen sind aus einer Vielzahl von Mikrofibrillen zusammengesetzt, die ihrerseits — nach dem gegenwärtigen Stand der Erkenntnisse — aus 11 Protofibrillen bestehen, von denen neun zylinderartig angeordnet, zwei in der Mitte befindliche umschließen (9 + 2 Modell [Abb. 66]). Die Protofibrillen wiederum werden von zwei oder drei miteinander um eine gemeinsame Achse verdrillten α-Helices gebildet. Dadurch kommt es zum Auftreten des 5,1 Å Reflexes

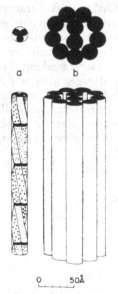

a   b

0   50Å

Abb. 66. 9 + 2 Modell der Mikrofibrillen von Keratinfasern nach (72 a).

im Röntgenweitwinkeldiagramm, der in synthetischen α-helicalen Poly-α-aminosäuren wie Poly-(L-alanin) nicht beobachtet wird.

Dem komplexen morphologischen Aufbau der Keratinfasern entsprechend ist auch ihre chemische Struktur — wie bereits angedeutet — höchst verwickelt. So wurden insgesamt sieben verschiedene N-terminale Aminosäuren ermittelt. Dabei handelt es sich um Ala, Gly, Asp, Glu, Ser, Thre und Val. In Tab. 13 ist die Aminosäurezusammensetzung einer Austral-Wolle wiedergegeben. Der Anteil an kurzkettigen Aminosäuren (Gly, Ala, Ser) beträgt nur 20% der größte Teil der Aminosäuren hat somit sperrige Seitenketten im Unterschied zum Seidenfibroin (s. u.). Die Aufklärung der Primärstruktur ist bisher trotz großen Arbeitseinsatzes nur bruchstückhaft gelungen. Grundvoraussetzung für eine Sequenzermittlung ist, daß die Proteine in Lösung vorliegen. Bei den durch Cystinbrücken vernetzten, unlöslichen Keratinen bedeutet dies, daß zuerst die Disulfidbindungen aufgehoben werden müssen. Dies kann auf verschiedene Weise geschehen und zwar

1. durch Reduktion des Cystins zum Cystein und anschließende Blockierung der SH-Gruppen etwa mit Jodacetat zu den

Tab. 13. Aminosäurezusammensetzung von schwefelreichen und schwefelarmen Woll-Fraktionen (nach 72) Anzahl Reste pro 100.

	Gesamtwolle	S-arme Fraktion SCMKA	S-reiche Fraktion SCMKB
Asparaginsäure	6,5	8,1	4,1
Glutaminsäure	11,3	14,1	6,4
Arginin	6,6	7,3	6,7
Histidin	0,8	0,7	0,9
Lysin	3,0	4,1	0,7
Serin	9,6	7,3	11,9
Threonin	6,1	4,4	10,4
Alanin	5,5	6,4	2,9
Glycin	8,8	8,8	5,4
Isoleucin	3,4	3,7	3,0
Leucin	7,8	10,3	5,0
Valin	5,9	5,9	6,7
Phenylalanin	2,9	3,0	2,4
Tyrosin	4,1	4,3	1,9
Prolin	6,0	4,2	13,6
Methionin	0,5	0,6	0,0
Cystin/2	11,4	6,8	17,9

S-Carboxymethylkerateinen (SCMK). Dadurch wird nicht nur die Reoxidation von SH verhindert, sondern gleichzeitig die Löslichkeit durch die Einführung der ionogenen, hydrophilen Carboxymethylgruppen stark erhöht;

2. durch Oxidation der -S-S-Bindungen mit Persäuren, wobei jeweils zwei Sulfonsäuregruppen entstehen, die selbst stark hydrophil sind. Allerdings werden bei diesem Verfahren einige Aminosäuren partiell zerstört; der Histidingehalt z. B. nimmt um 14% ab. Die oxidierten Keratine nennt man Keratosen.

3. durch Sulfitolyse bzw. oxidative Sulfitolyse, wobei die als „Bunte-Salze" bezeichneten Thiosulfonate entstehen. Da hierbei die eine Hälfte des Cystinmoleküls in ein Sulfidanion übergeht, führt man dieses durch Reoxidation immer wieder der Sulfitolyse bis zum praktisch vollständigen Umsatz zu:

$$R-S-S-R + SO_3'' \underline{\hspace{2cm}} RS' + R-S-SO_3'$$

$$\uparrow \underline{\hspace{4cm}}|$$

$$+ \text{ Oxidationsmittel } (O_2, Cu^{\cdot\cdot})$$

In jedem Fall kann man durch Fraktionieren der in Lösung gebrachten Keratine wenigstens 2—3 Hauptfraktionen aufgrund ihrer unterschiedlichen Löslichkeit erhalten, die sich insbesondere auch durch ihren Schwefelgehalt voneinander unterscheiden. Durch chromatographische Methoden kann man sie in zahlreiche weitere Fraktionen auftrennen.

Bevorzugt wird im allgemeinen das 1. Verfahren, also die Reduktion mit Mercaptoäthanol, Thioglykolat, Benzylmerkaptan etc. Bei der Fraktionierung der S-Carboxymethyl-Kerateine erhält man etwa 60% als schwefelarme Fraktion (SCMK-A) und ca. 40% als schwefelreiche Fraktion (SCMK-B). Beide unterscheiden sich erheblich durch ihr Molekulargewicht. Das der SCMK-A liegt zwischen $2 \cdot 10^5$ und $1 \cdot 10^6$, das der SCMK-B zwischen 2,2 und $2,7 \cdot 10^4$. Allerdings beträgt das Molekulargewicht der SCMK-A in Harnstoff- oder Natriumdodecylsulfat-Lösung nur noch 4,5 bis $6,0 \cdot 10^4$, was offenbar auf Desaggregation zurückzuführen ist.

Die SCMK-A-Fraktion enthält die Proteine der fibrillären Bereiche. ORD-Messungen ergaben nämlich aufgrund des b_0-Parameters der *Moffitt-Young*schen Gleichung *), daß sie einen α-Helix-

---

* Die spezifische bzw. molare optische Rotation besonders von α-helicalen Polypeptiden kann nach *Moffitt* und *Yang* durch die folgende Gleichung wiedergegeben werden:

anteil von 50 % hat (vgl. 72). Durch Erhitzen auf 70 °C, durch Zugabe von Harnstoff oder von Formamid geht der α-Helixanteil reversibel auf Null zurück. Daß der α-Helixanteil der SCMK-A nicht höher als 50 % ist, läßt sich anhand der in Tab. 13 aufgeführten Aminosäurezusammensetzung verstehen, da in diesen Proteinen 4,2 % Prolin und erhebliche Mengen anderer Aminosäuren vorkommen, die nicht − zumindest bei gehäuftem Auftreten − in die α-Helix eingebaut werden können. Dies sind Valin (6 %), Isoleucin (3,7 %), Serin (7,3 %), Threonin (4,4 %), Cystin (6,8 %). Behandlung der SCMK-A mit dem Enzym Pronase, gewonnen aus Kulturen von Streptomyces griseus, erhöht den α-Helixanteil bis auf 85 %, weil anscheinend durch dieses Enzym nicht-α-helicale Sequenzen abgebaut werden (72).

Obwohl die Sequenz der helicalen Proteine von Faser-Keratinen noch nicht vollständig aufgeklärt ist, so ergeben sich doch aus den bereits vorliegenden partiellen Sequenzen und theoretischen Überlegungen wie schon angedeutet, bestimmte Merkmale der Primärstruktur. So sollten bei einer zweisträngigen Protofibrille die einander gegenüberliegende Seitengruppen apolar sein, um eine Stabilisierung durch hydrophobe Wechselwirkungen zu ermöglichen, während die polaren Seitengruppen nach außen weisen und eine Wechselwirkung mit der Umgebung, vor allem mit Wasser ermöglichen. Dies ist für ihre Schutzfunktion sehr wichtig, wie noch gezeigt wird. Aus diesem Grund ist zu verstehen, daß die Sequenz im α-helicalen Teil eine periodische Anordnung von polaren Resten und apolaren Seitengruppen zeigt. Weiter sind gleichnamig

---

$$^{[m]}\lambda = a_0\,\frac{\lambda_0{}^2}{\lambda^2-\lambda_0{}^2} + b_0\,\frac{\lambda_0{}^4}{(\lambda^2-\lambda_0{}^2)^2}$$

Darin ist λ die Wellenlänge bei der die Messung der molaren Drehung $^{[m]}\lambda$ vorgenommen wird, λ_0 ist eine empirisch ermittelte Wellenlänge $\lambda_0 \approx 212\ m\mu$ und a_0 ist ein lösungsmittelabhängiger Koeffizient. Bei einem Polypeptid dessen α-Helixgehalt $f_H = 100 \%$ beträgt ist $b_0 \approx -630$ wenn es sich um rechtsgängige α-Helices handelt. Bei linksgängigen α-Helices hat b_0 ein positives Vorzeichen, mit Ausnahme von Poly-L-tyrosin und Poly-L-tryptophan dessen b_0-Werte − obwohl sie rechtsgängige α-Helices bilden − ein positives Vorzeichen haben. Beim Vorliegen einer ungeordneten („random") Knäuelstruktur ist $b_0 = 0$, so daß der α-Helixgehalt eines Polypeptides $f_H \approx b_0/630$ beträgt (vgl. 72 b). Der erste Term der *Moffitt-Yang* Beziehung gibt also den konfigurativen, durch die asymmetrisch substituierten C- Atome bedingten, der zweite Term den konformativen Beitrag der α-Helix zur molaren Drehung wieder.

Tab. 14 a. Aminosäurezusammensetzung der S-armen Fraktionen von α-Keratinen verschiedener Herkunft (nach 72) Anzahl Reste in 100.

	Rhino-ceros Horn	Guinea-Schwein Haar	Mensch-liches Haar	Nägel	Haut*
Asparaginsäure	8,7	7,7	9,3	8,9	9,8
Glutaminsäure	15,1	13,9	16,6	15,2	15,8
Arginin	8,7	7,2	7,2	6,7	4,5
Histidin	0,8	1,1	0,7	0,9	1,6
Lysin	4,0	3,5	3,5	4,5	5,7
Serin	7,9	7,5	9,0	8,7	7,2
Threonin	4,8	4,7	5,5	5,0	5,4
Alanin	8,1	6,8	6,9	6,5	7,1
Glycin	7,1	9,0	5,2	6,6	11,6
Isoleucin	4,5	3,4	3,7	3,9	4,6
Leucin	10,7	9,7	10,2	9,9	9,3
Valin	6,0	5,7	6,1	5,9	5,7
Phenylalanin	2,6	3,1	2,0	2,2	3,4
Tyrosin	2,7	4,9	2,5	2,8	2,0
Prolin	3,4	4,3	3,8	4,1	2,9
Methionin	0,6	0,7	0,4	0,8	0,5
Cystin/2	4,2	6,9	7,6	7,4	2,9

* Stratum corneum

elektrisch geladene Reste räumlich nicht benachbart, was wegen der gegenseitigen elektrostatischen Abstoßung nicht mit der Existenz der α-Helix verträglich wäre. Man kann auch Aussagen über die Anordnung einiger Aminosäuren mit reaktiven Seitengruppen mit Hilfe der vor allem von *Zahn* et al. angewandten Methode des „*chemischen Meßzirkels*" machen (78, 78 a). Hierbei wird das Protein mit bifunktionellen Reagenzien behandelt. Nach der Hydrolyse des damit umgesetzten, chemisch modifizierten Proteins isoliert und identifiziert man die Reaktionsprodukte. Aus dem bekannten Abstand der funktionellen Gruppen des Reagenz, kann man eine Abstandsbestimmung vornehmen. Mittels dieser genialen Idee konnte durch Umsetzen von Insulin mit 2,6-Difluor-3,5-dinitrobenzol gezeigt werden, daß der N-terminale Rest der Insulin A-Kette mit dem terminalen Lysinrest 29 der B-Kette vernetzt wird. Daraus folgt, daß diese beiden Enden von A- und B-Kette im Abstand von 5 Å nebeneinanderliegen. Dies wurde später durch Röntgenuntersuchung eindrucksvoll bestätigt. Auf entsprechende

Weise wurde nachgewiesen, daß in Ribonuclease die Lysinreste 7 und 41 räumlich benachbart sind. An Keratinen ergab sich, daß nur 6% der Lysylreste N_ϵ,N_ϵ'-DNP- bis-lysin ergaben, während fast doppelt soviel Lysin in der gemischten Brücke N_ϵ,O-DNP-lysin-tyrosin enthalten war. Aber viermal soviel — also ca. 70% des Lysins hatte nur monofunktionell reagiert. Daraus folgt, daß Lysin offensichtlich nicht in bestimmten Bereichen gehäuft auftritt, so wie es für das Tyrosin mit derselben Methode in Fibroin gefunden wurde. Allerdings erhält man nach Reduktion der -S-S-Brücken zu SH einen auffallend hohen Prozentsatz an N_ϵ,S-DNP-Lysin-Cystein. Auf diese relativ häufige nahe Nachbarschaft von Cystin und Lysin deutet auch die bei Alkalibehandlung von *Ziegler* festgestellte Lysinoalaninbildung hin, die auf einer Reaktion von Lysin mit dem aus Cystin entstehenden Dehydroalanin beruht (79).

$$HC-CH_2-S-S-CH_2-CH \longrightarrow \overset{OH^-}{C} = CH_2 + {}^-S-S-CH_2-CH + H_2O$$

$$C = CH_2 + H_2N(CH_2)_4CH-CO \longrightarrow HC-CH_2NH-(CH_2)_4-CH-CO$$

Ein anderes als „Meßzirkel" geeignetes Reagenz ist das von *Zahn* et al. eingeführte 4,4'Difluor-3,3'-dinitrodiphenylsulfon, in dem die reaktiven F-Atome einen Abstand von 10 Å haben (80).

Im Unterschied zu den Proteinen der SCMK-A-Fraktion ist der Helixanteil der schwefelreichen SCMK-B-Fraktionen gleich Null. Der Anteil an Aminosäuren, die nicht in die α-Helix eingebaut werden können, ist hier erheblich größer als bei SCMK-A (vgl. Tab. 14a).

Die SCMK-B-Proteine sind sehr heterogen. Durch Gelpermeationschromatographie, Chromatographie an DEAE-Cellulose sowie Säulenelektrophorese konnte *Joubert* et al. 33 Fraktionen isolieren (73a). Acrylamid- und trägerfreie Elektrophorese ergaben, daß wenigstens 70 verschiedene Komponenten vorlagen. Dabei handelt es sich wahrscheinlich zum Teil um sehr naheverwandte Proteine. Die erste Sequenzaufklärung eines dieser schwefelreichen Proteine vom Molgewicht 11 500 gelang 1969 *Haylett* und *Swart* (73b), die zwei Jahre später zwei nahe verwandte Proteine aufklärten. Insgesamt sind etwa acht dieser Proteine hinsichtlich ihrer Sequenz bekannt. Die Sequenzen von SCMK-B-2A, -2B und -2C sind aus sich wiederholenden Dekapeptid-Sequenzen aufgebaut (73).

Außer den schwefelreichen und schwefelarmen Proteinen unterscheidet man noch eine glycin-tyrosinreiche Fraktion die durch Extraktion mit heißem Wasser (Wollgelatine) oder mit 50%iger Ameisensäure erhalten wird. Bei der Anwendung einer von *Roß-meißl* (81, 82) gefundenen SH-induzierten Peptidkettenspaltung auf „native" und reduzierte Wolle mit 0,2 bzw. 2,1% Cystein wurde eine Zunahme der mit Wasser extrahierbaren Peptide auf das Fünffache gefunden. Da diese Peptide sehr reich an Glycin und Tyrosin und den von *Zahn* und *Biela* (83) aus reduzierter Wolle erhaltenen ähnlich sind, liegt es nahe, daß die glycin-tyrosinreichen Proteinfraktionen aus den schwefelreichen Proteinen stammen, bzw. an sie gebunden sind. Sie werden offenbar durch die o. a. Spaltungsreaktion hieraus eliminiert (81).

Über die Anordnung der schwefelreichen und schwefelarmen Proteine in Keratinfasern erhält man in sehr anschaulicher Weise einen Eindruck, wenn man nach partieller Reduktion der -S-S-Brücken zu SH diese durch Behandeln mit Osmiumtetroxid markiert und von den so kontrastierten Fasern Querschnitte im Elektronenmikroskop betrachtet. Hierbei erkennt man ein Muster von lauter hellen, runden Flecken von ≈ 70 Å Durchmesser, die den Mikrofibrillen zuzuordnen sind, auf einem durch Osmium dunkler gefärbten Untergrund. Hieraus folgerten *Birbeck* und *Mercer*, daß die Mikrofibrillen aus schwefelarmen, die dazwischen befindliche Matrix aus schwefelreichen Proteinen bestehen (84). Man muß allerdings berücksichtigen, daß die Kontrastierung nicht völlig spezifisch und auch nicht stöchiometrisch erfolgt. Außerdem ist es nicht sicher, ob die Annahme berechtigt ist, daß beim Kontrastieren des Cysteins im Keratin keine Unterschiede hinsichtlich Reaktivität und Zugänglichkeit vorhanden sind. Schließlich ist der Cystingehalt der nichthelicalen Anteile der schwefelarmen Proteine durchaus vergleichbar mit dem der schwefelreichen. Diese Inhomogenität der Cystinverteilung in den schwefelarmen Proteinen macht es vermutlich unmöglich auf die genaue Verteilung der schwefelreichen Proteine aus solchen kontrastierten Proben Rückschlüsse zu ziehen. Aus den Röntgenkleinwinkeldiagrammen von Keratinen mit stark unterschiedlichem Gehalt an schwefelreichen Proteinen konnten *Fraser* und *MacRae* unabhängig davon zeigen, daß diese größtenteils zwischen den Mikrofibrillen angeordnet sind. Der Durchmesser der Mikrofibrillen ist nämlich vom Schwefelgehalt unabhängig, während ihr Abstand voneinander mit dem Gehalt an schwefelreichen Proteinen zunimmt (72).

Für die in den letzten Jahren gewonnenen Vorstellungen über die Verteilung der schwefelreichen und schwefelarmen Proteine in α-Keratinen haben folgende Untersuchungen an Stachelschwein-Kielspitzen eine wesentliche Rolle gespielt (72).

Aus dem Durchmesser der Mikrofibrillen von 73 ± 1 Å und den intermikrofibrillären Abständen von 88 ± 1 Å ergab sich bei hexagonaler Anordnung für das Volumen der Mikrofibrillen 63 %, für das der Matrix 37 %. Nach *Gillespie* enthält dieses Keratin aber nur 19 % schwefelreiche Proteine. Dies ist aber nur etwa die Hälfte des berechneten o. a. Matrixanteils. Die restlichen 18 Volumenprozent könnten glycin-tyrosinreiche Proteine oder — wahrscheinlicher — an der Matrix anteilige schwefelarme Proteine

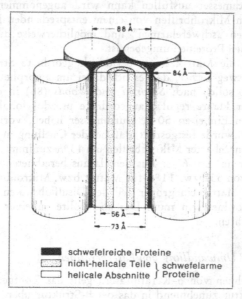

Abb. 67. Verteilung der schwefelarmen und schwefelreichen Proteine (stark schematisiert): 1. schwefelreiche Proteine; 2. nichthelicale Abschnitte; 3. helicale Abschnitte (der schwefelarmen Proteine). Die helicalen Abschnitte der S-armen Proteine (Mikrofibrillen) liegen als verdrillte Helices vor und haben einen äußeren Durchmesser von ≈ 73 Å. Der innere helicale Teil (Core) hat etwa 20 Å Durchmesser und der helicale Mantel ist gleichfalls ≈ 20 Å dick, das zwischen beiden befindliche nicht-helicale S-arme Material ist ca. 16 Å stirk [nach *Fraser, Mac Rae* und *Rogers* (72)].

sein. Da die orientierten α-helicalen Anteile nur 34 bis 41 % des Volumens der Mikrofibrillen ausmachen so ergibt sich, daß der in elektronenmikroskopischen Aufnahmen erkennbare Schatten zwischen der Umhüllung und dem Inneren den nichthelicalen, schwefelreicheren Teilen der schwefelarmen Proteine zuzuordnen ist. Eine stark schematisierte Darstellung der Feinstruktur der α-Keratine zeigt Abb. 67. Hiernach befindet sich im Innern der Mikrofibrillen ein α-helicaler Bereich von 20 Å Durchmesser umgeben von einem Mantel nichthelicaler, schwefelarmer Proteine auf den zylinderförmig angeordnet wieder helicale Anteile folgen. Dies ist mit dem 9 + 2-Modell verträglich. Da der Volumenanteil an schwefelreichen Proteinen nur den zwischen Mikrofibrillen von 84 Å Durchmesser ausfüllen kann wird angenommen, daß die 73 Å dicken Mikrofibrillen von einem entsprechenden Mantel aus nichthelicalen „schwefelarmen" und möglicherweise auch glycintyrosinreichen Proteinen umgeben ist.

Obgleich die Matrix keine periodisch geordnete Struktur hat, ist es keineswegs sicher, daß es sich dabei um amorphe Strukturen handelt. So sollen nach *Sikorski* und *Woods* (86) in der Matrix menschlicher Haare regulär angeordnete pseudo-globuläre Strukturen, deren Einheiten 50 Å Durchmesser haben, vorliegen. Von *Fraser* et al. wurde festgestellt, daß bei der Quellung in Wasser der Abstand benachbarter Mikrofibrillen um 13 % zunimmt, ihr Durchmesser aber nur um 6 %. Aus den daraus berechneten Quellungsvolumina von 53 bzw. 11 % für Matrix bzw. Mikrofibrillen folgt, daß in der Matrix ein großer Teil der Disulfidbrücken intramolekular angeordnet sein muß. Das aber sollte zu einer globulären Struktur führen.

3.3.1. α→β Umwandlung von Faserkeratinen

Beim Dehnen von α-Keratinfasern geht das Röntgendiagramm der α-Struktur zunehmend in das der β-Struktur über. Am ausgeprägtesten ist diese Änderung wenn die Dehnung bei konstanter Belastung auf ca. 100 % in Dampf mehrere Stunden durchgeführt und aufrecht erhalten wird. Da nach dieser mehrstündigen Behandlung die Faser auch nach dem Entlasten und Abkühlen ihre Konformation und Länge im wesentlichen beibehält, spricht man von einem „setting"-Prozeß. Nach *Asthury* und *Woods* werden hierbei die Molekülketten nahezu vollständig gestreckt und bilden intermolekulare Wasserstoffbrücken unter lamellarer Anordnung (β-pleated sheet) (87). Aus dem 4,65 Å Äquatorreflex folgt ein entsprechender Kettenabstand in einer Lamelle, während der Lamellenabstand 9,7 Å beträgt. Im β-Keratin liegt eine antiparallele Faltblattstruktur vor.

Entlastet man die Keratinfasern bei der o. a. Dampfbehandlung nach weniger als 3 Minuten, so kontrahieren sie unter ihre Ausgangslänge. Dieses Phänomen nannten *Astbury* und *Woods* „Superkontraktion". Dabei bleibt die β-Konformation der Einzelkette erhalten, jedoch geht die geordnete fibrilläre Struktur verloren. Der Begriff Superkontraktion erfuhr dann eine Begriffserweiterung und wurde auf alle durch die verschiedenartigsten Behandlungsmethoden bewirkten Schrumpfungsvorgänge von Keratinfasern angewendet. Es handelt sich dabei also um einen phänomenologischen Oberbegriff. Bei der Superkontraktion findet ganz allgemein in dem Sinne eine Denaturierung statt, daß die in der gewachsenen Faser vorhandene „native" Konformation und/oder deren Überstruktur in eine andere übergeht. Solche superkontrahierten Keratinfasern sind nach *Harrison* (88) sowie *Elöd* und *Zahn* (89) gummielastisch. Ausführlich untersucht wurde die Superkontraktion besonders in konzentrierten Lithiumsalzlösungen von *Haly* und *Feughelman* (90), von *Crewther* und *Dowling* (91) sowie *Ebert, F. H. Müller* und *Wendorff* (92, 93). Aus den von diesen Autoren durchgeführten differentialkalorimetrischen Untersuchungen der Superkontraktion in konzentrierten Elektrolytlösungen ergab sich, daß die Temperatur T_S bei der die Längenänderung der Fasern eintritt nicht unbedingt mit einem endothermen Vorgang bei der Temperatur T_U zusammenfällt. Während dieser anscheinend einer Strukturänderung im molekularen Bereich zuzuordnen ist (Konformationsänderung), beruht T_S offenbar auf einer Änderung der Überstruktur (Desorientierung der fibrillären Struktur).

3.3.2. Zug-Dehnungsverhalten von α-Keratinfasern

Sowohl in theoretischer als auch in praktisch-anwendungstechnischer Hinsicht ist das mechanische Verhalten dieser Fasern von Interesse. Das Zug-Dehnungs-Diagramm von α-Keratinfasern hat einen sigmoiden Verlauf. Bis zu etwa 2 % erfolgt die Dehnung linear (*Hooke*scher Bereich). Sodann wird für eine Dehnung bis etwa 25 % nur eine relativ geringe Kraft benötigt. Man spricht hier vom Fließbereich während bei höheren Dehnungsgraden — im sog. Nach-Fließbereich wieder höhere Kräfte erforderlich sind,

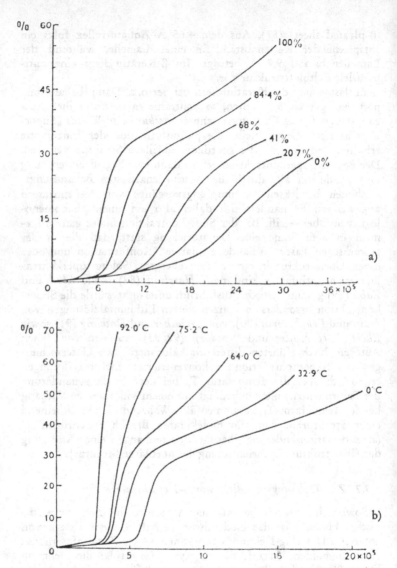

Abb. 68. Kraft-(Zug-) Dehnungsdiagramm von Keratinfasern (Cotswold-Wolle), Ordinate: Dehnung in %, Abszisse: Kraft/cm². a) bei relativer Luftfeuchte zwischen 0 und 100% (75); b) in Wasser bei verschiedenen Temperaturen (75).

die Faser also wieder fester wird. Dies ist — wie in Abb. 68 a dargestellt ist — besonders deutlich bei höheren Feuchtigkeitsgehalten zu beobachten. Mit zunehmender Feuchte nimmt der *Hooke*sche Bereich ab. Die Dehnbarkeit von Keratinfasern nimmt in Wasser mit der Temperatur erheblich zu (Abb. 68 b). Dehnt man eine Wollfaser in Wasser rasch um maximal 70 % so nimmt sie nach Entlastung wieder ihre ursprüngliche Länge an, wobei allerdings Hysterese beobachtet wird. In Luft wird die Faser bei Dehnung um mehr als 30 % irreversibel geschwächt. Dehnt man in Wasser um nicht mehr als 30 % so ist die gesamte Zug-Dehnungskurve vollständig reproduzierbar, wenn man nach raschem Dehnen sofort entlastet und die Faser vor dem nächsten Dehnzyklus einige Stunden relaxieren läßt. Dabei ist zu beachten, daß Elastizität — also *Hooke*scher Bereich — und Bruchdehnung stark von der Dehnungsgeschwindigkeit abhängen. Aufgrund der hier genannten Befunde wurde von *Speakman* die recht empfindliche „mechano-chemische" Untersuchungsmethode entwickelt (94). Hiermit kann man Veränderungen der Faser nach physikalischen oder chemischen Behandlungen feststellen. Hierbei wird zunächst die zum Dehnen einer Faser in Wasser auf 30 % erforderliche Arbeit aus der Fläche unter der Zug-Dehnungs-Kurve ermittelt. Nach einer längeren Relaxationsperiode wird die Faser der interessierenden Behandlung unterzogen und die Zug-Dehnungs-Kurve erneut aufgenommen und die Änderung der Dehnungsarbeit bestimmt.

Langsame Dehnung einer Wollfaser in Wasser um mehr als 30 % führt zu einer irreversiblen Verminderung ihrer Festigkeit und damit der Dehnungsarbeit. Hierfür ist ein plastisches Fließen verantwortlich, das qualitativ durch *Astbury* und *Woods* (87) quantitativ durch *Eyring* und *Tobolsky* behandelt wurde. Qualitativ wird bei rascher Belastung in Wasser eine größtenteils auf die „amorphen" Bereiche der Faser beschränkte Dehnung verursacht. Erst bei Dehnungsgraden > 20 % sollen molekulare Entfaltungsvorgänge von Bedeutung werden, jedoch ist die Umwandlung bei 30 % Dehnung bei weitem noch nicht vollständig. Wenn jedoch die Faser unter Belastung gedehnt bleibt, so setzt sich diese Umwandlung unter Spannungsrelaxation fort, wobei gleichzeitig Umlagerungen in den „amorphen" Bereichen stattfinden sollen.

Die Naßfestigkeit der Keratinfasern wird in großem Umfang durch die Disulfidvernetzungen bedingt. Sie nimmt deshalb stark mit abnehmendem Cystingehalt ab (Abb. 69). Dies ergibt sich aus Untersuchungen an partiell reduzierten Fasern. Die Festigkeit und

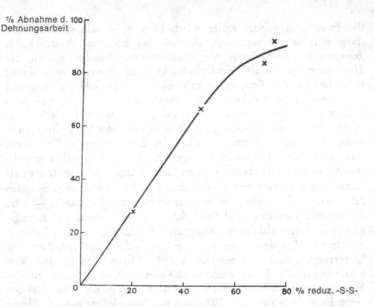

Abb. 69. Beziehung zwischen der Naßfestigkeit von Keratinfasern und Cystingehalt in feuchtem Zustand (75). Ordinate: Abnahme der Arbeit in %. um die Faser in Wasser um 30% zu dehnen. Abszisse: Geöffnete Cystinbrücken in %.

damit das Zug-Dehnungsverhalten im trockenen Zustand dagegen ist in weiten Grenzen kaum vom Cystingehalt abhängig. Erst wenn mehr als 60% der ursprünglich vorhandenen Disulfidbrücken gelöst sind tritt eine, dann allerdings recht erhebliche Änderung der Zug-Dehnungskurve ein. Anscheinend wird die Festigkeit der Keratinfasern im trockenen Zustand mehr durch zwischenmolekulare Wechselwirkungen und nicht so sehr durch die kovalenten Vernetzungen bestimmt.

3.3.3. *Physiologische Eigenschaften von Textilien aus Keratinfasern*

Keratinfasern, ganz besonders die Schafwolle, haben seit Urzeiten eine hervorragende Rolle als Bekleidungsmaterial für den Menschen gespielt. Allein die Tatsache, daß dieses Material von der Natur selbst als ein universeller Schutz gegenüber stark wechselnden Umweltbedingungen wie Kälte, Wärme, Nässe verwendet wird, weist auf deren hervorragenden textilen Eigenschaften hin. Sie wird darin wohl von keiner synthetischen Faser erreicht, oder gar übertroffen. Warum dies so ist, ergibt sich, wie *Schieke* in ausgezeichneter Weise dargestellt hat, aus dem Folgenden (95). Für die physiologischen Eigenschaften der Kleidung sind nicht nur das Wärmerückhaltevermögen, sondern auch ihre Feuchtigkeitsaufnahme und der Feuchtigkeitstransport von maßgeblicher Bedeutung. Bereits bei völliger Ruhe werden vom menschlichen Körper in 24^h 500—600 ml Wasser als Dampf durch die Haut abgegeben (perspiratio insensibilis). Da dem Körper pro Gramm verdunstetes Wasser 580 cal entzogen werden, sind dies 290 bis 348 kcal in 24^h bei einem Grundumsatz von ca. 2000 kcal. Körperliche Betätigung bewirkt dann eine Schweißsekretion von 2—3 l in 8^h, bei schwerer Arbeit noch wesentlich mehr. Die Verdunstung des Wassers durch die Kleidung sollte für ein optimales Wohlbefinden genau so wie im unbekleideten Zustand erfolgen. Die Wärmeisolation nimmt aber mit zunehmendem Feuchtigkeitsgehalt der Kleidung ab. Während der trockene — eigentlich nur theoretisch interessante — Isolationswert eines Textils materialunabhängig und nur eine Funktion der eingeschlossenen Luftmenge ist, ist dies beim Wärme-Isolationswert im feuchtem Zustand anders. Hier kann bei gleichem trockenen Isolationswert zweier Textilien aus verschiedenem Fasermaterial im feuchten Zustand ein stark verschiedener Wärmeverlust auftreten. Er ist besonders groß wenn Wollgewebe mit Polyamidgeweben verglichen werden. Wolle nimmt bis zu 33 % ihres Trockengewichtes an Feuchtigkeit auf ohne sich feucht anzufühlen; Polyamid etwa 7,5 %, Polyester und Polyacrylnitril gar nur 2 %.

Interessant ist auch die bis zur Sättigung freiwerdende Sorptionswärme bei den verschiedenen Fasermaterialien. Sie beträgt bei Wolle 27 cal/g, bei Baumwolle 11 cal/g, bei Polyamid 7,6 cal/g und bei Polyester 1,4 cal/g.

Dabei ist besonders wichtig, daß Wolle das Wasser bevorzugt als Dampf aufnimmt, denn infolge der hydrophoben Epicuticula benetzt Wolle nur schwer. Im Unterschied dazu benetzen Synthesefasern gut, obwohl ihre Wasseraufnahme im Innern gering ist. Durch diese verschiedene Benetzbarkeit wird das Saugvermögen, der Feuchtetransport und die Trocknungsgeschwindigkeit von Geweben stark beeinflußt. Der Feuchtetransport durch die Kleidung hindurch geschieht durch Diffusion des Wasserdampfs. Der Diffusionswiderstand ist dabei z. T. auch geometrisch bedingt, durch die Struktur und die Dicke des Gewebes. Bei gleichartigen Geweben wächst der Diffusionswiderstand von Polyamidgeweben z. B. in der Kälte sehr viel rascher als bei Wolle oder Baumwolle. Bei niedrigen Außentemperaturen kann eine Kondensation des Dampfes zu flüssigem Wasser im Textil eintreten (vgl. Abb. 70).

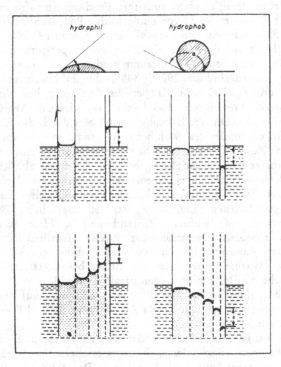

Abb. 70. Benetzbarkeit und Wassertransport an hydrophiler und hydrophober Oberfläche. Oben: Tropfen auf ebener Fläche. Mitte: Einzelne Kapillaren verschiedener Weite. Unten: System miteinander verbundener Kapillaren, wobei die kapillare Saugwirkung verstärkt ist, weil die engeren Kapillaren Flüssigkeit aus den nächst weiteren ansaugen (95).

Durch das Füllen der Gewebe-Kapillaren wird dann die Dampfdiffusion vom Körper in die Umgebung behindert. Dieser Effekt ist um so stärker je besser benetzbar und saugfähig ein Material ist und führt zu hohen Wärmeverlusten.

Beim Wassertransport durch Kapillarwirkung kann man folgende Fälle unterscheiden:

1.1 Bei Geweben aus leicht benetzbaren Fasern (z. B. Polyamid) kondensiert in der Kälte ein Teil des Wassers in der äußeren Gewebeschicht. Dieses Wasser wird von den engen Kapillaren ins Gewebe zurückgesaugt und wird an Stellen höherer Temperatur, also in Körpernähe, erneut verdunstet. Dadurch kommt es zu einer Vergrößerung der Wärmeverluste bei kaltem Klima.

1.2 In Geweben aus schwer benetzbaren Fasern kann das außen kondensierte Wasser infolge des Kapillardepressionseffektes nicht in die Kapillaren eindringen (Abb. 70). Da kein Rücksaugeffekt vorhanden ist, wird auch die Wärmeisolation nicht beeinträchtigt. Das Entsprechende gilt bei Regen, wobei kein Aufsaugen des Wassers wie etwa bei Polyester stattfindet.

2.1 In Geweben aus leicht benetzbaren Fasern wird in der Wärme bzw. bei körperlicher Arbeit abgesonderter Schweiß in den Kapillaren des Textils aufgesaugt und nach außen transportiert. Durch die zum großen Teil an der Außenseite der Kleidung erfolgende Verdunstung wird die hierzu erforderliche Wärme der Umgebung und nicht dem Körper entzogen. Damit unterbleibt die notwendige Kühlung mehr oder weniger. Schließlich kommt es infolge der dadurch zusätzlich angeregten Schweißsekretion zum Porenverschluß und damit zur nahezu völligen Behinderung der Feuchtigkeitsabgabe durch das Gewebe.

2.2 In Textilien aus schwer benetzbaren Fasern kann das vom Körper in der Wärme und bei Arbeit abgegebene Wasser kaum in die kapillaren Zwischenräume infolge der bereits erwähnten Kapillardepression eindringen. Das Gewebe kann sich daher nicht vollsaugen, die Verdunstung erfolgt — wie von der Natur als Kühleffekt beabsichtigt — am Körper, der gebildete Wasserdampf wird von der Faser sorbiert, in der Faser nach außen transportiert und auf diesem Wege in die Umgebung abgegeben. Dies ist der Grund weshalb die Hautfeuchte z. B. beim Tragen wollener Textilgewebe nur wenig vom Normalwert abweicht, während sie unter Synthetikgeweben drastisch erhöht ist und einen idealen Nährboden für Pilze und Bakterien darstellt.

3.4. β-Faltblattstrukturen in fibrillären Proteinen

3.4.1. Federkeratine

Die Funktion der Vogelfedern unterscheidet sich erheblich von der der Säugetierbehaarung, die vor allem die Aufgabe des Kälteschutzes hat. An die Federn der Vögel werden darüberhinaus noch bestimmte Anforderungen an mechanische Festigkeit, Steifheit und Elastizität gestellt. Infolge des engen Zusammenhanges zwischen Struktur und Eigenschaften ist daher schon zu vermuten, daß sich die Federkeratine von den Haarkeratinen nicht allein chemisch sondern auch strukturell unterscheiden werden. Tatsächlich fand *Marwick* (96), der die ersten Untersuchungsergebnisse hierüber veröffentlichte, daß die Röntgenbeugungs-Diagramme von Feder-

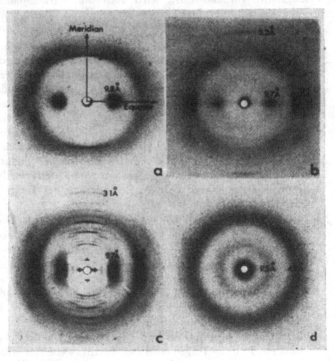

Abb. 71. Röntgendiagramme von Keratinen (72). a) α-Diagramm. b) β-Diagramm gedehnter Haare. c) Diagramm von Federkeratin. d) Diagramm von desorientiertem α-Keratin.

keratinen von denen der normalen Säugetierhaare verschieden, jedoch ähnlich denen gedehnter Haare mit β-Konformation sind (96). Dasselbe gilt übrigens auch für das Keratin der Reptilienhautschuppen. Die Röntgenbeugungs-Diagramme dieser Keratine zeigen aber wesentlich mehr und auch schärfere Reflexe als das β-Keratin gedehnter Haare, wie man aus Abb. 71 b und c erkennt. Allerdings beträgt nach *Astbury* und *Marwick* die auf die Achse projizierte Länge eines Peptidrestes nur 3,1 Å gegenüber 3,4 Å, in dem o. a. β-Kreatin, mit einer aus zwei Resten bestehenden Identitätsperiode von 6,2 statt 6,8 Å (97). Dehnt man das Federkeratin jedoch um 6% — infolge der geringen Bruchdehnung ist dies nahe der oberen Grenze der Dehnbarkeit — so nehmen diese Werte auf 3,3 bzw. 6,6 Å zu. Nach *Schor* und *Krimm* handelt es sich bei dem 3,1 Å Meridionalreflex um die Überlagerung eines echten Meridionalreflexes von 2,96 Å und eines Paares von Reflexen nahe des Meridians von 3,15 Å (98). Zu erwähnen ist ferner ein starker 24 Å Meridionalreflex, der zum Röntgenkleinwinkeldiagramm gehört, und das von *Bear* näher untersucht wurde. Hierbei ergab sich auch eine achsiale Wiederholungseinheit von $c = 94,6$ Å. Außerdem wurde senkrecht zur Achse, also lateral, eine Periodizität von 34 Å entdeckt, die sich bei Wasseraufnahme um ca. 4% ändert. Dies ist offensichtlich auf eine Abstandsvergrößerung fibrillärer Strukturelemente durch Quellung zurückzuführen. Der c-Wert ändert sich hierbei nämlich kaum. Beim Erhitzen der Federkeratine in Wasser ändert sich das Kleinwinkel-Diagramm sehr erheblich (*Bear* und *Rugo* [99]). Dabei wird die Zahl der Reflexe stark verringert während die verbleibenden verstärkt werden (Abb. 72 a, b). Diese Änderungen wurden von den o. g. Autoren so gedeutet, daß die Grundeinheiten der Federkeratinstruktur bestehend aus längeren Peptidketten in einer regulären zweidimensionalen Netz-Struktur angeordnet sind. Deshalb nannten sie dieses Diagramm Netzdiagramm. Der aufgrund dieses Modells zu erwartende 16,5 Å Reflex wird jedoch nicht gefunden. Röntgenbeugungsuntersuchungen von *Fraser* und *Mac Rae* an mit Osmiumtetroxid kontrastierten Federn ergaben, daß eher der 33 Å Äquator-Reflex verstärkt und nicht der o. a. erwartete Reflex (100). Hieraus wurde geschlossen, daß das Federkeratin nicht aus quasi globulären Einheiten sondern aus Fibrillen mit einer Dicke von 33 Å besteht zwischen die bei der Kontrastierung Osmium eingelagert wird. Auch elektronenmikroskopische Untersuchungen an Querschnitten von Feder- und anderen Vogelkeratinen

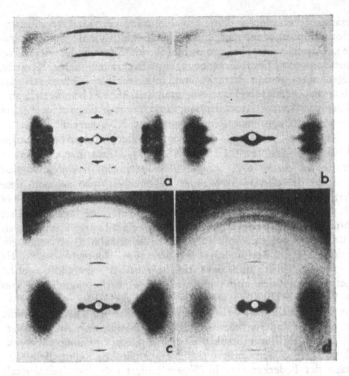

Abb. 72. Röntgendiagramme von Federkeratin (Federkiel) der Seemöve Larus novae hollandiae im nativen und partiell denaturierten Zustand (72). a) nativ (trocken); b) nach Pressen der Probe a) in Dampf; c) sowie von den Krallen der Eidechse Varanus varius; d) den Krallen der Brückenechsen (Tuatara, Sphenodon).

die mit schweren Atomen kontrastiert sind weisen nach *Filshie* und *Rogers* auf eine mikrofibrilläre Struktur hin (101, 102). Der aus solchen elektronenmikroskopischen Aufnahmen bestimmte Durchmesser dieser Mikrofibrillen beträgt 30 Å, der Mittelpunktabstand 35 Å. Zwar scheinen die Aufnahmen auf eine aus Mikrofibrillen und eine dazwischen angeordnete Matrix hinzuweisen, jedoch sprechen die chemischen Untersuchungen gegen einen solchen Aufbau, worauf noch eingegangen wird.

Infrarot-Untersuchungen, vor allem des IR-Dichroismus, haben ergeben, daß im Federkiel von Seemöven etwa 30% der Polypeptidketten in antiparalleler Faltblattkonformation vorliegen, während nach *Fraser* 70 % keine periodische Konformation besitzen sollen. Das wird daraus geschlossen, daß sich die Amid-I-Bande (Kombinationsschwingung aus -C = O-Valenz- und NH-Deformationsschwingung) in eine der β-Faltblattstruktur und in eine der nichtperiodischen Konformation entsprechende auflösen läßt. Welcher Art diese nicht-β-Konformation ist, konnte noch nicht geklärt werden. Sehr viel spricht dafür, daß es eine definierte Konformation ist, die im wesentlichen für das reflexreiche Kleinwinkeldiagramm verantwortlich ist (s. u.). Der Anteil der beiden Konformationen ergibt sich dann aus dem Verhältnis der Flächen unter den beiden Kurven. Daß es sich um die antiparallele Faltblattkonformation handelt, folgt aus einer von *Fraser* und *Suzuki* gefundenen Schulter bei ca. 1690 cm⁻¹ mit Paralleldichroismus (103 a, 104).

Aus diesen Resultaten ergibt sich, daß beim Erhitzen der Federkeratine in Wasser (*Bear* und *Rugo* [99]) die thermisch stabileren β-Faltblattanteile erhalten bleiben, die weniger stabilen nichtperiodischen jedoch „denaturiert" werden. Durch Pressen von Federkeratin in Dampf, wobei partielle Denaturierung eintritt, konnte gleichfalls ein wesentlich einfacheres Röntgendiagramm erhalten werden (Abb. 72 b). Es entspricht einer helicalen Anordnung der Streuzentren mit vier regelmäßig angeordneten Ketten mit einer Höhe von 95 Å pro Windung. Dabei hat es den Anschein, daß jeweils 4 Helices in einer Mikrofibrille miteinander verdrillt sind. Dieses twisted-sheet-Modell ist in Abb. 73 schematisch gezeigt. Die Struktureinheit ist ein aus vier Molekülketten zu je acht Monometer-Resten bestehendes Faltblatt. Diese Einheiten sind etwa 23 Å lang und 20 Å breit und sind entgegen dem Windungssinn der einfachen Helix verdrillt, wie am anschaulichsten aus Abb. 73 hervorgeht.

Von den durch Reduktion oder Oxidation der Disulfidbrücken in Lösung gebrachten Proteine der Federn kann man Fasern oder Filme erhalten, deren Röntgenbeugungsdiagramme denen der nativen Federkiele ähnlich sind. Zwar ist die achsiale Wiederholungseinheit im regenerierten Material etwas kleiner, aber die Intentitätsverteilung insgesamt ist ähnlich. Vor allem wird ein starker 33 Å Äquatorialreflex beobachtet, so daß man aus alldem schließen kann, daß in dem regenerierten Material Mikrofibrillen ähnlich denen im nativen Federkeratin vorliegen.

Aus gereinigten Fraktionen von S-carboxymethylkerateinen konnte ein anderer Typ von Fasern und Filmen hergestellt werden,

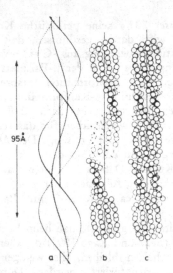

a b c

Abb. 73. „Twisted-sheet"-Modell des Federkeratins (72). a) Linksgängige helical verdrillte Fläche mit einer Identitätsperiode von 95 Å. b) Strang verdrillter Faltblätter der in der Ebene von a) liegt. Jeder Abschnitt besteht aus vier Ketten und ist jeweils acht Einheiten lang. c) Zwei entgegengesetzt verlaufende Stränge b).

die nach Aussage der Röntgendiagramme in cross-β-Konformation vorliegen. Dies kommt anscheinend dadurch zustande, daß die β-Faltblattstruktureinheiten in lateraler und nicht in achsialer Richtung End-zu-End aggregiert sind.

An der in Tab. 15 wiedergegebenen Aminosäurezusammensetzung der Federkeratine fällt der relativ hohe Prozentsatz an Alanin, Glycin und Serin ($\approx 37\,\%$), also Aminosäuren mit kurzen Seitenketten, auf. Diese drei bilden in Seidenfibroin die β-Faltblattstrukturen der kristallinen Bereiche. Ferner ist im Federkeratin mit $\approx 10\,\%$ recht häufig Prolin enthalten. Da es nicht in die β-Faltblattstruktur eingebaut werden kann, kommt es wahrscheinlich in bestimmten Bereichen gehäuft und nicht statistisch verteilt vor. Bemerkenswert an der Primärstruktur ist auch, daß die Aminosäuren mit sauren Seitengruppen fast ausschließlich als Amide vorliegen. Ein wichtiger Unterschied zu den α-Keratinen der Säugetiere besteht darin, daß man keine schwefelreichen und schwefelarmen Fraktionen z. B. der S-Carboxymethylkerateine unterscheiden kann. Dies erklärt sich aufgrund der unterschiedlichen

Tab. 15. Aminosäurezusammensetzung des Federkiel-Keratins von Hühnchen (nach 72).

	Gesamt	SCMK Extrakt
Asparaginsäure	5,6	5,4
Glutaminsäure	6,9	6,8
Arginin	3,8	3,6
Histidin	0,2	0,0
Lysin	0,6	0,1
Serin	14,1	15,0
Threonin	4,1	3,9
Alanin	8,7	8,6
Glycin	13,7	13,9
Isoleucin	3,2	3,1
Leucin	8,3	7,8
Valin	7,8	8,0
Phenylalanin	3,1	3,3
Tyrosin	1,4	1,2
Prolin	9,8	10,5
Methionin	0,1	0,0
Cystin/2	7,8	8,2

Morphologie dieser Keratinarten als Folge ihrer wesentlich verschiedenen Funktionen. Allerdings unterscheiden sich nach *Harrap* und *Woods* (103 b) die SCMK von Federkiel und Federfahne und natürlich die verschiedener Vogelarten. Aus den Federkielen des Emu — einem dem Strauß ähnlichen Vogel — konnte von *O'Donnell*

```
  1              5              10             15
Ac-Ser- Cys- Tyr- Asn- Pro- Cys- Leu- Pro- Arg- Ser- Ser- Cys- Gly- Pro- Thr-
  16             20             25             30
   Pro- Leu- Ala- Asn- Ser- Cys- Asn- Glu- Pro- Cys- Leu- Phe- Arg- Gln- Cys-
  31             35             40             45
   Gln- Asp- Ser- Thr- Val- Val- Ile- Glu- Pro- Ser- Pro- Val- Val- Val- Thr-
  46             50             55             60
   Leu- Pro- Gly- Pro- Ile- Leu- Ser- Ser- Phe- Pro- Gln- Asn- Thr- Val- Val-
  61             65             70             75
   Gly- Gly- Ser- Ser- Thr- Ser- Ala- Ala- Val- Gly- Ser- Ile- Leu- Ser- Ser-
  76             80             85             90
   Gln- Gly- Val- Pro- Ile- Ser- Ser- Gly- Gly- Phe- Asn- Leu- Ser- Gly- Leu-
  91             95             100
   Ser- Gly- Arg- Tyr- Ser- Gly- Ala- Arg- Cys- Leu- Pro- Cys
```

Abb. 74. Aminosäuresequenz eines gereinigten Federkeratinextraktes aus dem Kiel von Emu-Federn nach *O'Donell* (103).

ein einheitliches Protein isoliert, seine Zusammensetzung und Sequenz ermittelt werden (Abb. 74). Der Gehalt an Glycin, Serin und auch Prolin ist recht hoch. Man findet lange Sequenzen kurzkettiger und überwiegend β-Konformation bevorzugender Aminosäuren, so von Position 57 bis 72. Von 39—92 kommen keine ionogenen Seitenketten vor. Bei der Behandlung des S-Carboxymethylkerateins mit Trypsin erhielt *O'Donnell* einen aus den Resten 39—92 bestehenden Niederschlag (103), der nach *Suzuki* einen höheren Anteil an β-Faltblattstruktur enthält als das Ausgangsmaterial (103a, 104). Cystin ist nur in den terminalen Sequenzen von 1—30 und von 99 bis 102 enthalten.

3.4.2. Seidenfibroin

β-Faltblattstrukturen in fibrillären Proteinen kommen in besonders ausgeprägter Weise im Fibroin zahlreicher Seidenarten vor. Insgesamt kennt man mehr als 100 chemisch verschiedene Spezies, die von manchen Insekten, aber auch von einigen Mollusken wie etwa bestimmten Muschelarten produziert werden. Einige davon haben zwar α-helicale und andere Konformationen, die bekanntesten und auch praktisch bedeutsamen liegen jedoch in β-Faltblattstruktur vor (105, 106). Hier soll besonders auf drei Seidenarten eingegangen werden. Dies ist einmal das allgemein als Naturseide bekannte Produkt des Seidenspinners *Bombyx mori,* die sog. Wildseide des Tussahspinners *Antherea mylitta* und die Nesterseide von *Anaphe moloneyi* (105—107).

Die Raupen des Seiden- oder Maulbeerspinners *Bombyx mori,* die sich ausschließlich von den Blättern des Maulbeerbaumes ernähren, spinnen sich vor dem Verpuppen in eine als „Kokon" bezeichnete Hülle ein, die aus einem 3—4 km langen Faden besteht. Dieser enthält zwei Komponenten: nämlich 2—3 Fäden aus dem eigentlichen fibrillären Protein, dem Fibroin, von 13—26 μ Durchmesser und dem diese Fäden umhüllenden Sericin. Das Sericin ist außer durch einen hohen Gehalt an Asparaginsäure ($\approx 15\%$) und Glycin ($\approx 14\%$) besonders dadurch gekennzeichnet, daß seine Hauptkomponenten Threonin ($8,6\%$) und Serin ($37,3\%$), d. h. $\approx 46\%$ Hydroxyaminosäuren sind (106, 108). Sericin ist ein „amorphes" Protein das durch enzymatische Behandlung z. B. mit Papain oder durch Kochen mit Seifenlösungen entfernt wird. Man spricht dabei vom „Entbasten" der Seide (108, 109).

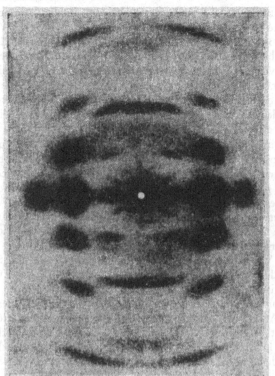

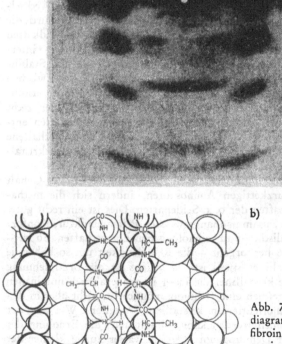

1. Schicht   2. Schicht   3. Schicht   4. Schicht

a)

b)

Abb. 75. a) Röntgendiagramm von Seidenfibroin aus Bombyx mori. b) Strukturmodell von Seidenfibroin nach *Marsh, Corey* und *Pauling* (111).

121

Das Fibroin besteht zum überwiegenden Teil aus Aminosäuren mit kurzen Seitenketten, und zwar $\approx$ 40 % bis 44 % Glycin, 30 % bis 34 % Alanin und 12 % bis 15 % Serin. Außerdem handelt es sich dabei weitgehend um Aminosäuren mit apolarer Seitenkette. Sie sind vor allem in geordneten, kristallinen Bereichen mit antiparalleler β-Faltblattstruktur (s. Abb. 75 a) enthalten. Daß die Ketten gefaltet sind schlossen *Pauling* und *Corey* daraus, daß die Identitätsperiode des Fibroins zu 7,0 Å ermittelt wurde, während die einer gestreckten Kette 7,23 Å beträgt (111 a, b).

Die Seitenketten der Aminosäuren — also die Methyl- und die OH-Gruppen — liegen alle auf einer Seite der Moleküle (s. Abb. 75 b). Benachbarte Ketten sind jeweils Rücken an Rücken angeordnet. Dadurch greifen die Seitengruppen reißverschlußartig ineinander, so daß es einmal zu optimalen zwischenmolekularen Wechselwirkungen der Seitengruppen kommt. Andererseits sind dadurch die Abstände zwischen den -CO-NH-Gruppen der Polypeptidketten benachbarter Moleküllamellen optimal für die Bildung interchenarer Wasserstoffbrückenbindungen und damit für die Stabilisierung der kristallinen Bereiche der Fibroinfibrillen. Zwischen diesen kristallinen Bereichen befinden sich solche mit nichtperiodischer Konformation („amorphe" Bereiche) in denen der recht geringe Anteil von Aminosäuren mit sperrigen Seitenketten enthalten ist. Das in relativ großer Menge im Fibroin enthaltene Tyrosin (11 Mol %) kommt im Übergangsgebiet von den kristallinen zu den amorphen Bereichen gehäuft vor.

In Abhängigkeit vom kristallinen Anteil und damit vom Gehalt an den o. a. kurzkettigen Aminosäuren, ändern sich die mechanischen Eigenschaften der o. a. Seidenarten. Dies ist ein recht gutes Beispiel für den Zusammenhang zwischen Primärstruktur, Konformation, physikalischen und technologischen Eigenschaften. So ist — wie aus Abb. 76 hervorgeht — die Reißfestigkeit um so höher, je höher der kristalline Anteil ist. Allerdings ist die Bruchdehnung um so kleiner je kristalliner die Faser ist, da praktisch nur in den „amorphen" Bereichen eine Dehnung möglich ist, nicht aber in den gestreckten, hochorientierten kristallinen Anteilen. Wie aus der Tab. 16 entnommen werden kann, nimmt auch die Erholung der Faser nach einer Dehnung um 10 % in Wasser zu, je kleiner der kristalline Anteil ist. Im Gegensatz dazu ist die Erholung nach einer Dehnung der trockenen Faser mit kleinerem kristallinen Anteil niedriger als bei stärker kristallinen Fasern. Dies ist offenbar auf einen auf einer Quellung beruhenden Weichmacher-Effekt des

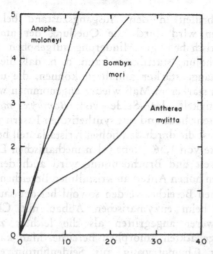

Abb. 76. Kraft-(Zug-)Dehnungs-Kurven von Seiden-Fibroinen mit unterschiedlichem Gehalt an kurzkettigen Aminosäuren und damit verschiedenem Kristallanteil (vgl. auch Tab. 17) nach (107, 107 a). Ordinate: Zug (g/denier), Abszisse: Dehnung in %.

Tab. 16. Einfluß der Aminosäurezusammensetzung von Seidenfibroinen auf das Zug-Dehnungsverhalten (nach [107])

Herkunft der Seide	Mol % Ala, Gly, Ser	Bruchdehnung % bei 65 % r. F., 70° C	Dehnung bei Belast. m. 0,5 g/ denier* in Wasser	Prozent Erholung nach 10% Dehnung	
				in Luft	in Wasser
Anaphe moloneyi	95,2	12,5	1,3	50	50
Bombyx mori	87,4	24	2,5	50	60
Antherea mylitta	71,1	35	4,4	30	70

* denier: Gewicht eines 9 km langen Fadens in Gramm r. F.: relative Feuchte.

Wassers gegenüber den amorphen Bereichen zurückzuführen. Fasern mit höherem amorphen Anteil erholen sich nach dem Dehnen in lufttrockenem Zustand deshalb weniger als höherkristalline, weil die sperrigen Aminosäureseitenketten das Zurückgleiten der Fibrillen in den Ausgangszustand behindern. Im Wasser hingegen wird durch die Quellung der amorphen Bereiche diese sterisch bedingte Hinderung aufgehoben, so daß eine weitgehende Erholung stattfinden kann, d. h. daß die Fasern sich ihrer Ausgangslänge stärker annähern können, die ursprüngliche Struktur also in stärkerem Maß wieder angenommen wird.

Die Reißfestigkeit der Seide von *Bombyx mori* ist mit 37—49 kg/mm² sehr hoch und mit synthetischen Fasern vergleichbar. Bemerkenswert ist die durch den hohen Kristallanteil bedingte recht erhebliche Dichte von 1,36. Neben den mechanischen Eigenschaften wie Reißfestigkeit und Bruchdehnung wird auch der Glanz der Fasern durch den hohen Anteil an kristallinen Bereichen bedingt.

Die kristallinen Bereiche werden sowohl bei der sauren Hydrolyse als auch beim enzymatischen Abbau mit Chymotrypsin wesentlich schwerer angegriffen als die leichter zugänglichen, weniger dicht gepackten amorphen Bereiche. Man kann so durch Behandeln mit Chymotrypsin aus Seidenfibroin ein röntgenkristallines, wasserunlösliches Pulver gewinnen, das so gut wie keine amorphen Anteile mehr enthält.

Die drei o. a. Seidenarten unterscheiden sich nun nicht nur in ihrem Gehalt an kristallinen und amorphen Bereichen, sondern auch in ihrer Aminosäurezusammensetzung. So enthält das Fibroin von Anaphe moloneyi besonders viel Glycin und Alanin mit Sequenzen wie $[(Gly-Ala)_x-Ala]_n$ wobei $x = 4,5$ oder 6 sein kann. Das Fibroin von Antherea mylitta ist mit 41,4 % L-Alaningehalt besonders reich an dieser Aminosäure und ergibt ein Röntgendiagramm, das dem von Poly-L-alanin recht ähnlich ist.

Sehr ausführlich ist die Primärstruktur des Bombyx mori Fibroins untersucht worden und wegen dessen besonderer Bedeutung soll hierauf etwas näher eingegangen werden. Zunächst fand man nach saurer Partialhydrolyse Dipeptide wie Ala-Gly und Gly-Ala stets im Verhältnis 2 : 1, ferner Ser-Gly sowie wenig Ala-Ala, nie aber Gly-Gly. Außerdem wurden Tripeptide der Sequenz Gly-Ala-Gly und Ala-Gly-Ala ebenso wie Ser-Gly-Ala gefunden. Dabei trat Serin stets aminoterminal und stets gefolgt von Glycin auf. Ferner wurde zur Aufklärung der Primärstruktur des Fibroins von der N-O-Acyl-Verschiebung Gebrauch gemacht, der Serinpeptide in wasserfreien Mineralsäuren unterliegen. Dabei wird aus dem Säureamid ein O-Ester des Serins unter Aufhebung der Peptidbindung gebildet. Hier entsteht also eine freie primäre Aminogruppe am Serin-O-ester nach der Gleichung

$$\begin{array}{ll} \text{CH}_2-\text{CH}-\text{CO}-\text{NH}- & +\text{H}_2\text{O} \\ \mid \qquad \mid & \xrightleftharpoons{} \\ \text{OH} \quad \text{NH} & -\text{H}_2\text{O} \\ \qquad\quad \mid & \\ \qquad\quad \text{CO} & \\ \qquad\quad \mid & \end{array} \qquad [3-14]$$

$$\begin{array}{lll} \text{CH}_2-\text{CH}-\text{CO}-\text{NH}- & -\text{H}_2\text{O} & \text{CH}_2-\text{CH}-\text{CO}-\text{NH}- \\ \mid \qquad\quad \mid & \xrightleftharpoons{} & \mid \qquad\quad \mid \\ \text{O} \qquad\quad \text{N} & +\text{H}_2\text{O} & \text{O} \qquad\quad \text{NH}_2 \\ \quad\diagdown\;\diagup & & \mid \\ \qquad \text{C} & & \text{CO} \\ \qquad \parallel & & \mid \end{array} \qquad [3-15]$$

Zur Verhinderung der rückläufigen O → N-Verschiebung wird diese NH$_2$-Gruppe dinitrophenyliert. Da Ester leichter als die Peptide hydrolysiert werden, findet man nach milder Hydrolyse u. a. ein Hexapeptid der Formel

DNPSer-Gly-Ala-Gly-Ala-Gly OH

Die Auswertung dieser und anderer Untersuchungsergebnisse ließen *Smith* et al (112) zu dem Resultat kommen, daß in den kristallinen Bereich des *Bombyx mori*-Fibroin die Sequenz

Gly-Ala-Gly-Ala-Gly-[Ser-Gly-(Ala-Gly)$_n$]$_8$-Ser-Gly-
Ala-Ala-Gly-Tyr

vorliegt, wobei meist n = 2 ist. Röntgenstrukturanalysen von *Zahn* und *Schnabel* an Modellpeptiden konnten dies bestätigen (113). Nach diesen Autoren ergeben sowohl die racemischen als auch die optisch aktiven Hexapeptide Ser-Gly-Ala-Gly-Ala-Gly identische Röntgenbeugungsdiagramme wie das Fibroin. Dies trifft jedoch nicht auf die von ihnen ebenfalls hergestellten Hexapeptide Ser-Ala-Gly-Gly-Ala-Gly, Ala-Gly-Gly-Ser-Ala-Gly und Gly-Ala-Gly-Tyr-Gly-Ala zu.

Zur Untersuchung der Sequenz des amorphen Anteils von Bombyx mori-Fibroin haben *Spoor* und *Ziegler* (110) den durch Chymotrypsin-Abbau erhaltenen löslichen Anteil durch verschiedene Trennungsmethoden in basische und saure Peptide zerlegt. Darin wurden u. a. folgende Sequenzen gefunden:

Val-Ala-Gly-Asp-Gly-Tyr   Ileu-Thr-Ala-His
Ser-Glu-Asp-Tyr   Val-Ala-Gly-His-Gly-**Tyr**
Glu-Tyr   Ser-Gly-Glu-Tyr
    Val-Lys-Phe
    Leu-(Glu, Lys)-Phe
    Lys-Gly-(Arg, Glu)-Lys
    Ala-Try

3.5. Kollagen

Kollagen macht etwa 30 % der Proteine der Wirbeltiere aus, so daß es das häufigste der in diesen Lebewesen vorkommenden Proteine ist. Es ist eines der wichtigsten Strukturproteine und bildet den fibrillären Anteil der Bindegewebe *(Mesenchym)*, Knochen, Sehnen, der Lederhaut *(Corium)*, der Blutgefäße und der Cornea des Auges. Die Struktur des Kollagens und deren Änderungen sind wegen der damit verbundenen Eigenschaftsänderungen des Kollagens auf vielen Gebieten von Bedeutung. In der Medizin sind es die verschiedenen Arten von Bindegewebserkrankungen, wie z. B. Bandscheibenschäden, in der Gerberei- und Lederindustrie spielen sie eine wichtige Rolle für die Lederherstellung und dessen Eigenschaften und bei der Gelatineerzeugung für das Verhalten photographischer Emulsionen oder pharmazeutischer Präparationen (Gelatinekapseln) (114).

In der Natur erfüllt das Kollagen seine strukturbildenden Funktionen mittels der ihm eigentümlichen Konformation, die bedingt wird durch gewisse Regelmäßigkeiten seiner Primärstruktur (114—118). 1954/55 wurde von drei Forschergruppen, nämlich von *Ramachandran* und *Kartha* (119), von *Rich* und *Crick* (120) sowie von *Cowan, McGavin* und *North* (121) je ein weitgehend ähnliches aus drei Molekülketten bestehendes Modell, das die kleinste Einheit,

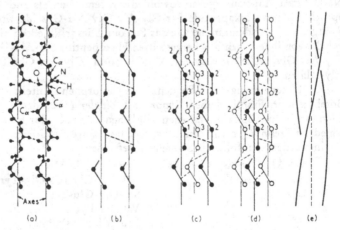

(a)　　　　(b)　　　　(c)　　　　(d)　　　　(e)

Abb. 77. Modell der Tripelhelix von Kollagen nach *Rich* und *Crick* (118, 120).

die Protofibrille des Kollagens darstellt, vorgeschlagen. Die drei Einzelketten winden sich dabei jeweils um die eigene Achse (Abb. 77) und nicht — wie bei den von *Pauling* und *Corey* vorgeschlagenen Superhelices der Protofibrillen α-helicaler Proteine — um eine gemeinsame Achse. Voraussetzung für die Aufstellung eines solchen Strukturmodells ist wie stets, daß Aminosäurezusammensetzung, die Sequenz wenigstens teilweise, Atomabstände und Bindungswinkel in den einzelnen Aminosäuren bekannt sind (115).

Für die Primärstruktur des Kollagens ist zunächst der sehr hohe Gehalt an Glycin ($\approx$ 33 %) und der Iminosäuren Prolin ($\approx$ 12 %), 3- und 4-Hydroxyprolin ($\approx$ 9,5 %) charakteristisch. Diese vier Komponenten bilden also ca. 55 % der Monomereinheiten dieses Proteins. Der Glycingehalt ist dabei nur recht wenig von der

Tab. 17. Aminosäurezusammensetzung von Kollagen aus Rattenschwanzsehnen sowie der α-1- und α-2-Ketten (117, 117 a).

	Gesamt-Kollagen	α1-Kette	α2-Kette
Asparaginsäure*	4,5	4,7	4,4
Glutaminsäure*	7,1	7,4	6,8
Arginin	5,0	4,9	5,1
Histidin	0,4	0,2	0,7
Hydroxylysin	0,7	0,5	1,0
Lysin	2,7	3,0	2,1
Serin	4,3	4,1	4,3
Threonin	2,0	2,0	2,0
Alanin	10,7	11,0	10,3
Glycin	33,1	32,9	33,5
Isoleucin	1,0	0,6	1,5
Leucin	2,4	1,8	3,1
Valin	2,3	1,9	3,0
Phenylalanin	1,2	1,2	1,1
Tyrosin	0,4	0,4	0,4
Hydroxyprolin**	9,4	9,7	8,6
Prolin	12,2	12,9	11,5
Methionin	0,8	0,9	0,7
Cystin/2	—	—	—
Glycin	33,1	32,9	33,5
Prolin + Hydroxyprolin	21,6	22,6	20,1
Andere Aminosäuren	45,3	44,5	46,4

* einschließlich Asparagin bzw. Glutamin
** 3- und 4-Hydroxyprolin

Herkunft des Kollagens abhängig, der Anteil der drei Iminosäuren und ihr Verhältnis zueinander ist jedoch eine starke Funktion der biologischen Herkunft, genauer gesagt, der betr. Tierart. Nichtsdestoweniger wird die Konformation des Kollagens durch diese Aminosäuren und durch das Auftreten der Tripeptid-Wiederholungseinheit $(Gly-X-Y)_n$ bestimmt. Darin ist X sehr oft Prolin und Y verhältnismäßig häufig Hydroxyprolin (vgl. Tab. 17).

Für ein Strukturmodell interessieren also besonders die Daten des Glycins und der drei Iminosäuren. Dabei ist der -CO-N $<$ Abstand in Pro und Hypro praktisch derselbe wie der der -CO-NH-Gruppe und auch er hat partiellen Doppelbindungscharakter. Wichtigste Anforderung an ein Strukturmodell ist, daß es die experimentell gefundenen Röntgenreflexe wie den 2,9 Å, 4 Å und 9—11 Å Meridian — sowie den 4,5 und 11—16 Å Äquatorreflex wiedergibt (Abb. 78 [122]), ebenso natürlich die Reflexe des

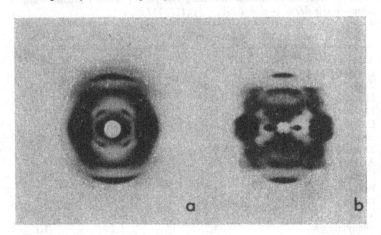

Abb. 78. Röntgen-Diagramme von trockener Rattenschwanz-Sehne. a) unverstreckt; b) um 8 % verstreckt (117, 121).

Röntgenkleinwinkeldiagramms. Hier sind sehr starke Meridianreflexe bei 107, 214, 321 und 624 Å zu finden (123).

Weiter muß ein solches Strukturmodell auch mit den Ergebnissen infrarotspektroskopischer Messungen in Einklang zu bringen sein. D. h. es muß den Infrarotdichroismus, der bei Untersuchungen mit polarisiertem Infrarot senkrecht und parallel zur Faser- bzw. Molekülachse auftritt, erklären. Strahlt man nämlich polarisiertes

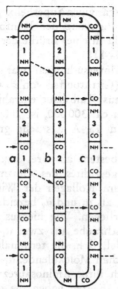

Abb. 79. Stabilisierung der Konformation durch intrachenare Wasserstoff-brücken zwischen der mäanderförmig gefalteten Kette von [Gly-Pro-Pro]n nach *Ramachandran* et al. (117, 125).

Infrarot mit der Frequenz der NH- oder CO-Valenzschwingung (3300 bzw. 1650 cm^{-1}) mit dem elektrischen Vektor senkrecht bzw. parallel zur Achse ein, so beobachtet man, daß die entsprechende Strahlung senkrecht zur Faserachse stärker absorbiert wird als die parallel dazu polarisierte. Für den Quotienten der Extinktions-koeffizienten ε_π für parallel und senkrecht zur Faserachse ε_σ gilt $\dfrac{\varepsilon_\pi}{\varepsilon_\sigma} < 1$, weshalb man von σ-Dichroismus spricht (114).

Ein den tatsächlichen Verhältnissen gerecht werdendes Struktur-modell muß außerdem die Dichte und die geringe Dehnbarkeit des Kollagens wiedergeben. Unter Berücksichtigung aller dieser Daten ergibt sich nach eingehender Diskussion aller Möglichkeiten für die Einzelkette, daß zehn Aminosäurereste auf drei Windungen also 3,33 Reste pro Windung einer linksgängigen Kollagen-Helix ent-fallen. Es handelt sich also um eine nichtintegrale 10$_3$-Helix. Die Höhe eines Restes beträgt 3,1 Å, die Höhe einer Windung 10,2 Å und die Länge einer Identitätsperiode 31 Å. Jeweils drei dieser Linkshelices sind nach den von den o. a. Autoren beschriebenen

Modellen zu einer rechtsgängigen Superhelix verdrillt. Nur dadurch ist die geforderte Stabilisierung der Konformation durch interchenare HBB möglich, da in einer Brücke der HN $\cdots\cdots$ O = C Abstand 2,8 Å beträgt (114—118).

Gegenstand dieser Untersuchungen war hauptsächlich das in sauren Pufferlösungen (Citratpuffer von $\approx$ pH 2) lösliche Tropokollagen wie es z. B. aus Kalbshaut extrahiert werden kann. Es hat ein Molgewicht von ca. 300 000, ist 2800 Å lang und hat mit einem Durchmesser von 15 Å das sehr große Achsenverhältnis von 187 : 1.

Das Tropokollagen besteht aus drei sog. α-Ketten, die je ein Drittel des Molekulargewichtes des Gesamtmoleküls, d. h. der Protofibrille haben. Beim Kollagen der Wirbeltiere unterscheidet man zwei verschiedene, als α_1 und α_2 bezeichnete Kettentypen, die im Verhältnis 2 : 1 vorliegen. Wie hieraus zu vermuten, besteht tatsächlich jede Dreierschraube aus zwei α_1- und einer α_2-Kette. Alle drei laufen parallel, d. h. die terminalen NH_2-Gruppen befinden sich alle am gleichen Molekülende. α_1- und α_2-Ketten unterscheiden sich hinsichtlich ihrer Aminosäurezusammensetzung nicht sehr. Gegenüber den α_1-Ketten haben die α_2-Ketten einen etwas niedrigeren Gehalt an Iminosäuren und einen höheren Gehalt an Aminosäuren mit apolaren Seitenketten (Leu, Ileu, Val) (s. Tab. 17). Die Aufklärung der Sequenz eines so großen Moleküls aus etwa 1000 Aminosäureresten ist naturgemäß schwierig und zeitlich aufwendig. Vorteilhaft ist dabei der geringe Gehalt von 5—9 Methioninresten pro Kette. Man kann daher mit Hilfe der Bromcyan-Spaltung von *Gross* und *Witkop* (116 a) eine entsprechende Zahl definierter Kettenspaltstücke mit wesentlich geringerer Zahl von Aminosäureresten erhalten und an diesen getrennt die Sequenzermittlung vornehmen (116, 117). Kollagen enthält nach *Zahn* et al. (116 b) nur sehr wenig Cystin ($\approx$ 0,08 %). Nach neueren Arbeiten von *Engel* et al. (117 b) ist Cystin sehr wichtig für die Helixkeimbildung am Kettenanfang der Procollagene. Bei dem aus der Haut von Ascarius (Spulwürmern) isolierten Kollagen setzt Reduktion der -S-S-Brücken das Molekulargewicht von 900 000 auf 62 000 herab (117, 124). Es wird deshalb angenommen, daß die einzelnen Ketten an ihren Enden über Disulfidbrücken verknüpft sind. Durch mäanderartige Faltung der Kette könnte eine intrachenare Stabilisierung durch Wasserstoffbrücken ähnlich wie bei der cross-β-Struktur, z. B. des Modellpolypeptids [Gly-Pro-Pro] n möglich sein (117, 125) (Abb. 79).

Aus den sauren Lösungen des Tropokollagens kann man durch Entfernen des Citrat mittels Dialyse Kollagenfibrillen wieder rekonstituieren (126). Auch wenn man den pH-Wert auf 7 erhöht, aggregieren die Tropokollagenmoleküle wieder zu Fibrillen, die nach dem Kontrastieren z. B. mit Phosphorwolframsäure im Elektronenmikroskop die für native Kollagenfibrillen typische Querstreifung zeigen (Abb. 80) (115, 127). Außer den bei geringer Auf-

Abb. 80. Elektronenmikroskopische Aufnahme von lufttrockenen, durch Bedampfen mit Chrom kontrastierten Kollagenfibrillen. Vergrößerung 26 000 × (123).

lösung erkennbaren Querstreifen in 640 Å Abstand (115), deren Periodizität auch im Röntgenkleinwinkeldiagramm nachweisbar ist, findet man bei hoher Auflösung die von *Nemetschek* entdeckte sog. „hochunterteilte Querstreifung" wie in Abb. 81 dargestellt (128). Über die Beziehungen zwischen der Anordnung der Tropokollagen-

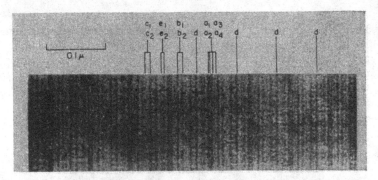

Abb. 81. Hochunterteilte Querstreifung an renaturierten Kollagenfibrillen mit Phosphorwolframsäure bei pH 4,2 kontrastiert. Vergrößerung: 113 700 fach (128).

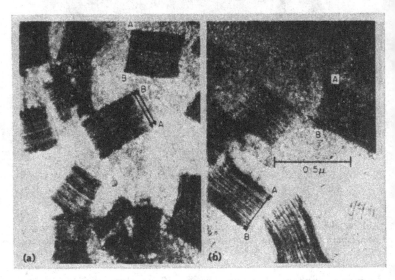

Abb. 82. SLS-Aggregate aus gealterter Lösung von Kalbshaut-Kollagen in 0,008 n Essigsäure durch Zugabe von 2 mg ATP/ml erhalten. Die Orientierung der Tropokollagenmoleküle senkrecht zur Querstreifung ist durch Pfeile (B → A) angegeben (130). a) mit Phosphorwolframsäure kontrastiert; b) mit Uranylsalz kontrastiert.

Moleküle und der Fibrillenstruktur erhält man einige Aufschlüsse wenn die Rekonstitution einmal in Gegenwart von Adenosintriphosphat (ATP) und zum anderen bei Anwesenheit von Glykoproteinen vorgenommen wird. Im ersten Fall also mit ATP, erhält man ca. 2800 Å lange Blöcke von sog. SLS (segment long spaced)-Kollagen, in denen offenbar die Tropokollagen-Moleküle parallel aggregiert sind (Abb. 82). Im zweiten Fall entsteht das FLS-(fibrous long spaced) Kollagen in denen wiederum eine Periode von 2800 Å gefunden wird, allerdings mit antiparalleler Anordnung der Moleküle. Wie der Name sagt, liegen hier nicht nur segmentartige Abschnitte sondern längere Fibrillen vor (Abb. 83). Die beim

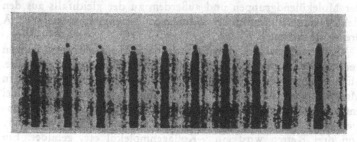

Abb. 83. FSL-Fibrille, die aus einer sauren Lösung von Kalbsbaut-Kollagen unter Zusatz von Serum-Glykoprotein durch Dialyse gegen destilliertes Wasser erhalten wurde. Die durch Punkte markierte Periode längs der Fibrillenachse beträgt 2800 Å und ist etwas kürzer als die Tropokollagen-Moleküle lang sind. Kontrastiert mit Phosphorwolframsäure (130 c).

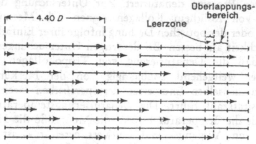

Abb. 84. Schematische Darstellung der Anordnung der Tropokollagen-Moleküle in nativen Fibrillen. Durch die Längsverschiebung der nächsten Nachbarn um die Entfernung D kommt es zur Bildung von Fibrillen mit der Periode D, wobei jeweils eine Überlappungszone von 0,4 D und eine leere Zone von ~ 0,6 D entsteht (130 c).

133

Kontrastieren erhaltenen Streifenmuster sind sowohl in SLS und FLS-Kollagen als auch im nativen Kollagen senkrecht zu den Molekülachsen angeordnet. Aufgrund der 640-Å-Periodizität der Kollagen-Querstreifen und der Länge der Tropokollagenmoleküle von 2800 Å wurde die in der Abb. 84 gezeigte gestaffelte Anordnung der Moleküle in den Kollagenfibrillen angenommen (130, 130 a, b). Dabei ist in lateraler Richtung jedes Molekül gegenüber dem benachbarten um etwa eine Viertelmolekül-Länge versetzt in Richtung der Fibrillenlängsachse. Genauer gesagt beträgt die Translationsperiode D und die Moleküllänge 4,40 D. Dadurch kommt es zu einem schmalen Überlappungsbereich von 0,4 D der Molekülendgruppen und außerdem zu der gleichfalls aus den elektronenmikroskopischen Aufnahmen erkennbaren $\approx$ 400 Å breiten „Leerzone".

Wie bereits erwähnt gewinnt man das für solche Untersuchungen verwendete lösliche Tropokollagen aus den Geweben junger Tiere. Mit zunehmendem Alter treten nämlich Vernetzungen zwischen den Molekülketten auf, so daß die Löslichkeit verloren geht. Dabei entsteht z. B. aus zwei α_1-Ketten ein vernetztes β_1-Kollagenmolekül, aus einer α_1- und einer α_2-Kette ein β_{12}. Bei Vernetzung von drei Ketten wird ein γ-Kollagenmolekül etc. gebildet. Ein besonders stark vernetztes Kollagen ist in den Knochen enthalten. Das künstliche Vernetzen von Kollagen wird im allgemeinen als „Gerben" bezeichnet und spielt bei der Lederherstellung die entscheidende Rolle. Durch Einwirkung von Wärme, durch pH-Änderungen und durch Elektrolytzusätze wird Kollagen ebenso wie alle anderen Proteine denaturiert. Zur Untersuchung der Denaturierung von löslichem Kollagen eignen sich Messungen der Viskosität oder der optischen Drehung infolge ihrer Einfachheit und Empfindlichkeit am besten. Bei derartigen Untersuchungen hat sich ergeben, daß die Denaturierung von Tropokollagen gelöst in Citratpuffer weitgehend unabhängig von der Herkunft dieses Proteins zu denselben Endwerten der spezifischen Drehung bzw. der Viskositätszahl führt. Die Denaturierungstemperatur T_M — definiert als die Temperatur bei der die Meßgröße die Hälfte der Differenz von Ausgangs- und Endwert erreicht — ist von der Herkunft und damit von der chemischen Zusammensetzung des Tropenkollagens abhängig. Von besonderem Einfluß hierauf ist der Gehalt an Iminosäuren, speziell an Hydroxyprolinen (131, 132). T_M liegt etwa zwischen 35 und 39 °C. Die Schmelzwärme des Tropokollagen wurde von *Priwalow* zu 7,15 ± 0,25 cal/g und damit zu ≈ 680 cal/Grundeinheit ermittelt (133). Engel hat die Kinetik der Tropokollagen-Denaturierung mittels Lichtstreuungsmessungen untersucht und dabei einen Zweistufenmechanismus gefunden (134, 135). Bei der ersten Stufe handelt es sich um eine Helix-Knäuel-Umwandlung, bei der zweiten um einen Abbau zu Komponenten von niedrigerem Molekulargewicht. Dies wird bestätigt durch Untersuchung der Fibrillen-Rückbildung unter Renaturierungsbedingungen, deren Optimum bei 26 °C in Citratpuffer vom pH 3,7 liegt. Wird nach einer Denaturierungsdauer von 11 Minuten die Renaturierung vorgenommen, so scheidet sich nahezu das gesamte Tropokollagen wieder in Form nativer Fibrillen ab. Nach 90 Minuten werden nur noch $\approx 40\%$ des Tropokollagen renaturiert (126).

Die Denaturierung von unlöslichem Kollagen kann mit Hilfe der Schrumpfungstemperatur oder durch Differentialthermoanalyse bzw. Differentialkalorimetrie untersucht werden (136–138). Erhitzt man gequollenes, vernetztes Kollagen auf etwa 62–68 °C (je nach Herkunft) so schrumpft es in einem sehr schmalen Temperaturbereich auf ca. 20–30 % seiner Ausgangslänge zusammen. Dabei geht es in den gummielastischen Zustand über. Im Röntgendiagramm verschwindet dabei der 2,89 Å-Reflex ebenso wie die Kleinwinkelreflexe. Auch tritt bei niedrigerer Temperatur — optimal bei 30 °C — eine partielle Renaturierung ein, die nach *Hörmann* et al. durch Strecken der Fasern auf die Ausgangslänge bis auf 70 % erhöht werden kann (139).

Die Umwandlungswärme ΔH_u von Rinder-Sehnenkollagen beträgt nach *Wöhlisch* 1,6 kcal/Mol (140, 141) und für Hautkollagen fanden *Küntzel* und *Doehner* 1,18 kcal/Mol (142). Das mittlere Molgewicht eines Restes beträgt 93. *Flory* et al. haben an vernetztem Sehnenkollagen die Thermodynamik des Schmelzens ausführlich untersucht (144, 145). Nach *Okamoto* und *Saeki* (143) bestehen Sehnenkollagen und auch Gelatine aus drei Bereichen verschiedener Struktur: amorphen Bereichen mit einem Phasenübergang 2. Ordnung bei 120 °C, weniger orientierten instabilen kristallinen Bereichen mit breiter Schmelzpunktverteilung zwischen 80–180 °C und stabilen kristallinen Bereichen mit relativ scharfem Schmelzpunkt bei ≈ 200 °C.

3.6. Elastin

Elastin ist ein Protein, das — wie der Name andeutet — gummi-elastische Eigenschaften, also einen sehr kleinen Elastizitätsmodul und einen negativen thermischen Ausdehnungskoeffizienten hat. Man kann es um mehr als 100% dehnen. In der Natur ist es demgemäß überall dort zu finden, wo Gewebe mit elastischen Eigenschaften erforderlich sind. Dies ist z. B. der Fall in den Bändern, den Wänden der Blutgefäße und in der Lunge. Die ergiebigste Quelle für die Gewinnung von Elastin hoher Reinheit ist das „Ligamentum nuchae", das Nackenband, besonders von Rindern (146, 147). Die Hauptkomponente des Elastins ist röntgen-amorph. Man findet nur diffuse Ringe bei 1,1, 2,2, 4,4 und 8,9 Å. An gedehnten Proben findet man einen 4,4 und 8,9 Å Äquator-reflex. Daneben enthält es etwa 5—10% einer fibrillären Komponente. Eine in jungen Geweben enthaltene Vorstufe des Elastins ist das Tropoelastin. Die Aminosäurezusammensetzung der amorphen Komponente und dieser Vorstufe ist sehr ähnlich. Wie aus Tab. 18 entnommen werden kann, enthalten beide extrem viel Aminosäuren mit apolarer Seitenkette und Glycin (ca. 90%) während ionogene Aminosäuren nur sehr wenig vorkommen (148,

Tab. 18. Aminosäurezusammensetzung der amorphen und fibrillären Teile von Elastin und seiner Vorstufe Tropoelastin (148, 149).

	Elastin	Mikrofibrillen	Tropoelastin
Asparaginsäure ⎫ Glutaminsäure ⎭	21	228	21
Arginin ⎫ Histidin ⎬ Lysin ⎭	13	105	55
Alanin ⎫ Isoleucin ⎪ Leucin ⎪ Valin ⎬ Phenylalanin ⎪ Tryptophan ⎪ Prolin ⎪ Methionin ⎭	595	356	541
Glycin	324	110	334
Hydroxyprolin	26	154	39
Cystin/2	4	48	0

149). Elastin ist deshalb ein chemisch besonders inertes Protein, das sehr schwierig anfärb- oder kontrastierbar ist z. B. für elektronenmikroskopische Untersuchungen. Bemerkenswerterweise ist der Gehalt dieses gummielastischen Proteins an Cystin/2- mit 0,4% sehr gering, obwohl aufgrund dieser Eigenschaft ein erheblich höherer Gehalt an solchen konvalenten Vernetzungen zu erwarten wäre. Die mikrofibrilläre Komponente enthält demgegenüber mehr als das Zehnfache an Cystin/2-Resten, außerdem mehr als 33% ionogene Aminosäuren und entsprechend weniger an solchen mit apolaren Seitenketten sowie Glycin. Da Cystinvernetzungen praktisch nicht vorliegen, das gummielastische Verhalten dieses Proteins aber Vernetzungen zur Voraussetzung hat, werden diese dadurch gebildet, daß jeweils vier Lysinseitenketten ein Desmosin- oder Isodesmosin-Molekül als Vernetzungseinheit entsteht, wie in Abb. 85

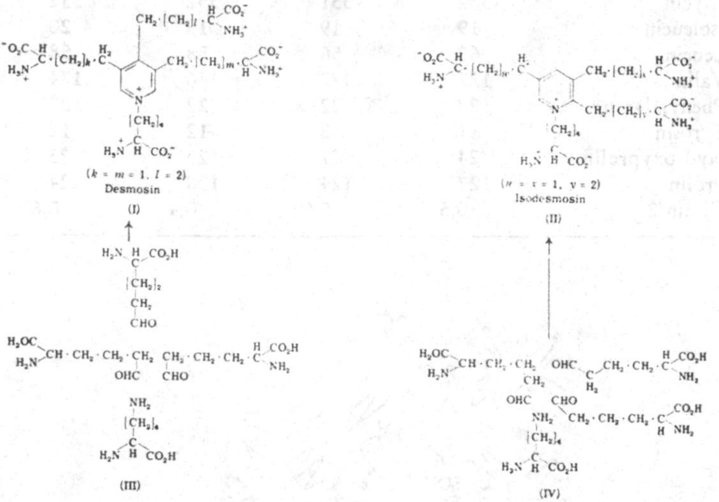

Abb. 85. Mögliche Biosynthese der Desmosine (I) bzw. Isodesmosine (II).

gezeigt. In dem elastischen Gewebe von Hühnchen-Aorta konnte mit zunehmendem Alter eine Zunahme an Desmosin und eine Abnahme an Lysin festgestellt werden (Tab. 19).

Nimmt man an, daß Elastin nur 1% Vernetzungen enthält, so sollte das mittlere Molekulargewicht zwischen zwei Vernetzungspunkten ca. 10000 betragen. Diffusionsmessungen haben zwar ergeben, daß es nur wenige Hundert betragen soll, jedoch ist dies

Tab. 19. Aminosäurezusammensetzung von Elastin aus der Aorta von Hühnchen in Abhängigkeit vom Alter (149, 150).

	Embryo (12 Tage)	Embryo (20 Tage)	Hühnchen (3 Wochen)	Huhn (1 Jahr)
Asparaginsäure	1,9	1,8	1,9	1,8
Glutaminsäure	12	12	12	12
Arginin	4,9	5,6	4,5	4,5
Histidin	<0,2	<0,2	<0,2	<0,2
Lysin	5,7	3,9	3,6	1,6
Desmosin/4 + Isodesmosin/4	4,3	6,7	6,8	10,9
Serin	5,4	3,2	5,1	4,1
Threonin	4,2	3,6	3,1	4,6
Alanin	172	180	175	177
Glycin	352	351	352	352
Isoleucin	19	19	19	20
Leucin	62	56	58	58
Valin	177	177	176	174
Phenylalanin	22	22	22	22
Tyrosin	11	12	12	12
Hydroxyprolin	24	22	23	23
Prolin	122	124	128	124
Cystin/2	0,5	0,6	0,4	0,6

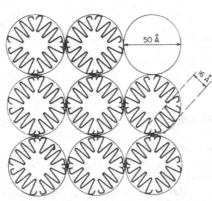

Abb. 86. Modell der Elastinstruktur aufgrund von gelpermeationschromatographischen Untersuchungen (149, 150). Die Vernetzungen werden durch die Desmosine gebildet.

schon aufgrund der Aminosäurezusammensetzung schwer vorstellbar. Nach der Auffassung von *Partridge* soll Elastin nicht ein statistisch vernetztes Gewirr von Proteinmolekülen darstellen, sondern ein aus Untereinheiten von 50 Å Durchmesser bestehendes dreidimensionales Gel sein (146, 147, 149, 150). Jede dieser miteinander verknüpften Untereinheiten soll aus gefalteten Ketten bestehen, wie dies in Abb. 86 schematisch angedeutet ist. Dieses Modell beruht auf den Ergebnissen von Gelpermeationsmessungen.

3.7. Helicale Strukturen in globulären Proteinen

In Tab. 19 ist der Anteil helicaler Konformationen einiger globulärer Proteine wiedergegeben. Man sieht, daß das Myoglobin (151—153) neben dem Hämoglobin den wohl höchsten Helixgehalt mit ≈ 70% aufweist. Dies ist für ein recht kompaktes globuläres Protein erstaunlich hoch. Die Bildung einer globulären Tertiärstruktur bei einem so großen Gehalt starrer helicaler Sequenzen wird durch eine Unterteilung in acht helicale Abschnitte möglich, die durch dazwischen befindliche nicht helicale Abschnitte zusammengefaltet sind. Dies kann man leicht aus Abb. 87 erkennen. Auf diese Biegungen entfallen daher zum großen Teil die restlichen 30% Strukturen die eine nichtperiodische, jedoch definierte Konformation besitzen. Bemerkenswert hieran ist, daß sich in diesen Unterbrechungen der Helix teilweise Aminosäuren befinden, die als α-Helixbildner bekannt sind, wie z. B. Alanin, Phenylalanin, Lysin. Für die Faltung an einer solchen Stelle ist dann anscheinend der Gewinn an freier Enthalpie eines Kettenabschnitts maßgebend. Hierfür kann u. a. die Anordnung der apolaren und polaren Aminosäuren verantwortlich sein, da die Faltung so erfolgt, daß die apolaren Seitengruppen als Folge der hydrophoben Wechselwirkungen in das Innere des globulären Moleküls gerichtet sind, während die polaren größtenteils nach außen ins umgebende Medium zeigen. Teilweise sind die helicalen Abschnitte an ihren Enden zu der dichteren 3_{10}-Helix zusammengedrückt (A, C, E, G [Abb. 87]), während die letzte Windung anderer Abschnitte (F, H) mehr der π-Helix ähnlich sein soll.

Pott-Wal-Myoglobin war das erste globuläre Protein dessen Struktur 1958 von *Kendrew* et al. (151) aufgeklärt wurde. Es ist das sauerstoffspeichernde Protein der Muskulatur und enthält in

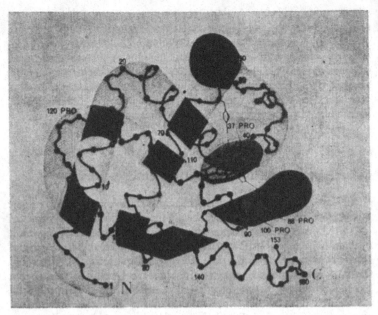

Abb. 87. Konformation (Sekundär- und Tertiärstruktur) von Pottwal-Myoglobin nach *Perutz* (152).

Analogie zum sauerstoffspeichernden Protein des Blutes, dem Hämoglobin, eine Fe-haltige Hämgruppe. Im Unterschied zu diesem, das aus vier Proteinuntereinheiten besteht, enthält das komplette Myoglobinmolekül nur eine Proteinkette. Sie ist aus 156 Aminosäureresten aufgebaut und ist etwas länger als die α- und β-Ketten des Hämoglobin.

3.8. β-Faltblattstrukturen in globulären Proteinen

In den meisten anderen globulären Proteinen ist der α-Helixanteil erheblich geringer als im Myoglobin und dem ihm verwandten Hämoglobin wie aus Tab. 9, S. 61 hervorgeht. Häufig findet man auch β-Strukturen in globulären Proteinen. So wurde in Ribonuclease neben einem Helixanteil von 15 % ein β-Faltblattgehalt von 38 % gefunden. Dieses Enzym spaltet zwischen dem 0—5' der Ribose und dem Phosphor der Nucleinsäureketten. Ein besonders gutes Beispiel für das Vorkommen der β-Struktur in globulären Proteinen ist aber die *Carboxypeptidase A*.

In Abb. 88 ist die ausgedehnte β-Faltblattstruktur, an der 55 Reste unter Bildung von 42 interchenaren HBB beteiligt sind, schematisch wiedergegeben. Von den acht Ketten liegen je drei Paare in anti- und vier Paare in paralleler Anordnung vor. Es kommen also beide Arten der β-Struktur in einem Protein gleichzeitig vor. Außerdem enthält dieses Enzym noch einen Helixanteil von 30 %, der in acht Abschnitte unterteilt ist.

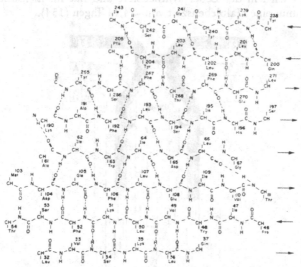

Abb. 88. β-Faltblattanordnung in Carboxypeptidase A (153).

3.9. Lösliche fibrilläre α-helicale Proteine: Fibrinogen

Fibrinogen ist das für die Blutgerinnung wichtigste Protein, das mit einer Konzentration von etwa 0,2—0,3 % im Plasma vorkommt. Durch Einwirkung von Thrombin, dem letzten aktivierten Enzym der sog. Gerinnungskaskade [siehe z. B. (165)] wird es durch Abspaltung kleiner Teilstücke, der Fibrinopeptide A und B in Fibrin übergeführt, das zunächst aggregiert und schließlich zu einem Film polymerisiert, der zum Wundverschluß führt.

141

Es ist der Gruppe der β-Globuline zuzurechnen, ergibt aber nach Umwandlung zum Fibrin und anschließender Polymerisation fibrilläre Strukturen.

Aufgrund seiner zentralen Bedeutung für das Blutgerinnungssystem ist es vor allem im Hinblick auf seine Struktur und den Polymerisationsmechanismus von zahlreichen Autoren untersucht worden, deren Ergebnisse bis heute aber noch zu keinem einheitlichen Bild geführt haben.

Fibrinogen ist ein Glycoprotein, dessen Zuckeranteil bei 1—5 % liegt. Es wird in der Leber synthetisiert und hat im menschlichen Organismus eine Halblebenszeit von ~ 4,14 Tagen (154).

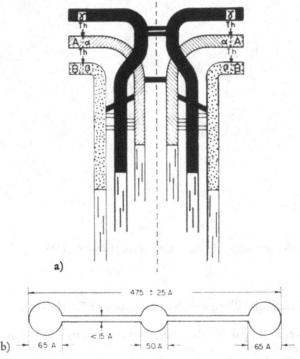

Abb. 89 a. Schematisches Modell des dimeren Fibrinogenmoleküls nach *Blombäck* und *Blombäck* (162, 169).
Die Pfeile stellen die Angriffsstellen für Thrombin dar, die dunklen Querverbindungen Disulfidvernetzungen.

Abb. 89 b. Fibrinogenmodell nach *Hall* und *Slayter* (171).

Fibrinogen liegt als dimeres Protein vor, das aus zwei symmetrischen Untereinheiten mit je drei Peptidketten A α, B β und γ aufgebaut ist, die miteinander durch Disulfidbrücken verknüpft sind. Es kann in der einfachen Schreibweise 2 (Aα, Bβ, γ) wiedergegeben werden, wobei A bzw. B die durch Thrombin abspaltbaren Fibrinopeptide darstellen.

Das Molekulargewicht des Gesamtmoleküls beträgt etwa 340 000 (156), das der Einzelketten, bestimmt durch Ultrazentrifugenmessungen ist für A α 63 500, für B β 56 000 und für die γ-Kette 47 000 (157). Fibrinogen ist kein einheitliches Protein, sondern setzt sich aus verschiedenen molekularen Formen zusammen, die als Isofibrinogene bezeichnet werden.

Sie haben gleiche immunologische und vergleichbare Gerinnungseigenschaften, unterscheiden sich aber vor allem durch unterschiedliche Löslichkeit, Molekulargewicht, Sedimentationskoeffizienten und chromatographische Eigenschaften (158, 159). Die Isolierung von Plasmaproteinen aufgrund von Löslichkeitsunterschieden in Abhängigkeit von der Salzkonzentration, Zusatz organischer Lösungsmittel und Änderung des pH-Wertes der Lösung wurde erstmals von Cohn (160) systematisch erarbeitet.

Danach lassen sich Fibrinogenfraktionen von I_1–I_9 isolieren, wobei Fraktion I_1 aus Fibrinogen besteht, das schon spontan in der Kälte prezipitiert, während Fraktion I_9 noch in gesättigten Glycinlösungen löslich ist (161–163).

Entsprechend den unterschiedlichen Löslichkeiten unterscheiden sich die Molekulargewichte und die Sedimentationskoeffizienten in der Ultrazentrifuge.

So fanden *Armstrong* et al. (164) für die Fraktion I_4 ein Molekulargewicht von 318 000 und für I_8 von 261 000.

Die entsprechenden Sedimentationskoeffizienten betragen für die Fraktion I_4 7,85 × 10^{-13} sec und für die Fraktion I_8 7,52 × 10^{-13} sec (165). Die höhermolekularen Isofibrinogene zeigen kürzere Gerinnungszeiten nach Thrombineinwirkung als die niedrigermolekularen.

Da die niedrigermolekularen Isofibrinogene offenbar durch einen Abbau des Fibrinogenmoleküls vom C-terminalen Ende der α-Kette her entstehen, ist anzunehmen, daß die Verlängerung der Gerinnungszeiten durch eine behinderte Aggregation bzw. Polymerisation der Fibrinmonomeren erklärt werden kann.

Wahrscheinlich handelt es sich bei diesen hochlöslichen Fibrinogenfraktionen um Vorstufen des ersten großen Spaltproduktes X, das durch Plasmineinwirkung auf Fibrinogen entsteht s. u. (166).

3.9.1. Chemische Eigenschaften des Fibrinogens

Die Aminosäuresequenz des Fibrinogens weist alle normalerweise vorkommenden Aminosäuren auf, bei einem besonders hohen Anteil der sauren Aminosäuren Asparagin- und Glutaminsäure. Der isoelektrische Punkt des Moleküls liegt bei pH 5,5 (167). Als N-terminale Aminosäuren werden bei Humanfibrinogen für die α-Kette Alanin, die Bβ-Kette Pyroglutaminsäure (Pyrrolidoncarbonsäure) und für die γ-Kette Tyrosin gefunden. Die C-terminalen Aminosäuren sind bei der Aα-Kette Prolin, bei der Bβ-Kette Glutamin und bei der γ-Kette Valin.

Die Aminosäuresequenz des Fibrinogens ist kürzlich von *Henschen* et al. fast vollständig aufgeklärt worden (168 a). Dabei zeigte sich, daß in der vollständig bekannten Primärstruktur der Bβ- und γ-Kette größere homologe Abschnitte vorliegen (31 %). Insbesondere befinden sich Cystin, Tryptophan und Glycin an identischen Positionen in beiden Ketten.

Durch Reduktion der interchenaren Disulfidbrücken, z. B. mit Mercaptoäthanol, läßt sich das Fibrinogenmolekül in die einzelnen Ketten zerlegen, die mit Hilfe der SDS-Polyacrylamidelektrophorese getrennt werden können.

Das dimere Molekül enthält keine freien SH-Gruppen (168), sondern alle Halbcystinreste sind an Disulfidbindungen beteiligt. Insgesamt wurden 28–29 -S-S-Brücken im Fibronogenmolekül gefunden, die unterschiedliche Stabilität besitzen.

Fibrinogen enthält einen Anteil an Kohlehydraten von etwa 1–5 % des Makromoleküls, dessen Funktion bisher noch nicht vollkommen geklärt ist. Wahrscheinlich spielen die Kohlehydrate bei der Aggregation bzw. Polymerisation der Fibrinmonomeren eine Rolle. Die Zuckerreste sind N-glycosidisch an Asparaginsäure gebunden und setzen sich aus Galactose, Mannose, Glucosamin und N-Acetylneuraminsäure zusammen (169).

Nach *Gaffney* soll die Aα-Kette keinen Kohlehydratanteil haben, sondern nur die B β- sowie die γ-Kette (170).

3.9.2. Molekulare Struktur des Fibrinogens

Die räumliche Struktur des Fibrinogens ist nicht zuletzt auch im Hinblick auf die Aggregation und Polymerisation des Fibrins interessant.

Die Untersuchung der Tertiärstruktur ist aber infolge der Instabilität und Heterogenität des Moleküls recht schwierig und hat bisher zu recht unterschiedlichen Ergebnissen geführt.

Die Dimensionen des Makromoleküls werden mit ca. 450 × 90 Å angenommen bei einem Molekulargewicht von 340 000.

Für eine Aussage über die Tertiärstruktur scheint es auch wichtig zu sein, ob man das Molekül im hydratisierten und gequollenem Zustand oder im vollständig getrocknetem Zustand betrachtet. Ein frühes Modell des Fibrinogens ist das Hantelmodell von *Hall* und *Slayter* (171). Es besteht aus drei linear angeordneten Kugeln, die durch dünne Stege miteinander verbunden sind (Abb. 89 b). Die Autoren legten diesem Modell elektronenmikroskopische Aufnahmen zugrunde.

Köppel (172) entwickelte dagegen eine wesentlich andere Vorstellung von der Struktur und Dimension des Fibrinogenmoleküls. Aufgrund von Negativ-Kontrastaufnahmen postulierte er mit einem pentagonalen Dodekaeder ein nahezu kugelförmiges Molekül mit einem Durchmesser von 200 Å.

Neuere Untersuchungen, wie sie von *Bachmann* et al. (173) und auch von *Lederer* durchgeführt wurden, weisen auf eine zylindrische Molekülform hin. Diese Autoren untersuchten Fibrinogen im hydratisierten Zustand.

Bachmann konnte zeigen, daß ein durch Gefrierätzverfahren, elektronenmikroskopisch dargestelltes Fibrinogen die Abmessungen von 450 × 90 Å besitzt.

Die Untersuchungen des Sedimentationskoeffizienten, der Diffusionskonstanten, der Viskosität und der Röntgenkleinwinkelstreuung von *Lederer* (174, 175) stehen im Einklang mit diesem Zylindermodell.

Zu einem ähnlichen Strukturmodell kamen 1954 bzw. 1957 auch schon *Edsall* (176) und *Scheraga* (177). Ihre Strukturvorstellungen von Fibrinogen zeigen ein Ellipsoid mit der Länge von 500—700 Å und einem Durchmesser von 50—70 Å.

Aus den Messungen von *Bachmann* et al. geht hervor, daß das Fibrinogen sehr stark hydratisiert ist. Danach beträgt der Wassergehalt des Fibrinogens ca. 85 %.

Über die Anordnung der einzelnen Ketten innerhalb des dimeren Moleküls besteht ebenfalls noch keine Klarheit.

Aufgrund von affinitätschromatographischen Untersuchungen kann angenommen werden, daß die kurze α-Kette peripher und die β- sowie die γ-Kette weiter im Inneren des Moleküls angeordnet sind. Die N-terminalen Enden der Proteinketten liegen mehr im

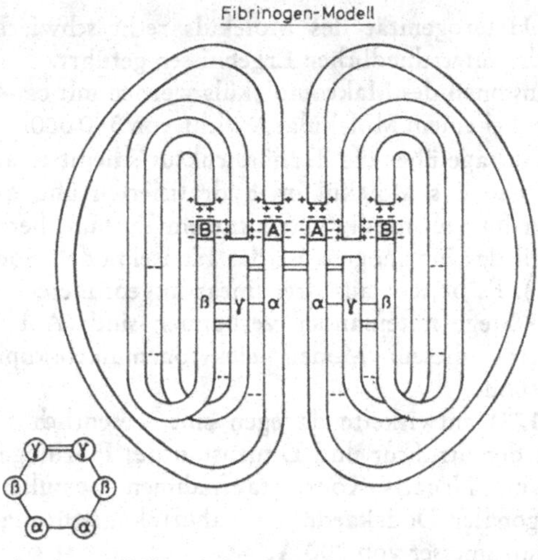

Fibrinogen-Modell

Abb. 90. Fibrinogenmodell nach *Hudry-Clergeon* et al. (177 a).

Inneren des Moleküls, während die C-terminalen weiter außen
angeordnet sind. In der Nähe der N-terminalen Enden liegen
außerdem gehäuft Disulfidbindungen, die zur Verknüpfung des
dimeren Moleküls dienen und den sog. „Disulfidknoten" bilden.
Durch Spaltung des Fibrinogenmoleküls mit CNBr nach *Gross* und
Witkop (116 a) und Fraktionierung der Spaltprodukte über Sephadex G 100 gelang es, die Primärstruktur dieses Disulfidknotens
größtenteils aufzuklären (178). Er enthält ca. 40 % aller Disulfidbindungen des Gesamtmoleküls und die Fibrinopeptide A und B,
die mit Thrombin noch abgespalten werden können. Ein Teil dieser
Disulfidbrücken ist labil und spielt offenbar bei der Dissoziation
bzw. Aggregation der Fibrinmonomeren eine Rolle. Das Molekulargewicht des Disulfidknotens ist 57 000, er ist wie das Gesamt-
molekül dimer.

3.9.3. Fibrinbildung

Durch Thrombineinwirkung auf Fibrinogen werden die Fibrinopeptide A von der α-Kette und B von der β-Kette abgespalten und
durch Dissoziation des dimeren Moleküls Monomere gebildet. Dabei
sollen die N-terminalen Disulfidbrücken ebenfalls gespalten werden,
während die zwischen den α-, β- und γ-Ketten einer Einheit

146

bestehenden -SS-Brücken offenbar erhalten bleiben. Es ist aber auch nicht ausgeschlossen, daß die Spaltung dieser Disulfidbrücken nach Abspaltung der Fibrinopeptide A und B durch Disulfidaustausch ohne Einwirkung von Thrombin zustande kommt (179).

Die entstandenen Monomeren aggregieren zunächst antiparallel und werden später durch den Gerinnungsfaktor XIII, eine Transamidase polymerisiert, indem zunächst zwischen den γ-Ketten γ-Glutamyl-ε-lysyl-Bindungen geknüpft werden und später zwischen den α-Ketten benachbarter Moleküle.

Der Dissoziationsmechanismus vom Dimer zum Monomer und die anschließende Aggregation ist dabei noch keineswegs ausreichend geklärt.

Durch Freisetzen der Fibrinopeptide wird die End-zu-End-Anlagerung der C-terminalen γ-Ketten, sowie die Seit-zu-Seit-Anlagerung der peripheren α-Ketten ermöglicht. Schematisch könnte dieser Vorgang der Dissoziation, Aggregation und Vernetzung folgendermaßen dargestellt werden:

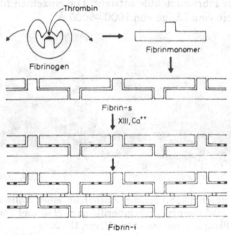

Abb. 91. Fibrinbildung (schematisch).

Die Abspaltung der Fibrinopeptide A bzw. B zu Fibrin 2 (α, Bβ, γ) bzw. 2 (α, β, γ) wird nicht nur von Thrombin vorgenommen.

Eine Reihe thrombinähnlicher Enzyme aus Schlangengiften von *Bothrops atrox* (Reptilase) oder *Agkistrodon rhodostoma* (Ancrod, Arvin) ist in der Lage nur das Fibrinopeptid A abzuspalten, ein anderes von Agkistrodon contortrix dagegen hauptsächlich das Fibrinopeptid B (180—182).

Allerdings weisen die aus diesen Fibrinmonomeren entstehenden Aggregate ein anderes Polymerisationsmuster auf, als die, aus den durch Thrombineinwirkung entstandenen Fibrinmonomeren aufgebauten, die eine unterschiedliche Struktur besitzen, wie Untersuchungen von in 1 m Harnstoff gelöstem Fibrin mit Hilfe von Lichtstreuungsmessungen zeigen (183). Unterschiedliche Viskositäten dieser beiden Fibrine in Harnstofflösungen bestätigen diese Messungen.

Nach einem Modell von *Thomas* formen die Fibrinogenmoleküle, die das Fibrinopeptid A verloren haben, während der Polymerisationsphase eine rechtsgängige Protofibrille mit dreifacher Schraubensymmetrie, die sich nach Abgabe des Fibrinopeptids B in eine sechsfache Schraubensymmetrie umwandelt (184).

Für die polymerisierte Fibrinfibrille zeigten *Hall* und *Slayter* (171) im elektronenmikroskopischen Bild eine abwechselnde Hell- und Dunkelstreifung, die durch End-zu-End- bzw. Seit-zu-Seit-Anlagerung der Fibrinmoleküle entsteht. Die einzelnen Makromoleküle haben darin eine Länge von 1000—5000 Å.

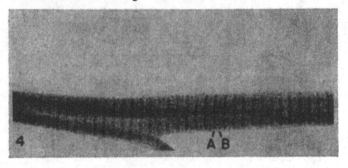

Abb. 92. Elektronenmikroskopische Aufnahme einer vollständig polymerisierten und geschrumpften Fibrinfibrille nach *Hall* und *Slayter*. (Kontrastierung mit Phosphorwolframsäure, Vergr. 180 000)

3.9.4. *Abbau von Fibrinogen bzw. Fibrin*

Im Gegensatz zum limitierten Abbau des Fibrinogens durch Thrombin wird sowohl dieses als auch Fibrin durch Plasmin weiter abgebaut. Die Fibrinogen- bzw. Fibrinolyse erfolgt durch Einwirkung des proteolytischen Enzyms Plasmin in einer bestimmten Reihenfolge von Einzelreaktionen.

Beim Abbau entstehen zunächst höhermolekulare Zwischenprodukte und zwar erfolgt der erste Angriff nach *Mills* und *Karpatkin* (185) zunächst an der relativ instabilen A α-Kette vom C-terminalen Ende her unter Freisetzung relativ kleiner Fragmente und anschließend an der β-Kette.

Diese Spaltungsschritte setzen das noch recht hochmolekulare Fragment X frei (MG 240—265 000), das nur wenig kleiner ist als Fibrinogen selbst und noch in der Lage ist nach Thrombineinwirkung zu aggregieren und zu polymerisieren (186). Der nächste Spaltungsschritt zerlegt das Fragment X durch asymmetrische Spaltung aller drei Ketten unter Freisetzung des kleinen Spaltproduktes D zum Fragment Y, das anschließend weiter zu den Bruchstücken D und E abgebaut wird. Die Proteolyse erfolgt bei allen Ketten vom C-terminalen Ende her.

Fibrin, das durch F XIII polymerisiert wurde, erweist sich dem Angriff durch Plasmin gegenüber stabiler. Es wird zu dem gleichen Spaltprodukt E wie Fibrinogen abgebaut, aber zu dimeren D-Fragmenten.

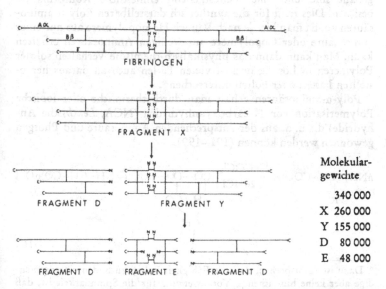

Molekulargewichte

340 000
X 260 000
Y 155 000
D 80 000
E 48 000

Abb. 93. Schema des Fibrinogenabbaus durch Plasmin nach *Marder* (187).

149

Die Spaltprodukte des Fibrinogens bzw. Fibrins sind gleichzeitig Inhibitoren der Blutgerinnung und tragen damit zu einem Gleichgewichtszustand zwischen Hämostase und Fibrinolyse bei. Dabei sind die Fragmente X und Y Inhibitoren sowohl der Umwandlung von Fibrinogen in Fibrin als auch der Polymerisation von Fibrinmonomeren (188, 189) wogegen das Fragment D nur die Polymerisationsphase inhibiert (190). Der Inhibitoreffekt von Fragment E scheint dagegen auf andere Gerinnungsfaktoren gerichtet zu sein.

3.10. Poly-α-aminosäuren

Wie aus den bisher behandelten Beispielen natürlicher Biopolymerer hervorgeht, handelt es sich dabei um chemisch sehr komplexe Stoffe, in denen die eine oder andere Konformation mehr oder weniger überwiegt, kaum aber in praktisch reiner Form vorliegt. Für Untersuchungen, z. B. der Konformationsstabilisierung durch zwischenmolekulare Wechselwirkungen und sterische Faktoren sind daher Modellsubstanzen erwünscht, die chemisch relativ einfach gebaut sind und eine weitestgehend einheitliche Konformation besitzen. Dies trifft für die synthetisch darstellbaren Poly-α-aminosäuren zu, da man hier je nach Wunsch Homopolymere aus nur einer Aminosäure oder Copolymere aus wenigen Aminosäuren erhalten kann. Man kann dann das physikalisch-chemische Verhalten solcher Polymeren in Lösung und in vielen Fällen auch an daraus hergestellten Fasern oder Folien untersuchen*.

Poly-α-aminosäuren erhält man durch thermische oder ionische Polymerisation von N-carboxyanhydriden (NCA, *Leuchs*sche Anhydride) die u. a. aus der entsprechenden Aminosäure und Phosgen gewonnen werden können (191—199).

$$nNH_2-CH-COOH \xrightarrow[-2nHCl]{+nCOCl_2} nCO-O \longrightarrow nCO_2(-NH-CH-CO)nOH$$

$$\underset{R}{|} \qquad \underset{NH\ CO}{|} \qquad \underset{R}{|}$$

$$\underset{CH}{\diagdown\diagup}$$

$$\underset{R}{|} \qquad\qquad\qquad [3-16]$$

---

* Dazu ist zu bemerken, daß die Fähigkeit Folien zu bilden eine notwendige aber keine hinreichende Voraussetzung für die Spinnbarkeit ist, daß also nicht alle Folienbildner auch Fasern ergeben.

Aufgrund ihrer Herstellungsbedingungen handelt es sich bei den Poly-α-aminosäuren um Biopolymere im weiteren Sinne, wie in der Einleitung erwähnt. Sie haben also im Unterschied zu den Biopolymeren im engeren Sinn kein streng einheitliches Molekulargewicht, sondern sie weisen eine gewisse Molekulargewichtsverteilung auf. Bei den Copolymeren liegt entweder keine definierte Sequenz vor oder aber bei den Sequenzcopolymeren eine sich durch das ganze Molekül wiederholende Sequenz des Ausgangs-di- oder trimeren. Der wesentliche Unterschied zwischen ihnen und den eigentlichen Biopolymeren besteht also darin, daß nicht jedes Molekül ein- und dieselbe Primärstruktur also identische Zusammensetzung, identische Sequenz und identisches Molekulargewicht hat.

Nach den Untersuchungen von *Blout* und *Fasman* (201, 202) kann man die α-Aminosäuren in zwei Gruppen einteilen: die zu der einen gehörenden ergeben bei der Polymerisation ihrer N-Carboxyanhydride α-helicale Polymere, die zu der anderen gehörenden ergeben keine α-Helix, sondern vorzugsweise die β-Faltblattstruktur (s. S. 120). Poly-Glycin kann außerdem als 3_1-Helix (Polyglycin I) vorliegen, während die Iminosäuren die für sie charakteristischen Polyprolin I- und II-Helices bilden.

Es muß jedoch erwähnt werden, daß auch die α-helicalen Poly-α-aminosäuren durch verschiedene Maßnahmen wie Verstrecken, Wärmeeinwirkung, pH-Wert-Änderung in die β-Faltblattkonformation oder in andere Konformationen umgewandelt werden können. Demgegenüber ist es bisher nicht möglich gewesen, die Polymeren der typischen Faltblattbildner in die α-Helix zu überführen. Sehr interessant sind in diesem Zusammenhang die von *Kawai* und *Kōmoto* (203) erhaltenen Resultate über die Polymerisation der N-Carboxyanhydride im festen Zustand. Dabei sollen sich zuerst Keime mit antiparalleler Faltblattstruktur bilden, an die sich erst nach einer bestimmten kritischen Länge α-Helices anschließen (s. Abb. 94).

Von der Konformation der Polymeren im gelösten und im festen Zustand hängt außer sehr vielen anderen Eigenschaften auch die Spinnbarkeit ihrer Lösungen zu Fasern ab. Dies haben insbesondere die umfangreichen und grundlegenden Arbeiten von *J. Noguchi* gezeigt (204). So können z. B. die Lösungen der Homopolymeren von Glycin, Valin, Serin und Cystein nicht zu Fasern versponnen werden, da die β-Faltblattbildner im allgemeinen nur relativ niedrige Molekulargewichte bei der Polymerisation ergeben und die erhaltenen Lösungen eine zu niedrige Viskosität haben.

151

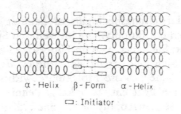

α - Helix   β - Form   α - Helix

□: Initiator

Abb. 94. Keimbildung (β-Fb.-Struktur) und Wachstum (α-Helix) bei der Polymerisation von L-Alanin-NCA in Aceto-nitril (Initiator: n-Butylamin) nach *Kawai* und *Kōmoto* (203).

Für die Herstellung von Fasern haben sich als besonders geeignet das Poly-L-alanin, das Poly-L-leucin, das Poly-γ-methyl-L-glutamat und das Poly-L-methionin sowie deren Copolymeren erwiesen. Da sie gleichzeitig besonders interessant im Hinblick auf den Zusammenhang von Konformation und physikalisch-chemischen Eigenschaften bei den natürlichen Proteinfasern sind, sollen zunächst einige Beispiele von Poly-α-aminosäure-Fasern näher behandelt werden.

3.10.1 Poly-(L-alanin) (PLA)

Es kann leicht durch Polymerisation des entsprechenden *Leuchs*-schen Anhydrids dargestellt werden. Dieses Polymere ist nur in sehr wenigen Lösungsmitteln wie Dichloressigsäure, Trifluoressigsäure oder Hexafluorisopropanol und in deren Mischungen mit chlorierten Kohlenwasserstoffen wie 1,2-Dichloräthan löslich. Aus dem b_0-Parameter der *Moffitt-Young*-Gleichung (vgl. S. 101) ergibt sich, daß Poly-L-alanin selbst in reiner Dichloressigsäure noch zu etwa 50 % α-helical ist und noch in reiner Trifluoressigsäure findet man einen α-Helixanteil von ca. 20 %. Verwendet man dabei als Fällbad Wasser von 60 °C und verstreckt den erhaltenen Faden in 70—80 °C heißem Wasser um 100 %, so tritt dabei eine α→β-Umwandlung ein. Besonders leicht und vollständig erfolgt die α→β-Umwandlung beim Verstrecken in Dampf. Die erhaltenen Fasern haben einen schönen seidenartigen Glanz und sind in ihren physikalischen Eigenschaften den hochkristallinen Seiden sehr ähnlich, insbesondere wenn sie mit kochendem Wasser zur Verbesserung der Orientierung nachbehandelt worden sind. Sie nehmen zwar nur etwa 50—60 % soviel Wasser wie Seide auf, jedoch etwa eine Zehnerpotenz mehr als Polyester.

Im Unterschied zu Poly-α-aminosäuren mit sperrigen Seitengruppen kann Poly-(L-alanin) auch durch Verstrecken bei Raumtemperatur im trockenen Zustand partiell in die β-Konformation
umgewandelt werden. Auch Filme von Poly-DL-alanin kann man
durch mechanische Bearbeitung zwischen Stahlwalzen nach *Eliott*
partiell in die β-Konformation überführen. Eine Umkehrung der
α-β-Umwandlung ist beim Poly-(L-alanin) bisher nicht durch-
führbar.

3.10.2. *Poly(γ-methyl-L(D)-glutamat) (PMG)*

Poly(γ-methyl-L(D)-glutamat) (PMG) ergibt beim Verspinnen
ähnlich wie das Poly-(L-alanin) seidenartige Fasern. Bei der Polymerisation des entsprechenden NCA, z. B. in Methylenchlorid mit
Triäthylendiamin bei 50 °C, fällt es in der α-helicalen Form an. Die
Lösungen sind bis zu einer Konzentration von ≈ 10 % optisch
isotrop, oberhalb 14 % optisch anisotrop durch Bildung flüssig-
kristalliner Phasen. Da Methylenchlorid in Wasser nur wenig löslich
ist verwendet man als Fällbad Aceton und verstreckt die erhaltenen
Fäden anschließend in Wasser von 60 °C um 70 %. Die Umwandlung in die β-Konformation ist hierbei infolge der längeren
Seitenkette nicht ganz vollständig. Der Youngsche Elastizitätsmodul beträgt nur etwa 40 % von dem des Poly-(L-alanin),
die Reißfestigkeit im trockenen Zustand ist mit ≈ 50 % gleichfalls
erheblich geringer, und auch die Wasseraufnahme ist deutlich
niedriger als bei Seide und dem ihr am nächsten kommenden
Polyalanin. Andererseits ist die Dehnbarkeit des PMG um ca. 30 %
größer als bei diesen Polymeren. Infolge der leichten Zugänglichkeit
der Glutaminsäure durch enzymatische Darstellung oder auf petro-
chemischem Wege hat PMG bisher von allen synthetischen Poly-α-
aminosäuren als einzige eine gewisse technische Bedeutung in Japan
erlangt. Dort wird es vor allem zur Kunstleder-Herstellung mit
verwendet. Wegen der schlechten Anfärbbarkeit haben *Noguchi*
et al. Copolymerisate von PMG mit Methionin hergestellt und
dieses anschließend durch Behandeln mit Dimethylsulfat in das
Methionin-S-methyl-sulfonium-Sulfat überführt. Hierdurch werden
saure Farbstoffe sehr viel besser an das Polymere gebunden (205).

3.10.3. *Poly-(L-leucin) (PLLeu)*

Poly-(L-leucin) läßt sich ebenfalls recht gut aus dem NCA des
L-Leucin in benzolischer Lösung thermisch bei 70 °C in ver-

schlossenen Druckgefäßen polymerisieren. Diese Bedingung ist wichtig, da sonst das erhaltene klare Gel sich nicht in eine spinnbare Lösung bringen läßt. Dasselbe wird auch beim Altern der Gele, insbesondere nach Druckentlastung festgestellt (204, 204 a). Auch 4 %ige Lösungen haben bei 70 °C noch sehr hohe Viskositäten von ≈ 2700 Poise und gehen < 50 °C in den Gelzustand über. Sie lassen sich infolge ihrer hohen Viskosität nicht zu Fasern verspinnen. Dies ist erst nach Zugabe von 5 % Dichloressigsäure möglich. Hierdurch geht die Viskosität sehr stark auf etwa 100 Poise zurück. Anscheinend ist das auf eine Entassoziation der Poly-(L-leucin)-Helices zurückzuführen. Beim Verspinnen dieser Poly-(L-leucin)-Lösungen in Isopropanol als Fällbad erhält man Fasern die teils α-, teils β-Konformation haben. Durch mehrstündige Behandlung der Fasern mit siedendem Dioxan gehen sie unter starker Schrumpfung auf ca. 52 % der Ausgangslänge und gleichzeitiger Kräuselung praktisch vollständig in die α-helicale Konformation über. Hierbei ändern sich die mechanischen Eigenschaften der Fasern wesentlich und werden denen der Wolle recht ähnlich (205). In Tab. 20 sind einige Eigenschaften von verstreckten und geschrumpften Poly-

Tab. 20. Mechanische Eigenschaften von Fasern aus verstrecktem und geschrumpftem Poly-(L-leucin) bzw. dessen Copolymeren im Vergleich mit Wolle (204, 205).

Faser	Poly-L-Leu verstreckt 1:1,9	Poly-L-Leu geschrumpft	Poly-(L-Leu, L-Cys) 97:3	Poly-(L-Leu, L-Meth-S-methylsulfonium 97:3)	Wolle
Denier	1,80	2,62	5,31	5,40	6,54
Reißfestigkeit (g/d)					
trocken	2,06	0,56	0,64	0,61	1,56
naß	2,02	0,64	0,83	0,54	
Bruchdehnung (%)					
trocken	17,0	55	53	71	41,2
naß	19,7	97	127	117	
Youngscher Modul * (g/d)	35	16,8	22,6	15,1	25,4
Dichte	1,026	1,037	1,047	1,043	1,32

* Der Elastizitätsmodul wird auch als Youngscher Modul bezeichnet und ist — gemäß dem Stokesschen Gesetz — durch $E = \sigma/\varepsilon$ definiert, wobei σ die Spannung (Zugkraft pro Querschnitt) und ε die Dehnung ist.

(L-leucin)-Fasern zusammen mit denen von zwei Copolymeren nach *Noguchi* et al. zusammengestellt. Man erkennt diesen starken Unterschied der physikalischen Eigenschaften auch aus den Zug-Dehnungs-Diagrammen (Abb. 95).

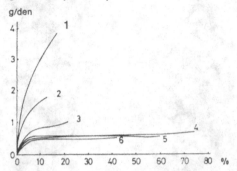

Abb. 95. Kraft-(Zug-)Dehnungskurve von Protein- und Poly-α-aminosäurefasern. 1: Seide (Bombyx mori), 2: Poly-L-leucin (nicht geschrumpft), 3: Wolle (64'S Merino), 4: Copoly-(L-Leu, L-Met 97:3) S-methylsulfonium-Faser (geschrumpft), 5: Copoly-(L-Leu, L-Cys 97:3) Faser (geschrumpft), 6: Poly-L-leucin-Faser (geschrumpft) nach *Noguchi, Tokura* und *Nishi* (204). Ordinate: Zug (g/denier), Abszisse: Dehnung in %.

Aufgrund dieses mechanischen Verhaltens werden Poly-(L-leucin)-Fasern auch als „wollartig" bezeichnet. Dies ist — insbesondere für dessen Copolymere mit L-Cystein — in gewissem Umfang zutreffend. Daß diese synthetische Fasern nur begrenzten Modellcharakter haben, ist durch die gravierenden Unterschiede der chemischen Struktur und der Morphologie im Vergleich zur Wolle verständlich. Dies gibt sich u. a. darin zu erkennen, daß das als „Superkontraktion" bei Wolle beschriebene Phänomen der Faserschrumpfung nach kurzzeitiger Behandlung mit Wasserdampf im gedehnten Zustand oder mit konzentrierten Elektrolytlösungen nicht auftritt. Dies heißt, daß sowohl die Sekundärstruktur (α-Helix) als auch die fibrilläre Überstruktur in Poly-L-leucin sehr viel stabiler ist als in Wolle mit ihrem hohen Anteil an ionogenen Aminosäuren. Chemisch sind diese synthetischen Fasern gleichfalls außerordentlich resistent und lassen sich mit 6 n Salzsäure selbst bei 120 °C kaum hydrolysieren. Dies ist sicher auf die starke Abschirmung der Carbonamidgruppen durch die sperrigen hydrophoben Isobutylgruppen zurückzuführen (Abb. 96 b). Aus demselben Grund lassen sie sich auch kaum anfärben und in

155

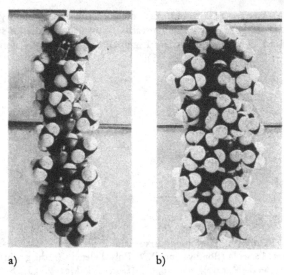

a)   b)

Abb. 96. Kalottenmodell; a) von Poly-L-alanin, b) von Poly-L-leucin (204, 204 a).

Analogie zu PMG wurden auch hier ionogene Gruppen durch Copolymerisation mit 3 Mol% Methionin und Überführung in das Methylsulfoniumsalz in die Fasern eingebaut.

Die thermische Stabilität dieser Fasern ist recht gut und ihre mechanischen Eigenschaften ändern sich erst oberhalb 200 °C merklich.

Auffallend ist die außerordentlich geringe Dichte der Poly-(L-leucin)-Fasern gegenüber Wolle.

Noguchi et al. haben wie bereits angedeutet ausführlicher die Eigenschaften von Copolymeren des L-Leucins mit L-Cystein untersucht. Hierzu war es notwendig das am Schwefel geschützte S-Carbobenzoxy-L-cystein einzusetzen und dessen Schutzgruppe anschließend mit Natriummethylat wieder abzuspalten. Dabei wurden bis zu 10 Mol% Cystein einpolymerisiert (206). Die mechanischen Eigenschaften konnten durch die Art und Weise der Schutzgruppenabspaltung und der Oxidation der SH zu -S-S-Gruppen in weiten Grenzen variiert werden, doch wurde der für die Wolle charakteristische „Nachfließbereich" im Zug-Dehnungs-diagramm höchstens andeutungsweise realisiert.

Die bisher besprochenen Poly-α-aminosäuren zeichnen sich durch ihre Wasserunlöslichkeit aus, wodurch sie als Modellsubstanzen für Faserproteine prädestiniert sind. Wasserlösliche Poly-α-aminosäuren mit bevorzugt α-helicaler Struktur sind Poly-(L-glutaminsäure), Poly-(L-lysin), Poly-(L-tyrosin) und Poly-(L-histidin). Ionogene Aminosäuren liegen in wäßriger Lösung gewöhnlich nur dann als α-Helix vor, wenn ihre Seitengruppen nicht ionisiert sind, d. h. nur in einem bestimmten pH-Bereich. Die starke gegenseitige elektrostatische Abstoßung der ionisierten Seitenketten ist mit der Existenz der α-Helix nicht verträglich und führt zu einer pH-induzierten Konformationsumwandlung. Einige Autoren sind der Ansicht, daß es sich dabei um eine Helix-Knäuel-Umwandlung handelt, während andere — insbesondere *Krimm* und *Tiffany* annehmen, daß hierbei stark gestreckte Helices entstehen (207, 208). Hierfür sprechen sowohl theoretische Überlegungen als auch die Ergebnisse von CD-Messungen.

3.10.4. Poly-L-glutaminsäure (PLGS)

Poly-(L-glutaminsäure) wird im allgemeinen aus Poly-(γ-methyl-L-glutamat) oder einem anderen γ-Ester durch Verseifen der Estergruppe unter schonenden Bedingungen dargestellt.

Zur Untersuchung der Konformationsumwandlung eignen sich u. a. Messungen der optischen Drehung oder der Viskosität. In Abhängigkeit von der Ionenstärke der Lösung liegt die Poly-(L-glutaminsäure) unterhalb von pH 4—5 als α-Helix vor (202). Abnehmende Ionenstärke verschiebt dabei den Existenzbereich der α-Helix nach höheren pH-Werten (209, 210). Dies kann auf eine Abnahme der Dissoziation der Carboxylgruppe mit geringerwerdender Ionenstärke zurückgeführt werden, da die negativen Ladungen weniger stark durch Elektrolyte abgeschirmt sind. Die hohen Feldstärken in der Nachbarschaft bereits ionisierter Gruppen erschweren dann das Abdissoziieren der benachbarten Protonen. Die pH-induzierte Konformationsumwandlung und ihre Abhängigkeit von der Ionenstärke ist durch zahlreiche Autoren mit Hilfe der potentiometrischen Titration sehr gründlich untersucht worden. Elektrolyte die denaturierend auf Proteine wirken wie LiBr oder $LiClO_4$ verursachen eine Konformationsumwandlung. Nach *Barone* et al. wird dieser Effekt zumindest beim Perchlorat durch das Kation bewirkt, da $NaClO_4$ keinen merkbaren Einfluß hat (202, 211). Anscheinend werden durch die starken Ion-Dipol-wechselwirkungen des kleinen, stark polarisierend wirkenden Li⁺ mit den -C=O-Dipolen des Carbonamidgerüstes die intrachenaren Wasserstoffbrücken aufgehoben. Sofern auch HBB zwischen den -COOH-Gruppen der Seitenketten zur Stabilisierung der α-Helix von Poly-(L-Glutaminsäure) beitragen, können auch diese Wechselwirkungen durch das Li⁺ eliminiert werden. Ändert man die Dielektrizitätskonstante der Lösungen von PGS, z. B. durch Zugabe von Dioxan (DK 2,3), so wird der pH-Bereich in dem die α-Helix existenzfähig ist nach immer höheren Werten verschoben. Dies ist verständlich, da durch die abnehmende DK die Dissoziation der Carboxylgruppen herabgesetzt, d. h. also deren scheinbarer pK-Wert erhöht wird (202, 212) (Abb. 97).

Poly-(L-glutaminsäure) assoziiert, wenn die Seitengruppen nicht dissoziiert sind, normalerweise also bei pH-Werten < 4,5 und bei niedrigen Temperaturen. Dabei findet eine laterale Assoziation statt, wie aus den Ergebnissen von Viskositätsmessungen hervorzugehen scheint.

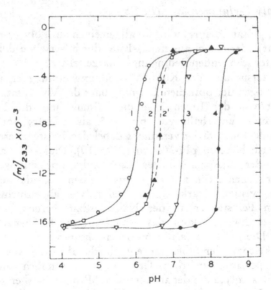

Abb. 97. Ordnungs-Umwandlung von Poly-L-glutaminsäure in Dioxan-Wasser-Lösungen. Kurve 1: 0 Vol.%; 2: 10%; 2′: 10% + 0,2 m KF; 3: 30% und 4: 50% Dioxan. Nach *Iizuka* und *Yang* (212). Ordinate: molare Drehung bei 233 nm.

Auch Poly-(L-glutaminsäure) kann außer in den bis jetzt genannten Konformationen in der β- und zwar in der cross-β-Konformation auftreten. Man erhält sie, wenn die Erdalkalisalze aus alkalischen Lösungen gefällt werden in den dabei entstehenden sehr dünnen lamellaren Kristallen von 50—60 Å Dicke (213).

3.10.5. Poly-(L-lysin) (PLL)

Poly-(L-lysin) (PLL) erhält man durch Polymerisation des NCA von N,ε-Carbobenzoxy-Lysin und anschließende Abspaltung der Carbobenzoxy-Schutzgruppen. In wäßriger Lösung ist der pK-wert der ε-Aminogruppen etwa 10,05. Oberhalb pH 10,1 liegt daher PLL als α-Helix vor. Erhitzt man solche PLL-Lösungen auf etwa 50 °C so geht die α-helicale Konformation in die der β-Faltblattstruktur über (202). Im CD-Spektrum tritt an die Stelle der beiden Peaks bei 223 und 208 Å der der β-Faltblattkonformation bei 217,5 Å (s. Abb. 98). Dies geschieht auch unter Ausfällung beim Stehenlassen der offensichtlich metastabilen alkalischen PLL-Lösungen. Im Infrarotspektrum wird — bei Verwendung von D_2O als Lösungsmittel und bei pH 11 — die Amid-I-Bande von 1630 cm⁻¹ nach 1610 cm⁻¹ verschoben, während sie im Neutralen stets bei 1640 cm⁻¹ liegt. Die UV-Spektren der verschiedenen PLL-

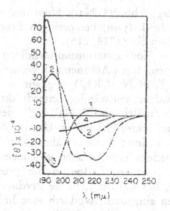

Abb. 98. CD-Spektrum der α-Helix (1), der β-Faltblattstruktur (2), der protonierten, gestreckten Konformation (3) und des realen statistischen Knäuels (4) (in $CaCl_2$ Lösung) von Poly-L-lysin (208). Ordinate: spez. Elliptizität [Θ] × 10⁻⁴ Grad cm²/Dezimol.

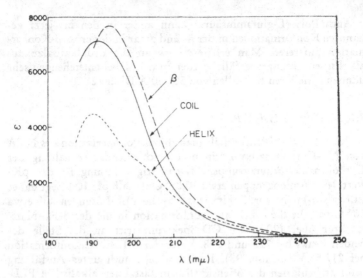

Abb. 99. UV-Absorptionsspektren von wäßrigen Poly-L-lysinlösungen: α-Helix bei pH 10,8 und 25 °C; β-Konformation bei pH 10,8 und 52 °C; gestreckte, protonierte Konformation (coil) bei pH 6,0 und 25 °C nach *Rosenheck* und *Doty* (208, 208 a).

Konformationen zeigt Abb. 99. Nach *Blout* und *Lenormant* gehen auch Filme von Poly-(L-lysin) bei geringen Feuchtigkeitsgehalten in die β-Konformation über (214, 215).

Die pH-induzierte Konformationsumwandlung kann durch Zugabe von Elektrolyten, deren Anionen auf Wasser strukturbrechend wirken (z. B. Br', J', SCN', ClO₄') in gewissen Temperatur- und Konzentrationsbereichen vollständig unterdrückt werden. Dabei ist das Kation — gleichgültig ob Li', Na', Mg'' oder Guanidinium — fast ohne Einfluß auf dieses Phänomen. Ursache dieser Erscheinung ist — wie bereits an anderer Stelle erwähnt — offenbar ein elektrostatischer Abschirmeffekt der Anionen gegenüber den sich gegenseitig abstoßenden positiven Ladungen der protonierten Seitengruppen. Nach (49, 50) werden z. B. die Perchlorationen zwischen die -NH₃⁺-Gruppen eingebaut, wodurch eine linksgängige Superhelix aus ClO₄'-Ionen um die rechtsgängige α-Helix entsteht (s. Abb. 59, S. 89). Daß eine feste Zuordnung des Elektrolyten zum Polymermolekül stattfindet, wird durch die starke Zunahme des Molekulargewichtes bzw. des Sedimentationskoeffizienten mit steigender Konzentration an LiClO₄ gezeigt (44, 44 a). Solche elektrostatischen Wechselwirkungen, die zur Stabilisierung geordneter Konformationen führen, sind interessant im Hinblick auf die Nucleohistone und -Protamine des Chromatins. Dabei handelt es sich um Proteine, die reich an basischen Aminosäuren Lysin und Arginin sind und die mit den einfach negativ geladenen Phosphatresten der DNS in analoger Weise in Wechselwirkung treten können.

3.10.6. Polyprolin (PP)

Polyprolin unterscheidet sich als Poly-α-iminosäure ebenso wie die Poly-Hydroxyproline dadurch von den Poly-α-aminosäuren, daß durch den Prolinring die freie Drehbarkeit um den Winkel φ aufgehoben ist. Freie Drehbarkeit besteht daher nur noch für die C_α-C'-Bindung, also um ψ (Abb. 100). Außerdem ist bei Prolinpeptiden die cis-Form mit der trans-Form energetisch gleichwertig.

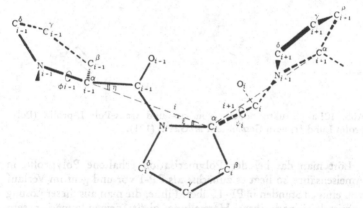

Abb. 100. Bindungsabstände, Bindungs- und Rotationswinkel beim Polyprolin II in der planaren trans-Konformation nach *Schimmel* und *Flory* (208 b).

Aus diesem Grunde vermag das Poly-(L-prolin) in der Poly-(prolin)-I (cis-Form) und der Polyprolin II-Form aufzutreten. Die PP-I-Helix ist eine rechtsgängige 10₃-Helix; die Höhe eines Restes beträgt 1,9 Å während die PP-II-Helix eine steile linksgängige 3₁-Helix mit einer Resthöhe d = 3,12 Å ist (Abb. 101 a, b).

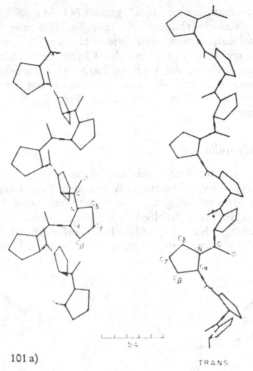

101 a)

TRANS

Abb. 101 a. Strukturmodelle von cis- und trans-Poly-L-prolin (Poly-prolin I und II) nach *Cowan* und *McGavin* (121).

Löst man das bei der Polymerisation erhaltene Polyprolin in Ameisensäure, so liegt es zunächst als PP-I vor und geht im Verlauf von einigen Stunden in PP-II über. Filme, die man aus dieser Lösung unmittelbar nach ihrer Herstellung gießt, zeigen zunächst sehr schlecht definierte Sphärolithe, die ein dürftiges Röntgen- und Elektronenbeugungs-Spektrum liefern. Nach einiger Zeit treten lamellare sphärolithische Strukturen entsprechend dem PPII auf. Aus der Lamellendicke von 150 Å einerseits und der Kettenlänge von 815 Å andererseits folgt sehr wahrscheinlich eine haarnadel-artige Faltung der PPII-Ketten (216). Hier besteht eine gewisse Analogie mit dem Befund, daß Prolin in globulären Proteinen oft an Kinken und Haarnadelbiegungen auftritt. Polyprolin I ist hin-

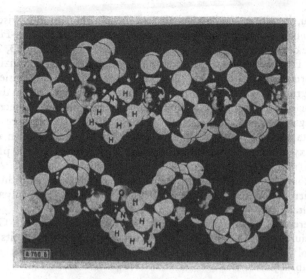

Abb. 101 b. Kalottenmodell von Poly-[L-Prolin]-I (oben) und Poly-[L-Prolin]-II (unten). Die C-Atome sind schwarz dargestellt, die übrigen Atome gemäß der angegebenen Bezeichnung.

gegen ein äußerst starres Molekül, dessen Gerüst wie – aus der tiefen und sehr schmalen Potentialkurve folgt – keine Rotationsfreiheitsgrade hat und dessen Ketten offenbar gestreckt (extended chains) vorliegen.

3.10.7. Copolymere Poly-α-aminosäuren

Man kann hier unterscheiden zwischen „statistischen" Copolymeren, Block- und Sequenzcopolymeren. Ob bei den sog. „statistischen" Copolymeren tatsächlich eine rein zufallsbedingte Verteilung der Monomerkomponenten vorliegt ist zumindest nicht in jedem Fall sicher.

Bisher wurde an den „statistischen" Copolymeren vor allem der Einfluß eines zweiten Aminosäurerestes auf die Stabilisierung bzw. Destabilisierung der α-Helix untersucht. So war etwa zu erwarten, daß durch Copolymerisation von L-Leucin mit L-Glutaminsäure die Stabilität der α-Helix des Poly-(L-leucins) herabgesetzt bzw. die Stabilität der α-Helix von Poly-(L-glutaminsäure) erhöht wird. Dies trifft einmal für die pH-induzierte Konformationsumwand-

163

lung zu, da mit steigendem Gehalt an L-Leucin der Abstand zwischen den ionogenen Gruppen zunimmt, die Destabilisierung der α-Helix infolge der elektrostatischen Abstoßung also kleiner wird (213, 217, 218). Entsprechendes gilt dann für die temperaturinduzierte Konformationsumwandlung. Die gegenseitige Abstoßung ionisierter Seitengruppen sollte ebenso und in noch höherem Maße durch Einbau von ionogenen Aminosäuren mit entgegengesetztem Ladungsvorzeichen aufgehoben werden. 1 : 1 Copolymere aus L-Glutaminsäure und L-Lysin haben in einem pH-Bereich in dem Carboxy- und Aminogruppen ionisiert sind, also z. B. bei pH 7 jedoch nur einen geringen α-Helixanteil von 15 % (217, 219). Dies könnte u. a. darauf zurückzuführen sein, daß es sich nicht um alternierende Sequenz-, sondern um „statistische" Copolymere handelt.

Interessant ist ferner, daß durch Copolymerisation von L-Glutaminsäure mit L-Serin (202, 217) der α-Helixgehalt bereits bei 16 Mol % L-Serin auf weniger als die Hälfte herabgesetzt wird (vg. Tab. 21).

Tab. 21. Stabilität der α-Helix von Poly-(L-glutaminsäure, -L-Serin) in Dimethylsulfoxid mit 16 % 1 m HCl (217, 202).

L-Serin (%)	L-Glutaminsäure (%)	α-Helix (%)
0	100	90
8	92	67
16	84	41
33	67	23
42	58	14

Copolymere optischer Antipoden haben wie *Miyazawa* sowie *Wada* et al. an Copoly-γ-Benzyl-D,L-glutamat gezeigt einen recht hohen α-Helixgehalt. Dies ist einmal darauf zurückzuführen, daß geringe Mengen (ca. 20 %) D-Reste in die rechtsgängige α-Helix der L-Reste eingebaut werden können. Außerdem tritt bei der Polymerisation anscheinend eine Bevorzugung der L-Reste ein, so daß sich L-reiche regulär-helicale Sequenzen neben gestörten α-helicalen und nichtperiodischen („Knäuel")-Konformationen bilden (s. Abb. 102). In 1 : 1 D,L-Copolymeren wurden so gut wie keine ungestörten α-helicalen Sequenzen gefunden. Allerdings hängt der α-Helixgehalt dieser Copolymeren auch vom Polymerisationsgrad $\bar{P}_n$ ab. Hohes $\bar{P}_n$ begünstigt den α-Helixanteil (217, 220).

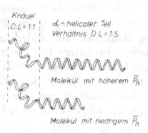

Abb. 102. Konformation von 1 : 1 D- und L-Copolymeren des γ-Benzyl-glutamats (schematisch) nach *Tsuboi, Mitsui, Wada, Miyazawa* und *Nagashima* (220).

Blockcopolymere vom Typ A_m-B_n-A_o dienen insbesondere dazu in Wasser unlösliche Poly-α-aminosäuren mit apolaren Seitengruppen wasserlöslich zu machen. Hierzu werden als flankierende Blöcke A_m und A_o Poly-D,L-glutaminsäure oder Poly-D,L-lysin verwendet. Hiermit haben u. a. *Gratzer* und *Doty* ihre bereits erwähnten Untersuchungen über die thermische Stabilität der Poly-L-alanin α-Helix in Wasser durchgeführt (40, 217).

Eine besonders wichtige Rolle als Modellsubstanzen spielen Sequenzcopolymere, da in einigen natürlichen Biopolymeren wie dem Seidenfibroin oder dem Kollagen bestimmte Sequenzen periodisch auftreten.

Das einfachste mögliche Sequenzcopolymere ist das Poly(Gly-Ala). Es kommt in der antiparallelen cross-β-Form (vgl. Abb. 43 c) vor (217, 221). Außerdem hat es in konzentrierten Salzlösungen eine für dieses Polymere anscheinend eigentümlichen Konformation und tritt nicht in der erwarteten Poly-(glycin)-II Konformation auf (217).

Interessanter als die Polydipeptide sind die Polytripeptide. Das einfachste hiervon ist naturgemäß das Poly(Gly-Gly-Ala). Man erhält es beim Ausfällen aus Lösungsmitteln wie Dichloressigsäure in der β-Fb-Konformation. Aus wäßrigen Lösungen, in dem es sich nur sehr wenig löst, und anderen schlechten Lösungsmitteln fällt es in der Polyglycin II-Helix an (217, 222, 223). Diese in wäßriger Lösung vorliegende linksgängige 3_1-Helix ist thermisch nicht sehr stabil und geht in einem relativ breiten Temperaturintervall in die Knäuelform über. Der Mittelpunkt der Umwandlung liegt etwa bei 45—48 °C (217).

Auch beim nächst höheren Polytripeptid dem Poly(Gly-Ala-Ala) findet man, daß beim Ausfällen aus schlechten Lösungsmitteln eine helicale Konformation, in diesem Fall die α-helicale, gebildet wird. Dabei ist zu erwähnen, daß es in wäßriger Lösung als Knäuel vorliegt. Fällt man aus guten, stark sauren Lösungsmitteln aus, so tritt die β-Fb-Konformation auf. Sie scheint bei diesem Polymeren die bevorzugte zu sein, obwohl die α-Helixbildner (Ala) überwiegen.

Ein recht gutes Modell für Kollagen ist Poly(Gly-Pro-Pro), dessen Röntgenbeugungs-Diagramm dem des Kollagen sehr ähnlich ist. Es ist ebenso wie dieses aus dreisträngigen rechtsgängigen Superhelices (Protofibrillen) aufgebaut. Die Einzelketten haben eine linksgängige Polyprolin II-Konformation. Genauso wie bei Kollagen geht es, wenn auch infolge des hohen Prolingehaltes bei höherer Temperatur (> 80 °C), in einem engen Temperaturbereich in einen ungeordneten Zustand über (217).

Ersetzt man das Glycin in dieser Tripeptidsequenz durch Ala, so haben die daraus erhaltenen Polymeren (Ala-Pro-Pro)$_n$ ebenfalls

Tab. 22. Struktur einiger Glycin und Prolin enthaltender Tripeptide im festen Zustand (217, 224).

Sequenz	Mittlere Höhe eines Restes in Å	Struktur
(Gly-Pro-Pro)$_n$	2,87	Tripelhelix
(Ala-Pro-Pro)$_n$	2,82	Einzelkette, Polyprolin II-Helix
(Gly-Pro-Hypro)$_n$	3,25	Tripelhelix (bei hohem Mol.-Gew.) Polyglycin II-Polyprolin II-Hybrid (bei niedr. Mol.-Gew.)
(Gly-Pro-Ala)$_n$ (trocken) (hydratis)	2,88 3,10	Tripelhelix Polyglycin II-Polyprolin II-Hybrid
(Gly-Pro-Ser)$_n$	2,88	Tripelhelix
(Gly-Pro-Gly)$_n$	3,1	Einzelkette, Polyprolin II-Helix, Schichtstruktur
(Gly-Hypro-Hypro)$_n$	2,75	Tripelhelix
(Gly-Pro-Lys)$_n$	—	Tripelhelix
(Gly-Ala-Pro)$_n$	2,85 3,13	Tripelhelix (aus Trifluoräthanol) Polyprolin II, Schichtstruktur I und II (aus wäßriger Lösung)

die Konformation des Polyprolin II, jedoch bilden sie keine Tripelhelices. Dasselbe wird bei der Tripeptidsequenz Gly-Pro-Gly beobachtet, die eine ausgesprochene Neigung zu lamellaren Strukturen hat. Wie empfindlich aber die Fähigkeit zur Bildung der Tripelhelices von der Sequenz der Polymeren abhängt, erkennt man daran, daß $(Gly-Pro-Ala)_n$ Tripelhelices bildet. Hierfür muß anscheinend die erste Aminosäure Glycin, die zweite und dritte Prolin, Hydroxyprolin oder eine andere Aminosäure außer Glycin sein, also $(Gly-Pro-X)_n$ oder $(Gly-X-Pro)_n$ wobei Pro auch Hypro sein kann. Dies geht aus Tab. 22 hervor. $(Gly-X-Pro)_n$ kann allerdings auch andere Konformationen haben (vgl. $[Gly-Ala-Pro]_n$). Allgemein gilt, daß man bisher die Fähigkeit zur Tripelhelixbildung ausschließlich bei Glycinpeptiden gefunden hat. Ferner ist zu erwarten, daß Polymere die zu 66% aus Prolin bestehen im festen Zustand leicht Tripelhelices bilden. Poly-Hexapeptide wie $(Gly-Pro-Ala-Gly-Pro-Pro)_n$, $(Gly-Ala-Pro-Gly-Pro-Pro)_n$, $(Gly-Ala-Pro-Gly-Pro-Ala)_n$ und $(Gly-Ala-Ala-Gly-Pro-Pro)_n$ ergeben sämtlich Tripelhelices (217, 224).

Die in Tab. 23 wiedergegebenen CD-Daten zeigen, daß mit abnehmendem Gehalt an Prolin bzw. Hydroxyprolin die Extrema nach kürzeren Wellenlängen verschoben werden. Kollagen enthält ca. 20% Iminosäuren und fügt sich damit gut in diese Reihe ein.

Einige Sequenzcopolymere mit α-helicaler Konformation wurden einmal als Enzymmodelle und zum anderen zur Untersuchung der destabilisierenden Wirkung von β-Faltblattbildnern dargestellt. Als Modell des aktiven Zentrums von Chymotrypsin, in dem ein Histidin und Serinrest sich gegenüber liegen, wurden Poly[Ser-His-Leu$_3$] und Poly(Leu-His-Leu-Leu-Ser-Leu) dargestellt (217, 226). L-Leucin wurde deshalb verwendet weil es ein α-Helixbildner ist und damit erwartet wurde, daß Serin und Histidin in der $i+3$ und $i+4$-Position in der α-Helix benachbart sind. Trotz der nur sehr geringen Wasserlöslichkeit wurde eine gewisse enzy-

Tab. 23. CD-Daten einiger Polypeptide mit $\approx 3_1$-Helix (217, 225).

λ	$(Pro)_n$ $(Hypro)_n$	(Pro-Pro-Gly)$_n$	(Pro-Ala-Gly)$_n$	Kollagen	(Ala-Gly-Gly)$_n$
Maximum	226	222	220	220	213
Crossover	219	213	203	203	202
Minimum	206	201	197	196	192

matische Aktivität festgestellt (vgl. auch [227]). Der α-Helixanteil der Polymeren betrug 40 bzw. 50 %.

Zur Untersuchung des destabilisierenden Einflusses von β-Faltblattbildnern auf die α-Helix wurden Sequenzcopolymere des Typs $(A_m B_n)_x$ hergestellt. Dabei ist A eine α-helixbildende Aminosäure mit $m = 1–5$ und B eine β-Faltblattstrukturenbildende Aminosäure mit $n = 1$ oder 2. Untersucht wurden besonders die Systeme γ-Methyl-L-glutamat/Valin, γ-Äthyl-L-glutamat/S-benzylcystein und γ-Methyl-L-glutamat/O-Acetylserin (217, 228).

Im Unterschied zu dem „statistischen" Copolymeren aus L-Glutaminsäure und L-Serin (s. S. 164) wird bei den Sequenzpolymeren selbst durch einen Valingehalt von 20 % der an sich nicht hohe α-helicale Anteil des Poly-(γ-methyl-L-glutamat) (G) von 62 % nicht merkbar herabgesetzt. Erst bei 25 Mol % Valin (V), wenn es jede Position i und i+4 besetzt, findet man eine in Lösung und im festen Zustand stark verschiedene Abnahme des α-Helixgehaltes. Wird außer der Position i auch i+3 von Valin (33 Mol %) eingenommen, so bleibt der α-Helixanteil zwar im festen Zustand gegenüber der vorherigen Zusammensetzung nahezu unverändert, jedoch geht nach ORD-Messungen der α-Helixanteil in Lösung auf 44 % zurück. Dies ist vergleichsweise (s. o.) noch recht viel. Daß bei gleicher Bruttozusammensetzung die Sequenz die Konformation wesentlich mitbestimmt, ergibt sich bei dem Polymeren $(G_3 V_2 G)_n$. Es enthält ebenfalls 33 % Valin wie das o. a. $(GVG)_n$, jedoch sind dort die Stellungen i, i+1, i+6, i+7 etc. mit Valin besetzt. Dadurch ist der α-Helixgehalt in Lösung mit 54 % und im festen Zustand mit 38 % deutlich höher als bei diesem. Dieses Resultat wird leicht verständlich, wenn man bedenkt, daß eine Windung der α-Helix aus 3,6-Resten besteht. Damit wird also dann, wenn die räumlich dicht benachbarten Stellungen i und i+3 bzw. i+4 von Aminosäuren mit sperrigen Seitengruppen eingenommen werden, die Bildung der α-helicalen Konformation besonders stark behindert (Abb. 103). Der große Unterschied im α-Helixgehalt zwischen gelöstem und festem Zustand ist möglicherweise dadurch bedingt, daß in Lösung 10_3-Helices vorliegen. Bei einem 1 : 1 Copolymeren der Sequenz $(VG)_n$ in dem sich in Position i und i+2 ein Valinrest befindet liegen die Moleküle zum überwiegenden Teil in β-Konformation vor.

Erheblich stärker als durch L-Valin mit einer Verzweigung an C-β wird die α-helicale Konformation durch β-Faltblattbildner mit einem Heteroatom in Cβ behindert, wie aus den Unter-

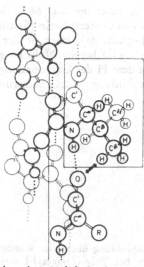

Abb. 103. Konformation einer Valylseitenkette in einer α-Helix. Bei der Berechnung wurden für $C^{\gamma 1}_i$ und $C^{\gamma 2}_i$ die Rotations-Winkel χ_1 mit 180 bzw. 300° zugrundegelegt; nach *Fraser* et al. (217, 228).

Tab. 24. Einfluß von L-Valin (V) auf die α-helicale Konformation in Sequenzcopolymeren mit γ-Methyl-L-glutamat (G) (228).

Sequenz	Gehalt an G (Mol%)	Lage der V-Reste	Max. Helix-Gehalt (%)		Konformation i. fest. Zust.	
			Lösung	Fest-körper	Röntgen	IR
$(G_3)_n$	100	i,i+5, ···	62	58	α, β	α, χβ
$(G_3VG)_n$	80	i,i+4, ···	62	54	α, β	α, β
$(G_2VG)_n$	75	i,i+3, ···	52	33	β	β, α
$(GVG)_n$	67	i,i+1,i+6,	44	32	β	β, α
$(G_3V_2G)_n$	67	i+7, ···	54	38	β	β, α
$(VG)_n$	50	i,i+2, ···	25	16	β	β
$(V)_n$	0	i,i+1, ···	0	0	β	χβ

suchungen an den Copolymeren von Poly-(γ-äthyl-L-glutamat) mit S-Benzylcystein und O-Acetyl-L-serin hervorgeht (217, 228).

Der α-Helixgehalt von Poly-(γ-äthyl-L-glutamat) in Lösung beträgt im Unterschied zum γ-Methylester 100%. Ein S-benzylcysteingehalt von 20% setzt ihn auf 66% herab. Noch ausgeprägter ist der Einfluß von O-Acetylserin (S) auf die Konformation von Poly-(γ-methyl-L-glutamat). Hier ist der α-Helixgehalt des $(GSG)_n$-Polymeren (67% G) bereits Null. Es wird vermutet, daß der Serinsauerstoff mit dem H der Carbonamidgruppe eine Wasserstoffbrücke unter Ausbildung eines Sechsrings eingehen kann (s. Abb. 104).

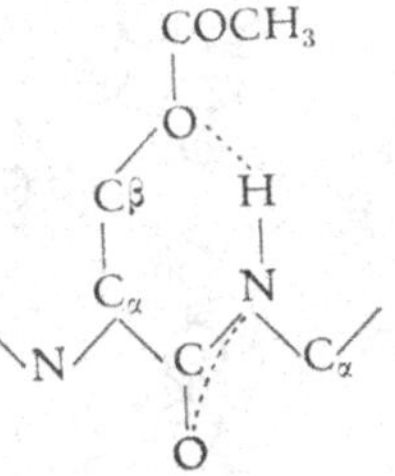

Abb. 104. Mögliche Ringbildung über eine Wasserstoffbrücke zwischen Seiten- und Hauptkette bei Poly-[O-acetyl-L-serin] nach (217, 228).

Hierdurch wird die α-Helixbildung infolge der Beanspruchung der NH-Gruppe verhindert, da sie nicht mehr für die Wasserstoffbrücke zwischen dem 1. und 4. Rest zur Verfügung steht, die zur Stabilisierung dieser Konformation erforderlich ist.

Aber nicht nur Aminosäuren mit Heteroatomen oder sperrigen Seitengruppen an Cβ destabilisieren die α-Helix des Poly-(γ-äthyl-

Tab. 25. Konformation und Zusammensetzung von γ-Äthyl-L-glutamat(G)-Glycin(g)-Sequenzcopolymeren (217, 228).

Sequenz	G-Gehalt (Mol %)	Lage der g-Reste	Max. Helix-Gehalt (%)		Konformation i. fest. Zust.	
			Lösung	Festkörper	Röntgen	IR
$(G_2)_n$	100	i,i+5, $\cdots$	108*	84		α, xβ
$(G_2gG_3)_n$	83	i,i+4, $\cdots$	65	63	β	α, β
$(G_4g)_n$	80	i,i+3, $\cdots$	62	30		β, α
$(G_3g)_n$	75	i,i+2, $\cdots$	56	28		β, α
$(G_2g)_n$	67	i,i+1, $\cdots$	10	0	β	β
$(Gg)_n$	50		0	0	β	β

* unter Zugrundelegung $b_0 = -630$ für 100% α-Helix.

L-glutamats), sondern auch Glycin und zwar sehr erheblich wie Tab. 25 zeigt. Hierfür gibt es zwei Erklärungsmöglichkeiten. Zum einen wird darauf hingewiesen, daß infolge der fehlenden Seitengruppe beim Glycin die Amidgruppe besser solvatisierbar sei, obwohl nicht ohne weiteres einzusehen ist, daß hierdurch die β-Konformation begünstigt werden soll. Einleuchtender erscheint die Annahme, daß durch die Glycinreste mehr Konformationsfreiheitsgrade in das Polymermolekül eingeführt werden, die über die Entropie die Bildung der β-Faltblattstruktur begünstigt.

3.11. Theoretische Grundlagen kooperativer Konformationsumwandlungen

Bei den durch Änderung der Temperatur, des pH-Wertes, der Ionenstärke etc. bewirkten Konformationsumwandlungen handelt es sich im allgemeinen um kooperative Vorgänge. Dies bedeutet, daß hierbei der Zustand eines Kettenelements, also z. B. einer Monomereinheit den Zustand seiner nächsten Nachbarn beeinflußt. Wenn demnach in einer Folge von Monomereinheiten, die zu einem Makromolekül verknüpft sind und die sich alle in einem Zustand A befinden irgendeine Einheit in einen anderen Ordnungszustand B übergeht, so erfolgt von diesem „Keim" ausgehend sehr rasch ein „Umklappen" einer ganzen Folge von Einheiten in diesen anderen Zustand. Im Idealfall gehen dann alle Monomereinheiten eines Moleküls *„kooperativ"* in diesen anderen Zustand über. Dabei kann der Zustand A eine Helix, der Zustand B eine andere Helix *(Helix-Helix-Umwandlung)* oder ein ungeordnetes Knäuel *(Helix-Knäuel-Umwandlung)* sein. Trägt man eine auf die Konformationsänderung ansprechende observable Größe — wie z. B. die spezifische Rotation, die Viskosität o. ä. — gegen die Temperatur, den pH-Wert etc., auf, so würde die so erhaltene Umwandlungskurve im Idealfall exakt stufenförmige Gestalt haben. Dies würde einer idealen Phasenumwandlung 1. Ordnung entsprechen, wie es beim Schmelzen eines Festkörpers der Fall ist. Hier erfahren die Zustandsvariablen eine sprunghafte Veränderung bei konstanter Temperatur. Die betrachteten Konformationsumwandlungen erstrecken sich jedoch über ein mehr oder weniger breites Temperatur- oder pH-Intervall. Die zugehörige Umwandlungskurve hat einen entsprechend steilen sigmoiden Verlauf. Man spricht deshalb von einer „verschmierten"

Phasenumwandlung 1. Ordnung. Sie wird charakterisiert durch den Mittelpunkt der Umwandlung, d. h. durch die Temperatur T_m, den pH-Wert pH_m etc., bei dem die Hälfte der Moleküle im Zustand A, die andere Hälfte im Zustand B vorliegen. Im Fall einer Helix-Knäuel-Umwandlung ist hier also der Helixanteil $f_H = \frac{1}{2}$.

3.11.1. Helix-Knäuel-Umwandlungen

Wie bereits angedeutet eignen sich für das grundsätzliche Verständnis solcher kooperativer Konformationsumwandlungen Betrachtungen an linearen Homopolymeren am besten (229). Dabei kann die Umwandlung relativ einfach quantitativ beschrieben werden. Weiter wird vorausgesetzt, daß nur die beiden Zustände A und B der Monomerreste vorliegen. Die eine Extremform der Konformation wird also als eine Folge von A-Zuständen (z. B. der α-Helix), die andere als eine Folge von B-Zuständen (z. B. ein Knäuel) dargestellt. Ferner sollen die o. a. kooperativen Wechselwirkungen nur zwischen benachbarten — und nicht zwischen weiter entfernten — Monomereinheiten vorliegen, wie es in einem linearen Gitter der Fall ist. Dies wurde bei den theoretischen Behandlungen des Ferro-Magnetismus von *Ising* angenommen, weshalb man vom „*linearen Ising-Modell*" spricht (230). Es wurde zuerst von *Zimm* und *Bragg* auf die Helix-Knäuel-Umwandlung angewandt (231). Die von diesen Autoren entwickelte Theorie der Konformationsumwandlungen hat den großen Vorteil, daß man sie jeweils mit nur zwei Parametern quantitativ beschreiben kann, wenn es sich um sehr lange oder kurze Ketten handelt. Der eine hierfür benötigte Parameter ist die Gleichgewichtskonstante für den Wachstumsschritt, d. h. für die Umwandlung einer an eine B-Einheit angrenzenden A-Einheit in den Zustand B.

$$AAABBB \overset{s}{\rightleftharpoons} AABBBB$$

Man bezeichnet sie gewöhnlich mit s. Voraussetzung für das Eintreten einer Umwandlung ist aber zunächst eine Keimbildung. Sie ist umso schwieriger möglich je höher der Kooperativitätsgrad einer Umwandlung ist, denn um so stärker ist durch die gegenseitige Beeinflussung benachbarter Reste die Neigung im vorliegenden Zustand zu verharren. Ein Maß für die Kooperativität und damit für die Schwierigkeit einer Keimbildung ist der sog. Kooperativitätsparameter σ, der Werte zwischen 0 und 1 haben kann. Er bestimmt

auch die „*Gleichgewichtslage*" der Keimbildung, denn deren Gleichgewichtskonstante ist $s \cdot \sigma$:

$$AAAAAA \underset{1/s \cdot \sigma}{\overset{s \cdot \sigma}{\rightleftharpoons}} AABAAA \qquad [3\text{--}17]$$

Man erkennt hieraus leicht, daß für $\sigma = 1$ keine Kooperativität,
sondern ein normales chemisches Gleichgewicht vorliegt: Wachstum-
und Keimbildungs-Gleichgewichtskonstante sind identisch, der Zustand eines Restes ist von dem seiner Nachbarn unabhängig, wie
bei üblichen chemischen Reaktionen.

Bei den untersuchten Konformationsumwandlungen an synthe-
tischen, linearen Biopolymeren liegt σ im allgemeinen zwischen 10^{-3}
und 10^{-5}.

Man kann nun in einfacher Weise zeigen, daß schon für ein Oli-
gomeres aus nur vier Monomereinheiten bei einem $\sigma = 10^{-4}$ eine
„*Alles- oder Nichts-Umwandlung*" zwischen den beiden Konformationen A und B stattfindet. Der Zustand BBBB kann ausgehend
vom Zustand AAAA über drei Zwischenstufen erreicht werden
(229)

$$AAAA \overset{\sigma \cdot s}{\rightleftharpoons} BAAA \overset{s}{\rightleftharpoons} BBAA \overset{s}{\rightleftharpoons} BBBA \overset{s}{\rightleftharpoons} BBBB \qquad [3\text{--}18]$$

Die Keimbildungsschwierigkeit ist von *Zimm* und *Bragg* an den
Kettenenden gleich der imKetteninneren angenommen worden.
Wie noch gezeigt wird ist dies bei Helix-Knäuel-Umwandlungen
berechtigt. Im „Gleichgewicht" beträgt also die Konzentration an
reiner B-Konformation.

$$\overline{C}_{BBBB} = \sigma \cdot s \cdot s \cdot s \cdot s \cdot \overline{C}_{AAAA} \qquad [3\text{--}19]$$

Am Mittelpunkt der Umwandlung, also z. B. bei T_m sind die
beiden Extremformen in gleicher Menge vorhanden ($f_A = \frac{1}{2}$) und
es gilt

$$\frac{\overline{C}_{BBBB}}{\overline{C}_{AAAA}} = \sigma \cdot s^4 = 1. \text{ Dann ist } s = \frac{1}{\sigma^{1/4}} \text{ und } - \text{da } \sigma = 1 \cdot 10^{-4}$$

sein soll — ist $s = 10$ und $\sigma \cdot s = 10^{-3}$

Für die Konzentration der „gemischten" Konformationen erhält
man dann

$$C_{BAAA} = \sigma \cdot s = 10^{-3} \cdot C_{AAAA}; \quad C_{BBAA} = \sigma \cdot s \cdot s = 10^{-2} \cdot C_{AAAA}$$
$$C_{BBBA} = \sigma \cdot s^3 = 10^{-1} \cdot C_{AAAA}$$

Das zeigt, daß der Anteil der „gemischten" Konformationen klein gegenüber dem von Ausgangs- und Endzustand ist. Aus diesen Überlegungen folgt, daß dies immer dann eintritt, wenn die Kettenlänge N gering und die Kooperativität hoch ist, d. h. wenn $N \cdot \sigma^{1/N}$ ≪ 1 ist. Im vorliegenden Beispiel war dies

$$4 \cdot (10^{-4})^{1/4} = 4 \cdot 10^{-1}$$

In anderer Form lautet diese Bedingung

$$N(1 + \log N) \lesssim - \log \sigma \qquad [3\text{--}20]$$

Für den Umwandlungsgrad f_A erhält man

$$f_A = \sigma \cdot s^N / (1 + \sigma \cdot s^N) \qquad [3\text{--}21]$$

Mit dieser Beziehung kann bei Oligonucleotiden die Doppelhelix-Knäuel-Umwandlung gut wiedergegeben werden. Man sieht, daß der Umwandlungsgrad von der Kettenlänge abhängig ist. Dies ist jedoch bei sehr langen Ketten nicht der Fall. Hier gilt nach *Applequist* für den Helixanteil bei einer kooperativen Helix-Knäuel-Umwandlung (233)

$$f_H = \tfrac{1}{2} \left(1 + \frac{s-1}{\sqrt{(s-1)^2 + 4\sigma s}} \right) \qquad [3\text{--}22]$$

Für den Mittelpunkt der Umwandlung, also für $f_H = \tfrac{1}{2}$ ergibt sich somit, daß der zweite Term der den Kooperativitätsparameter σ enthält gleich Null und $s = 1$ wird. Aus diesem Grunde kann eine solche Konformationsumwandlung bei T_m wie ein normales chemisches Gleichgewicht, z. B. zwischen intramolekular geschlossenen und geöffneten Wasserstoffbrücken vom Standpunkt der Thermodynamik aus, behandelt werden. Es gilt dann für die Gleichgewichtskonstante s wie üblich

$$ln \, s = [(\Delta S_0/R) - (\Delta H_0/RT_m)] = 0 \qquad [3\text{--}23]$$

und damit wegen $\Delta G = RT ln s$ $\qquad [3\text{--}24]$

$$\Delta G = \Delta H_0 - T_m \Delta S_0 = 0 \qquad [3\text{--}25]$$

Damit ist also T_m thermodynamisch definiert durch

$$T_m = \frac{\Delta H_0}{\Delta S_0} \qquad [3\text{--}26]$$

Andererseits folgt aus Gl. [3—22], daß die „Schärfe" der Umwandlung — wie auch bereits qualitativ erörtert — mit abnehmendem σ

zunimmt. Quantitativ kann man sie durch $\delta f_H / \delta \ln s$ ausdrücken. Durch Entwicklung in eine Taylor-Reihe erhält man dafür

$$\delta f / \delta \ln s = \frac{1}{4\sigma^{1/2}} + \tfrac{1}{2}\,(\sigma^{1/2} + \sigma^{-1/2})\,(f - \tfrac{1}{2})^2 + \cdots \qquad [3\text{--}27]$$

Für die normalerweise auftretenden sehr kleinen Werte von σ ist der 2. Term in der Nähe von $f_H = \tfrac{1}{2}$ (zwischen $0{,}34 \leq f_H \leq 0{,}66$) kleiner als 5 %, so daß er dort vernachlässigt werden kann:

$$\delta f / \delta \ln s \approx \frac{1}{4\sigma^{1/2}} \qquad [3\text{--}28]$$

Ferner erhält man aus der Beziehung für $\ln s$ (Gl. [3—23]) in der Nähe von T_m als Ableitung *nach* $\dfrac{1}{T}$ die *van't Hoff*sche Beziehung

$$d \ln s / d\left(\frac{1}{T}\right) = -\Delta H_0 / R \qquad [3\text{--}29]$$

Aus [3—28] und [3—29] erhält man somit

$$df / d\left(\frac{1}{T}\right) = -\Delta H_0 / 4R\sigma^{1/2} = -\Delta H_{vH} / 4R \qquad [3\text{--}30]$$

in der Umgebung von $f_H = \tfrac{1}{2}$, wobei $-\Delta H_0 / \sigma^{-1/2} = \Delta H_{vH}$ gesetzt wird.

Ermittelt man also den Umwandlungsgrad als Funktion der Temperatur und trägt ihn gegen $\dfrac{1}{T}$ auf, so erhält man aus der Neigung der Geraden bei T_m den Quotienten $\Delta H_0 / \sigma^{1/2}$ wenn man mit 4R multipliziert. Man bezeichnet ihn als die „scheinbare" oder *van't Hoff*sche Umwandlungswärme ΔH_{vH} im Unterschied zur „wahren" Umwandlungswärme ΔH_0. Bei ΔH_{vH} handelt es sich um die Enthalpieänderung, die mit der Ordnungsumwandlung einer sog. „kooperativen Kettenlänge" d. h. einer ununterbrochenen Folge von $\sigma^{-1/2}$ Monomerresten des Polymermoleküls verbunden ist. ΔH_0 ist die Enthalpieänderung die der entsprechenden Konformationsänderung einer Monomereinheit in der Kette entspricht, mit anderen Worten ist ΔH_0 die Umwandlungsenthalpie des elementaren Wachstumsprozesses. Für den Kooperativitätsparameter gilt demnach

$$\sigma = (\Delta H_0 / \Delta H_{vH})^2 \qquad [3\text{--}31]$$

Zu seiner Bestimmung braucht man also die wahre Umwandlungswärme ΔH_0. Hierzu sind kalorimetrische Messungen erforderlich, die sehr hohe Anforderungen an Empfindlichkeit und Genauigkeit des Kalorimeters stellen. Nach *Karasz* und *O'Reilly* kann ΔH_0 bei der inversen Helix-Knäuel-Umwandlung von Poly-α-aminosäuren in organischen Lösungsmittelgemischen auch aus optischen Messungen ermittelt werden, z. B. aus der optischen Rotation (234).

Die schon erwähnte Annahme von *Zimm* und *Bragg*, daß für die Keimbildung sowohl am Kettenende als auch im Ketteninnern derselbe Wert von σ gilt, ist darauf zurückzuführen, daß die Keimbildung ein stark entropiebedingter Vorgang ist. An der Bildung

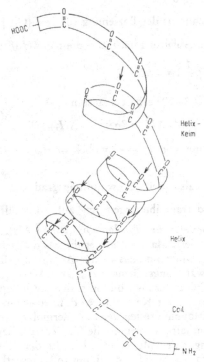

Abb. 105. Keimbildungs- und Wachstumsschritt bei der α-Helix nach *Pauling* und *Corey*. Es sind nur die jeweiligen Peptid CO-Gruppen angegeben, die Pfeile symbolisieren die Wasserstoffbrückenbindungen. Man erkennt, daß zur Bildung eines α-Helixkeims (oben) in einer entfalteten (Knäuel-)Sequenz nur eine Wasserstoffbrücke geschlossen wird dadurch aber drei Aminosäurereste in einer Helixwindung festgelegt werden (232 a).

176

eines Helixkeimes (s. Abb. 105) sind nämlich zwangsläufig drei Monomerreste beteiligt. Dabei verlieren also drei Peptideinheiten ihre freie Drehbarkeit um die Winkel φ und ψ, die Entropieabnahme ist dabei $3 \cdot T\Delta S_W$. Beim Kettenwachstum ist die Entropieabnahme demgemäß nur $T \cdot \Delta S_W$. Zum Festlegen der drei Einheiten in einer als Keim dienenden α-Helixwindung ist aber nur das Schließen einer Wasserstoffbrücke notwendig, wie aus Abb. 105 hervorgeht. Damit ist also die Energie, die hierbei frei wird dieselbe wie bei einem Wachstumsschritt:

$$\Delta H_W = \Delta H_K \qquad [3-32]$$

Da s und σs die Gleichgewichtskonstanten für Wachstum und Keimbildung sind, gilt für σ die Beziehung

$$RT \, ln\sigma = RT \, ln\sigma s - RT \, ln s = -(\Delta G_K - \Delta G_W) \qquad [3-33]$$

Man erhält so die Differenz der freien Enthalpien von Keimbildungs- und Wachstumsschritt. Für σ selbst folgt

$$= e^{-[(\Delta H_K + T\Delta S_K) - (\Delta H_W + T\Delta S_W)]/RT}$$
$$= e^{-(\Delta S_K - \Delta S_W)/R} \qquad [3-34]$$

Für den realistischen Fall, daß $\sigma \leqq 10^{-4}$ ist erhält man für $\Delta S_K - \Delta S_W \approx 18 \, cal/Mol \, Grad$. Dies ist ein größenordnungsmäßig zu erwartender Betrag für die Fixierung zweier Aminosäurereste.

Am gründlichsten untersucht worden ist die α-Helix-Knäuel-Umwandlung von Poly-(γ-benzyl-L-glutamat), der von *Zimm* und *Bragg* für ihre quantitativen Untersuchungen verwendeten Modellsubstanz (Abb. 106). Diese Poly-α-aminosäure löst sich ebenso wie andere solcher seitenkettensubstituierten Polymeren, z. B. das Poly-

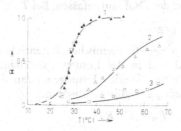

Abb. 106. α-Helix-Knäuelumwandlung von Poly-γ-benzyl-L-glutamat in Dichloressigsäure/1,2-Dichlorethan. Zahl N der Reste bei 1: 1500, bei 2: 46, bei 3 : 26. $\Theta = \dfrac{\text{Zahl d. Reste i. Helixzustand}}{\text{Gesamzahl der Reste}}$.

(N,ε-carbobenzoxy-L-lysin)] nur in wenigen organischen Lösungsmitteln. Dies ist z. B. Dichloressigsäure (DCE) und deren Mischungen mit halogenierten Kohlenwasserstoffen [1,2-Dichloräthan, (DCÄ), Chloroform]. In Abhängigkeit von der Temperatur und der Konzentration der DCE geht diese mit den Carbonamidgruppen der Poly-α-aminosäure Wasserstoffbrücken ein. Dadurch werden die, die α-Helix stabilisierenden intrachenaren HBB aufgehoben, so daß das Polymere in Lösung im Knäuelzustand vorliegt. Da diese Bindung der DCE an die -CO-NH-Gruppen bei niedrigeren Temperaturen begünstigt ist, tritt beim Erwärmen durch Entassoziation eine Knäuel → Helix-Umwandlung ein nach dem Schema

$$P - P - P - P - \;\rightleftharpoons\; P - P - P - P + 2\,DCE \cdots DCE$$
$$DCE\;DCE\;DCE\;DCE$$

Die vom Polymeren abdissoziierten DCE-Moleküle assoziieren unter Bildung von Dimeren. *Karasz* und *O'Reilly* sind davon ausgegangen, daß die an das Polypeptid gebundenen DCE-Moleküle ihre Translationsfreiheitsgrade verloren haben und daher näherungsweise als quasi im festen Zustand befindlich betrachtet werden können. Bei der Entassoziation im Umwandlungsbereich gehen diese DCE-Moleküle wieder in den flüssigen Zustand über. Deshalb kann man T_m auch als die „Schmelztemperatur" der gebundenen DCE betrachten. Der chlorierte Kohlenwasserstoff (DCÄ) dient dabei als inertes Verdünnungsmittel und setzt das chemische Potential μ der DCE gegenüber dem reinen Zustand herab. Die beobachtete Erniedrigung von T_m mit abnehmender DCE-Konzentration ist hiernach als eine durch das Verdünnungsmittel bewirkte Schmelzpunktserniedrigung der DCE aufzufassen. Bei T_m gilt dann (234)

$$\mu^\sigma{}_{DCE} = \mu^L{}_{DCE} \qquad\qquad [3-35]$$

wobei $\mu^\sigma{}_{DCE}$ und $\mu^L{}_{DCE}$ die chemischen Potentiale der DCE im gebundenen Zustand und in der Lösung darstellen. In hinreichend verdünnten, angenähert idealen Lösungen kann dann der für die Schmelzpunkterniedrigung gültige Ausdruck

$$d(\ln N_{DCE})/dT_m = \Delta H/RT^2 \qquad\qquad [3-36]$$

angewandt werden. N_{DCE} ist der Molenbruch der DCE in der Lösung und ΔH die pro Mol DCE auftretende Wärmemenge. Nimmt man weiter an, daß im Mittel pro Peptideinheit ein Molekül DCE gebunden ist, so kann ΔH der kalorimetrisch gemessenen

Wärme ΔH_0 gleichgesetzt werden. Tatsächlich sind die so erhaltenen Werte etwas größer als die kalorimetrisch ermittelten, da verschiedene Näherungen getroffen worden sind, jedoch ist bei sehr kleinen Polymerkonzentrationen und bei sehr breiten Umwandlungen diese Methode möglicherweise die einzig anwendbare.

Daß die *Zimm-* und *Bragg*sche Theorie beruhend auf dem linearen *Ising*-Modell lediglich unter Verwendung der beiden Parameter s und σ die Helix-Knäuel-Umwandlung zutreffend beschreibt, geht daraus hervor, daß der von den Autoren berechnete ΔH_0-Wert mit dem später kalorimetrisch gemessenen recht gut übereinstimmt. Hierbei variierten sie das noch unbekannte ΔH_0 zusammen mit σ solange, bis sie nach der Methode der kleinsten Abweichungen eine optimale Übereinstimmung mit den experimentellen Daten der Umwandlung erreicht hatten. Die so ermittelten Werte sind: $\Delta H_0 = 990\ cal/Mol$, $σ = 2 \cdot 10^{-4}$ und die kooperative Kettenlänge $σ^{-1/2} = N_0 = 70\ Einheiten$.

Der von *Ackermann* und *Rüterjans* kalorimetrisch bestimmte Wert ist 950 ± 20 cal/Mol (235). Das positive Vorzeichen von ΔH_0 ist durch den inversen Charakter der Helix-Knäuel-Umwandlung, also Zunahme des Helixanteils f_H mit der Temperatur, bedingt. Bei Poly(N,ε-carbobenzozy-L-lysin) beträgt σ 1,5 · 10⁻⁴ (236).

An Poly(-L-glutaminsäure) werden in wäßrigen Lösungen erheblich andere Werte gefunden; hier ist $σ = 3 \cdot 10^{-3}$ und somit $σ^{-1/2} = 16$ (237, 238).

3.11.2. Helix-Helix-Umwandlungen

Im Unterschied zur Helix-Knäuel-Umwandlung lassen sich z. B. die Helix-Helix-Umwandlungen von Poly-(L-prolin) I und II nicht mit Hilfe des *Zimm-Bragg*schen Modells deuten. Dies liegt daran, daß hier zwei Keimbildungsparameter $σ_A$ und $σ_B$ für jede der beiden Konformationen auftreten. Außerdem unterscheiden sie sich noch für die Kettenenden. *Schwarz* hat dies in seiner allgemeinen Theorie der Konformationsumwandlung linearer Biopolymerer berücksichtigt (239). Für das eine Kettenende werden die Keimbildungsparameter $σ'_A$, $σ'_B$, für das andere Kettenende mit $σ''_A$ und $σ''_B$ bezeichnet. Der *Zimm-Bragg*sche Parameter ergibt sich danach zu

$$σ = σ'_A σ'_B = σ''_A \cdot σ''_B \qquad [3\text{--}37]$$

Schwarz definiert weiter zwei Endeffekt-Parameter

$$β' = σ'_A / σ'_B \text{ und } β'' = σ''_A / σ''_B \qquad [3\text{--}38]$$

179

Man kann β' und β'' entsprechend der o. a. Beziehung für σ auch durch

$$RT \ln\beta' = -(G_{BA} - G_{AB}) + (G_{BB} - G_{AA}) - 2(G'_B - G'_A)$$

und [3—39]

$$RT \ln\beta'' = (G_{BA} - G_{AB}) + (G_{BB} - G_{AA}) - 2(G''_B - G''_A)$$

[3—40]

wiedergegeben. Hierin sind G_A und G_B die freien Enthalpien der kooperativen Wechselwirkungen im Innern, G'_A, G'_B, G''_A und G''_B zusätzliche freie Enthalpien an den Kettenenden. Sie können bedingt sein durch Fehlen des Nachbarn auf der anderen Seite, durch Lösungsmittelwechselwirkungen mit freien Endgruppen etc. Sehr ausführlich sind Helix-Helix-Umwandlungen am Polyprolin untersucht worden. Im Unterschied zu den α-Aminosäuren kann bei den Iminosäuren in offenkettigen Polymeren nicht nur die trans- sondern auch die cis-Konfiguration vorliegen. Das cis-Poly-(L-prolin) wird als Polyprolin I bezeichnet (s. S. 161) und bildet eine flache, rechtsgängige Helix, wobei die CO-Gruppen fast parallel zur Helixachse orientiert sind. Das als Polyprolin II bezeichnete trans-Isomere bildet eine steile linksgängige Helix deren CO-Gruppen senkrecht zur Helixachse angeordnet sind. Sie sind im Unterschied zum Polyprolin I kaum abgeschirmt und daher gut für die Lösungsmittelmoleküle zugänglich. Da es sich um Poly-*imino*-Säuren handelt und somit am N-Atom der Säureimidgruppe kein H-Atom vorhanden ist, kann keine Stabilisierung der Helices durch Wasserstoffbrücken stattfinden. Die beiden helicalen Konformationen beruhen daher auf den sterischen Gegebenheiten und im gelösten Zustand auf den Wechselwirkungen besonders der CO-Gruppen mit dem Medium. Die Auswahl, welche der beiden Konformationen vorliegt, wird durch das Lösungsmittel getroffen. Durch Änderung der Lösnugsmittelzusammensetzung kann eine reversible Umwandlung der beiden Konformationen vorgenommen werden. So ist die Prolin I-Helix z. B. in n-Butanol stabil, die Prolin II-Helix in Benzylalkohol oder Trifluorethanol. Ursache dafür ist anscheinend die starke Neigung zur Bildung von HBB mit den gut zugänglichen CO-Gruppen der trans-Prolin-Helix. In Abb. 107 sind die lösungsmittelinduzierten Umwandlungskurven von Polyprolin II → I in Trifluorethanol/n-Butanol dargestellt. Es handelt sich dabei um polarimetrisch erhaltene Kurven. Der Umwandlungsgrad ergibt sich dabei nach der Beziehung

$$f_I = \frac{[\alpha]^T - [\alpha]_{II}}{[\alpha]_I - [\alpha]_{II}}$$

[3—41]

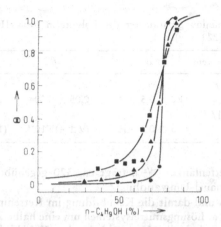

Abb. 107. Lösungsmittelinduzierte Helix-Umwandlung von Polyprolin I → II in Trifluorethanol/n-Butanol. Kettenlänge: N = 12 (●), N = 30 (▲), N = 132 (■), die Kurven sind berechnet; nach *Ganser, Engel, Winkelmair* und *Krause* (239 a). Θ: Helixanteil.

Dabei ist $[\alpha]^T$ die bei der Temperatur T gemessene spezifische Drehung, $[\alpha]_I$ die spezifische Drehung der Ausgangskonformation (Helix) und $[\alpha]_{II}$ die spezifische Drehung der Endkonformation (Helix II oder Knäuel).

An diesen Umwandlungskurven bemerkt man, daß sie bei größeren Kettenlängen des Polymeren sehr steil verlaufen, die Kooperativität also sehr hoch sein muß, und daß sie sich gegenseitig schneiden. Dieser Befund kann zwar mit Hilfe der *Zimm-Bragg*schen Theorie nicht erklärt werden, jedoch ist dies mit der allgemeinen Theorie von *Schwarz* möglich (239). Hierbei wurde davon ausgegangen, daß in einem gegebenen Lösungsmittelsystem die Keimbildungsparameter σ, sowie β' und β'' unabhängig von der Zusammensetzung sein sollten. Der zu jeder Lösungsmittelzusammensetzung gehörende Wert von *s* wurde dann mit dem Computer berechnet. Dabei wurden durch Variation dieser Parameter Umwandlungskurven berechnet, die nach der Methode der kleinsten Fehlerquadrate die gemessenen Werte optimal wiedergeben, wie dies in der Abb. 107 gezeigt ist. Wie aus der Tab. 26 entnommen werden kann, sind die Werte von σ um eine Zehnerpotenz niedriger als bei der Helix-Knäuel-Umwandlung von Poly-(γ-benzyl-L-glutamat) oder Poly (N,ε-carbobenzoxy-L-lysin) in Dichloressigsäure/1,2-Dichloräthan, die Kooperativität dementsprechend höher. Die ko-

Tab. 26. Keimbildungsparameter der Polyprolin I $\rightleftharpoons$ II-Umwandlung nach *Schwarz* (229, 239).

Lösungsmittelsystem	σ	β'	β''
Benzylalkohol / n-Butanol	$(1,0 \pm 0,5) \cdot 10^{-5}$	$0,05 \pm 0,004$	$0,056 \pm 0,004$
Trifluorethanol / n-Butanol	$(0,5 \pm 0,2) \cdot 10^{-5}$	$(9 \pm 4) \cdot 10^{-4}$	$(1,5 \pm 0,6) \cdot 10^4$

operative Kettenlänge $\sigma^{-1/2}$ beträgt ca. 320 gegenüber 70 bei der o. a. Helix-Knäuel-Umwandlung.

Während σ und damit die Keimbildung im Ketteninneren sich in den beiden o. a. Lösungsmittelsystemen um eine halbe Zehnerpotenz unterscheiden, sind die Unterschiede der Keimbildung an den Kettenenden sehr viel größer. Man erkennt dies an den stark lösungsmittelabhängigen Werten von β' und β''. Dies wird wahrscheinlich dadurch bedingt, daß die Wechselwirkung der Lösungsmittel-Komponenten mit den Endgruppen des Polymeren erheblich von der Konformation dieser endständigen Einheiten abhängt.

Ein grundlegender Unterschied zwischen der Helix-Knäuel- und der Helix-Helix-Umwandlung besteht naturgemäß darin, daß im Fall der Helix-Knäuel-Umwandlung der Entropieanteil bei der Keimbildung von entscheidender Bedeutung ist. Deshalb kann ja auch — wie bereits dargelegt wurde — der gleiche σ-Wert für Keimbildung im Innern oder am Ende verwendet werden. Ganz anders aber ist dies bei der Helix-Helix-Umwandlung, denn hierbei ändern sich die Freiheitsgrade der Monomereinheiten in der Kette und damit die Entropie so gut wie nicht. Der Unterschied der freien Enthalpien im Zustand I und im Zustand II ist vielmehr fast ausschließlich energetischer Art, so daß $\Delta G_\sigma = \Delta H_\sigma$ gilt (229). Dies ist durchaus verständlich, da etwa bei der Bildung eines Helix I-Keims in einer Folge von Helix II-Resten durch die Bildung der cis-Konfiguration zwei benachbarte Carbonylsauerstoffatome so weit einander genähert werden, daß starke elektrostatische und van der Waalssche Abstoßungen auftreten. Nach den Berechnungen von *Engel* et al. stimmen die erhaltenen Werte gut mit dem nach der Gl. [3—33] erhaltenen von 6,5 kcal/Mol überein (239 a).

Die Differenz der freien Enthalpie die erforderlich ist, um die eine Konformation in die andere überzuführen ist recht gering. Da bei einer Kette aus mehr als 100 Resten eine Änderung der

Wachstumskonstanten s um 20% für eine 95%ige Umwandlung ausreicht, folgt hieraus eine Energieänderung von etwa 0,1 kcal/Mol. Diese sehr kleine Energieänderung, die zur Stabilisierung der einen oder anderen Konformation benötigt wird, wird durch die Bindung des Lösungsmittels geliefert. Ganz allgemein ist die Konformation von kooperativen Systemen wie sie die Polypeptide, Proteine und Nucleinsäuren darstellen — sehr stark von der freien Enthalpie in einem kleinen Intervall der äußeren Parameter abhängig. Dies bedingt auch dann eine stabile Konformation dieser Biopolymeren, wenn die Energie des einzelnen Restes nur geringfügig unter der des ungeordneten Zustandes liegt.

3.11.3. Doppelhelix-Knäuel-Umwandlung von Nucleinsäuren

Die bereits behandelte Denaturierung der Nucleinsäuren ist, wie bereits S. 36 erwähnt, ebenfalls an synthetischen Modellsubstanzen untersucht worden. Polyadenylsäure (Poly-A) bildet ähnlich wie die natürliche DNS eine Doppelhelix (s. S. 40, 44). Man findet hier eine quantitativ gleichartige Abhängigkeit der Umwandlungstemperatur T_m von der Kettenlänge wie bei Poly-γ-benzyl-L-glutamat. Bei Ketten mit weniger als 11 Resten konnte die Doppelhelix-Knäuel-Umwandlung gleichfalls mit nur einem Keimbildungsparameter σ und einer Gleichgewichtskonstante $\sigma \cdot s$ der Keimbildung beschrieben werden, obwohl die Keimbildung hier erheblich anders verläuft als bei den Polypeptiden. Die Keimbildung bei der Doppelhelix muß ja unter Beteiligung zweier Ketten geschehen. Hierbei müssen genauso wie bei dem folgenden Wachstumsschritt Wasserstoffbrücken zwischen zwei Resten der beiden Ketten geschlossen werden. Wie auf S. 16 dargelegt, reichen diese HBB aber für die Stabilisierung der Konformation einer Doppelhelix nicht aus, sondern es müssen die im Stapeleffekt der Basenpaare enthaltenen Wechselwirkungen hinzu kommen. Diese Wechselwirkungsenergie des Stapeleffekts kann bei der Keimbildung nur dann auftreten, wenn zwischen wenigstens zwei Basenpaaren die HBB gleichzeitig gebildet werden. Im Unterschied zu den Polypeptiden ist die Entropieabnahme bei der Keimbildung gegenüber dem Wachtumsschritt einer Doppelhelix nur wenig größer. Demzufolge unterscheiden sich diese beiden Elementarprozesse im wesentlichen nur durch die Stapelungsenergie ΔG_{st}, da in beiden Fällen auch die Zahl der geschlossenen Wasserstoffbrücken gleich groß ist. Aus den UV-spektroskopisch gemessenen Umwandlungskurven wurde dann durch Anpassen der theoretischen Kurven ein σ von $2 \cdot 10^{-3}$ erhalten.

Durch den bimolekularen Charakter dieser Konformationsumwandlung tritt bei großen Kettenlängen eine Komplikation dadurch auf, daß doppelhelicale Abschnitte mit Schlaufen knäuelförmiger Abschnitte abwechseln. Dann hängt die Keimbildung nicht nur von der Stapelenergie ab, sondern auch von der Wahrscheinlichkeit mit der zwei Reste einer Schlaufe zusammentreffen. Aber auch für diesen Fall ergeben sich nach *Applequist* (240, 241) sowie *Atchison* et al (242) sehr scharfe Umwandlungskurven, die auf reine Phasenumwandlungen 1. Ordnung hindeuten. Dies wurde an langkettigen Homopolynukleotiden wahrscheinlich gemacht. Demgegenüber sind die Umwandlungskurven natürlicher DNS verhältnismäßig flach, da sie Basenpaare unterschiedlicher Stabilität (A—T und G—C) enthält. Auch in anderen Fällen ist es so, daß die Homopolymeren steilere Umwandlungskurven ergeben als Biopolymere die aus verschiedenartigen Resten aufgebaut sind. Im Falle der DNS sagen theoretische Berechnungen voraus, daß die Umwandlungskurven für statistische Polynucleotid-Sequenzen mit Längen bis zu mehreren zehntausend Basenpaaren eine deutliche Feinstruktur aufweisen müssen. Auf der glockenförmigen differentiellen Hauptumwandlungskurve tritt diese Struktur in Gestalt zahlreicher aufgesetzter schmaler Peaks von 0,3—0,4 °C Breite auf. Keine Feinstruktur haben nach der Theorie ringförmige, kovalent geschlossene DNS. Nach *Lynbchenko* et al. (242a) wurden die theoretischen Vorhersagen durch Aufnahme der differentiellen Schmelzkurven von offenen und ringförmigen PM 2 Phagen DNS mit $N = 10^4$ Basenpaaren, T7 DNS ($N = 3,8 \cdot 10^4$), SD-DNS ($N = 9,2 \cdot 10^4$) und T2 DNS ($N = 17 \cdot 10^4$) bestätigt. Es konnte dabei gezeigt werden, daß der Feinstruktureffekt hauptsächlich durch die kooperative Umwandlung von DNS-Bereichen mit 300—500 Basenpaaren zustandekommt (242a). *Wada* et al. fanden, daß das differentielle Umwandlungsprofil von Bakteriophagen λ-DNS 15 Umwandlungsstufen mit einer von ihnen entwickelten Anordnung erkennen läßt (242b). Auch nach diesen Autoren dürften die scharfen Peaks von einigen homogenen Sequenzen mit 500 Basenpaaren oder mehr stammen.

3.12. Konformation, Strukturen höherer Ordnung und Selbstorganisation (self-assembly)

Aus den bisher angeführten Beispielen ist bereits hervorgegangen, daß die nativen Proteine im allgemeinen hochgeordnete Strukturen bilden, bei denen sich in zahlreichen Fällen mehrere Moleküle in bestimmter Weise zu Strukturen höherer Ordnung zusammenlagern. Es war auch bereits deutlich gemacht worden, daß die Konformation der Einzelmoleküle festgelegt wird durch die Primärstruktur der Polypeptid- bzw. Proteinkette. Diese aber stellt wiederum die lineare Information des genetischen Code dar. Sie wird durch das für jede Molekel derselben Spezies gegebene identische Muster zwischenmolekularer Wechselwirkungen und sterischer Faktoren in die räumliche Überstruktur (Konformation) übersetzt. Dies hat als erster *Anfinsen* in seinem bekannten Versuch an der Ribonuclease A gezeigt (243), wofür er u. a. den Nobelpreis erhielt. Bei diesen Experimenten denaturierte er das Protein zunächst mit Harnstoff, reduzierte die vier -S-S-Brücken zu -SH und entfernte anschließend das Denaturierungsmittel etc. durch Gelfiltration an Sephadex. Die so gereinigte und — um das Auftreten interchenarer Disulfidvernetzungen zu vermeiden — sehr verdünnte Lösung reoxidierte er unter schonenden Bedingungen und erhielt das native, biologisch aktive Molekül in hoher Ausbeute zurück. Dies heißt also, daß nach dem Entfernen des Denaturierungsmittels das reduzierte, geknäuelte Molekül spontan in seine native Konformation übergeht. Bei der Oxidation werden dann die -S-S-Brücken zwangsläufig an der richtigen Stelle geschlossen.

Wenn die Moleküle einer Substanz keine definierte Primärstruktur mit einem für alle Individuen dieser Art charakteristischen Muster zwischenmolekularer Wechselwirkungen und sterischer Faktoren besitzen, so sind sie nicht in der Lage solche eindeutigen Überstrukturen auszubilden. Dies ist im allgemeinen bei den synthetischen Polymeren der Fall, deren Konformation in Lösung gewöhnlich der Irrflugstatistik unterworfen ist.

Biopolymere sind u. U. aufgrund dieser definierten Muster von funktionellen, zu Wechselwirkungen befähigter Gruppen an den Außenflächen der gefalteten Ketten zur Zusammenlagerung zu Strukturen höherer Ordnung in der Lage. Diese wiederum sind in sehr vielen Fällen die Voraussetzung dafür, daß diese Biopolymeren ihre Aufgaben im lebenden Organismus erfüllen können. Infolge des grundsätzlichen Charakters dieser Phänomene, sollen daher an einigen wenigen Beispielen die Zusammenhänge zwischen Struktur und Funktion sowie der Selbstorganisation größerer funktionsfähiger Einheiten wie der Viren kurz umrissen werden.

Die Beziehung zwischen Strukturen höherer Ordnung einerseits und Funktion andererseits konnte an den Enzymen in sehr eindrucksvoller Weise gezeigt werden. Als Beispiel sei hier das Hühnereiweiß-Lysozym behandelt, dessen Primärstruktur von *Jollès* und Mitarb. (244) und dessen Konformation von *Phillips* et al. (245) aufgeklärt wurde. Sein Wirkungsmechanismus ist im Detail bekannt (246). Die Lysozyme stellen eine in der Natur sehr verbreitete Gruppe von Enzymen dar, die die Aufgabe haben, die Zellwände von Bakterien aufzulösen, um diese zu vernichten. Genauer gesagt, sie greifen die sog. Stützmembran der Zellwand an, die ihrerseits ein einziges großes vernetztes Makromolekül darstellt, das aus copolymeren Polysaccharidringen von N-Acetylglucosamin und N-Acetylmuraminsäure, die durch Peptidketten miteinander verknüpft sind, besteht (s. S. 263 ff.). Diese gerüstbildenden Biopolymeren vom Typ der Glykoproteine nennt man auch Mureine, und ihre chemische Zusammensetzung hängt von der Bakterienart ab.

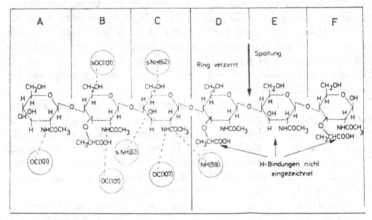

Abb. 108. An Lysozym gebundene Hexasaccharid-Einheit des Mureins (s. S. 264). A, C, E: N-Acetylglucosaminreste, B, D, F: N-Acetylmuraminsäure-Reste. Auf der linken Seite sind in den Kreisen die Nummern der Aminosäurereste angegeben, an die die Saccharidreste gebunden sind. Die gestrichelten Linien deuten die entsprechenden Wasserstoffbrücken zwischen Enzym und Substrat an (246, 247).

Die Lysozym-Molekel ist so gefaltet, daß eine Furche entsteht, in die eine Folge von 6 Saccharid-Resten hineinpaßt und von denen jeder an ganz bestimmte Peptidreste gebunden wird (246). Dabei wird — wie Abb. 108 zeigt — der Ring C über vier Wasserstoffbrückenbindungen festgehalten und der Ring D in eine solche Lage gebracht, daß in ihm eine Ringspannung erzeugt wird. Hierdurch wird die nachfolgende Spaltung zwischen Ring D und E erleichtert.

Die wichtigste Voraussetzung für diese Spaltung ist aber, daß diese beiden Saccharid-Einheiten in unmittelbare Nähe des Glutaminsäurerestes 35 und des Asparaginsäurerestes 52 — dem sog. „aktiven Zentrum" — gebracht werden, damit die Hydrolyse stattfinden kann. Wie aus Abb. 109 hervorgeht, wird das die beiden Glykosidringe D und E miteinander verknüpfende Sauerstoffatom durch den Glutaminsäurerest 35 protoniert. Die entstehende Oniumverbindung ist instabil und zerfällt, wobei die Bindung zwischen Ring D und dem protonierten Glykosidsauerstoffatom gelöst wird. Dies wird ermöglicht, weil die negativ geladene COO^--Seitengruppe des Asparaginsäurerestes 52 dem C-Atom 1 des Ringes D räumlich so nahe benachbart ist, daß die Bildung des Carbonium-Ions stattfinden kann. Anschließend reagiert es mit einer vom Wasser gelieferten OH^--Gruppe zu einem elektrisch neutralen Saccharidrest. Die Carboxylatgruppe des Glutaminsäurerestes 35 wird durch das dabei freiwerdende Proton wieder in den Ausgangszustand überführt.

Nach erfolgter Spaltung verlassen die beiden Bruchstücke die Furche der Enzym-Molekel, so daß es für die nächste Spaltungsreaktion zur Verfügung steht.

Entscheidend für die enzymatische Wirkung ist also, daß die Enzymmolekel in einer dem Substrat angepaßten Weise räumlich angeordnet ist, so daß die zu spaltende Bindung jedesmal in die richtige Lage und den richtigen, sehr geringen Abstand zu den reaktiven Gruppen des aktiven Zentrums gebracht wird.

So wie die Bindung des Substrates an das Enzym über bestimmte Haftstellen erfolgt, so ist dies beim Zusammenlagern mehrerer Molekülketten zu Gebilden höherer Ordnung der Fall. Beispiele hierfür sind u. a. das Hämoglobin, aber auch zahlreiche Enzyme. Gerade auf diesem Gebiet sind hinsichtlich der Quartärstruktur in den letzten 15 Jahren sehr wesentliche Fortschritte erzielt worden.

Als ein Beispiel sei hier die Aspartattranscarbamylase (ATCase)

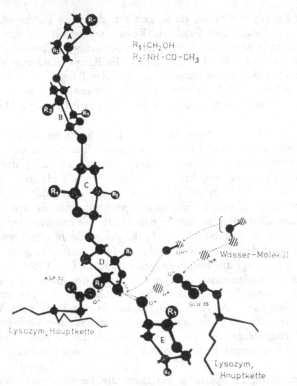

R₁ : CH_2OH

R₂ : $NH-CO-CH_3$

Wasser-Molekül

ASP 52

GLU 35

Lysozym, Hauptkette

Lysozym, Hauptkette

Abb. 109. Mechanismus der Glykosidspaltung zwischen dem Ring D (N-Acetylmuraminsäure) und Ring E (N-Acetylglucosamin): Die Carboxyl-seitengruppen des Glutaminsäure-Restes 35 protoniert das die beiden Ringe verknüpfende glykosidische O-Atom, wodurch dessen Bindung mit dem C-Atom 1 vom Ring D gelöst wird. Dies wird erleichtert, da das hierbei entstehende Carbonium-Ion durch die räumliche Nähe der negativ geladenen Seitengruppe des Asparaginsäure-Restes 52 stabilisiert wird. Wie in der Abbildung angedeutet, reagiert dieses Carbonium-Ion mit einer aus dem Wasser stammenden OH⁻-Gruppe, während der Glutaminsäurerest 35 das zugehörige Proton liefert und damit zur nächsten Spaltung bereit ist (246, 247).

angeführt (248). Dieses Enzym ist an der Synthese der Pyrimidin-ringe der Nucleinsäuren beteiligt und katalysiert die Bildung einer Vorstufe, des Carbamylasparaginats aus Carbamylphosphat und Asparaginat:

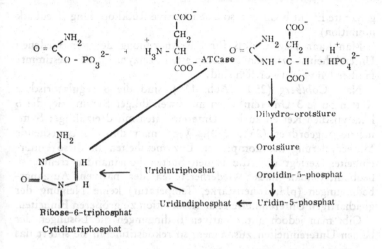

Eine Enzymeinheit der ATCase besteht aus 2×6 Molekeln, d. h. jeweils 6 Molekeln sind untereinander identisch. Die beiden voneinander verschiedenen Molekelarten haben verschiedene Aufgaben zu erfüllen:

Die einen katalysieren die o. a. Reaktionen, die anderen üben eine regulatorische Wirkung auf diese katalysierte Reaktion aus. Dieser regulatorische Effekt ist im Hinblick auf unsere Betrachtungen über die Beziehungen zwischen einer definierten molekularen Überstruktur und der Funktion von besonderem Interesse.

Wird nämlich das Endprodukt der Reaktionskette, das Cytidintriphosphat (CTP), nicht durch Folgereaktionen verbraucht und häuft es sich daher an, so wird es von den regulatorischen Untereinheiten des Enzyms gebunden. Hierdurch wird in den katalytisch wirkenden Untereinheiten eine Konformationsänderung induziert. Diese Änderung der molekularen Überstruktur führt dazu, daß die durch die ATCase katalysierte Reaktion nicht mehr stattfinden kann, was u. a. auch nach den am Lysozym gewonnenen Erkenntnissen über die Beziehung zwischen räumlicher Überstruktur und katalytischer Wirkung verständlich ist. Wenn also die räumliche Anordnung der katalytisch wirksamen Molekelketten verändert wird, so daß die Substratmolekeln nicht in der für die Reaktion erforderlichen Weise gebunden werden können, dann wird die Umsetzung nicht mehr stattfinden können, und die Reaktionskette wird unterbrochen. Dieser von *Monod* (249) „allosterisch"

189

genannte Effekt bedingt also eine negative Rückkopplung (feedback inhibition).

Man kann zeigen, daß für die Anordnung der verschiedenen Untereinheiten zu einer kompletten Enzymeinheit bestimmte Haftstellen verantwortlich sind.

Nach *Cohlberg* (250) (Abb. 110), sind die 6 regulatorischen Ketten zu je 3 Untereinheiten mit zweizähliger Symmetrie, die 6 katalytischen Ketten zu je 2 Untereinheiten mit dreizähliger Symmetrie angeordnet (251, 252). Wenn man durch entsprechende Milieuänderung die kompletten Enzymeinheiten in diese Untereinheiten zerlegt und die beiden Sorten voneinander trennt, so beobachtet man nach Wiederherstellen der nativen Ausgangsbedingungen (pH, Ionenstärke, Temperatur) keine Neigung der gleichartigen Untereinheiten zur Assoziation zu größeren Einheiten.

Gibt man jedoch unter nativen Bedingungen die Lösungen der beiden Untereinheiten zusammen, so rekonstituieren sie sofort das

Abb. 110. Modell der Anordnung der Polypeptidketten der Aspartat-Transcarbamylase (ATCase) (nach *Cohlberg* et al. [248, 250]). In der Mitte ist die obere der beiden katalytischen Untereinheiten zu erkennen, die aus drei, zu flachen scheibchenförmigen Gebilden angeordneten Ketten besteht. Je zwei katalytische Ketten werden durch eine regulatorische Untereinheit miteinander verbunden, die aus je zwei Molekülen bestehen. Die Pfeile weisen darauf hin, daß die katalytischen Ketten heterolog, die regulatorischen isolog assoziiert sind.

190

komplette Enzym: ein typisches Beispiel dafür, was man unter Selbstorganisation oder self-assembly versteht; alle Informationen zur Bildung des geordneten Systems sind in den Einzelmolekeln enthalten.

Diese „Selbstorganisation" ist bereits seit einiger Zeit an noch wesentlich komplexeren Organisationsformen bekannt, nämlich den Tabakmosaik-Viren (TMV), zylinderförmigen Gebilden, die aus je 2130 identischen Protein-Untereinheiten vom Molekulargewicht 17530 mit je 158 Aminosäureresten bestehen und die die im Inneren befindliche schraubenförmig angeordnete Ribonucleinsäure-Molekel (Abb. 111) schützen (253, 254). Bei pH-Wert-Erhöhung entassoziieren die Proteinuntereinheiten, und die RNS wird — wie *Schramm* (253) zuerst beobachtete — frei. Stellt man — unter Wahrung bestimmter Vorsichtsmaßnahmen — die Ausgangsbedingungen wieder her, so wird das komplette Virus rekonstituiert.

Viren stehen bekanntlich zwischen der unbelebten Materie und den Lebewesen, da sie weder einen eigenen Stoffwechsel besitzen noch assimilieren oder dissimilieren können — u. a. aus Mangel an den entsprechenden Enzymen — noch sich aus sich selbst heraus vermehren können. Hierzu benötigen sie lebende Zellen, deren Stoffwechsel sie durch die mittels ihrer RNS oder auch DNS eingebrachte Information vollständig umfunktionieren: sie benutzen das Enzymsystem der Zelle, um ihre eigene RNS bzw. DNS zu replizieren und um ihr Protein aufzubauen.

Man hat an Viren, die Bakterien befallen, den Bakteriophagen, im Hinblick auf die Selbstorganisation solch höherer Ordnungsstrukturen eine recht eindrucksvolle Beobachtung gemacht.

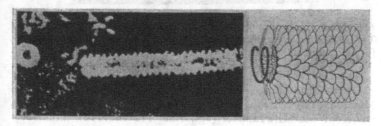

Abb. 111. Tabakmosaik-Virus nach (247); links: elektronenmikroskopische Aufnahme (Vergrößerung 770 000fach) zweier TM-Viren von oben und seitlich, rechts: Modell des aus 2130 Untereinheiten aufgebauten zylindrischen Virus mit der schraubenförmig angeordneten Ribonucleinsäure.

Diese Phagen sind, wie in Abb. 112a und 112b gezeigt wird (247), bereits recht komplizierte Gebilde, wenn man berücksichtigt, daß es sich nicht um Lebewesen im eigentlichen Sinne handelt.

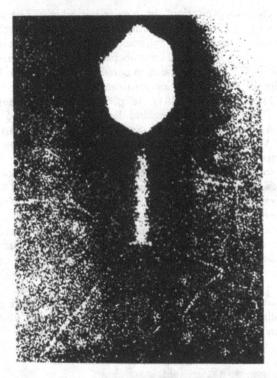

Abb. 112a. Elektronenmikroskopische Aufnahme eines Bakteriophagen T4 (290 000fach vergrößert), von *P.Hofschneider*, Max-Planck-Institut für Biochemie (247).

Durch Bestrahlung läßt sich die DNS intakter Phagen in Mutanten überführen, die nach Eindringen in ein Bakterium nur Kopf und Schwanzfiber (vgl. Abb. 112 und 113), nicht aber den Schwanz erzeugen können. Eine andere Mutante vermag nur noch die Schwanzfibern zu bilden: mischt man beide miteinander, so vereinigen sich die Phagen-Fragmente zu kompletten intakten Phagen (255, 256, 257) (Abb. 113).

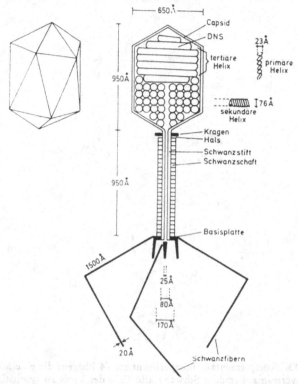

Abb. 112 b. Schematische Darstellung eines Bakteriophagen T 4 (247). Man beachte die hochgeordnete, dreifach helicale Überstruktur der Desoxyribonucleinsäure im Kopf des Phagen.

Der bereits gezeigte komplizierte Bau der Phagen ist erforderlich, weil die sehr widerstandsfähige Bakterienzellwand (258) einen besonderen Eindringungsmechanismus erfordert.

Das genetische Material, die kettenförmige DNS, wird dabei in das Bakterium injiziert. Diese Phagen-DNS enthält auch die Information an die Wirtszelle nach beendeter Phagensynthese, Lysozym zu bilden, das die Zellwand von innen her aufbricht, so daß die gebildeten Phagen wieder nach außen gelangen können.

Die Injektion des genetischen Materials in die Wirtszelle erfordert ein kontraktiles Strukturelement. Kontraktile Strukturelemente sind die Grundlage motiler Gewebe und Organe und damit für die

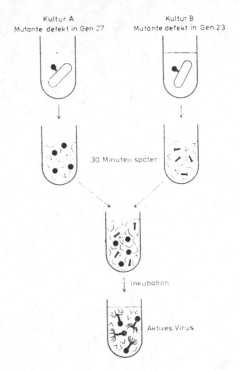

30 Minuten später

Inkubation

Aktives Virus

Abb. 113. Komplementationsexperiment an T4 Phagen: die eine Mutante (links) vermag außer dem Schwanz alle Teile des Virus zu synthetisieren, die andere (rechte) Mutante ist nicht in der Lage, den Phagenkopf zu synthetisieren. Nach Vermischen der Zellinhalte beider Bakterienkulturen entstehen aus den Phagen-Fragmenten völlig intakte Phagen [nach (257)].

Existenz nicht nur solch niederer Organisationsformen der Materie, wie der Viren, sondern vor allem der höheren tierischen Lebewesen von essentieller Bedeutung. Elementare kontraktile Strukturen findet man bei den einzelligen Lebewesen als Geißeln, bei höheren Organismen z. B. in Form der Spermienschwänze und als Flimmerepithel der Atmungswege.

Geißelartige Organellen sind also entwicklungsgeschichtlich außerordentlich alt und für die Entwicklung des irdischen Lebens von sehr großer Bedeutung. Auch die am höchsten organisierten Lebewesen durchlaufen einmal das Geißelstadium, zumindest in Form des geißeltragenden Spermiums.

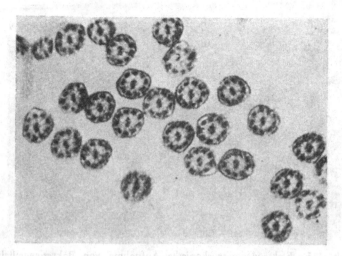

Abb. 114. Querschnitt durch Flimmerhaare [elektronenmikroskopische Aufnahme (260), 20 000fach vergrößert].

Diesem Urcharakter entsprechend weisen zumindest alle Geißeln von zellkernhaltigen Lebewesen (Eukaryonten) dasselbe Bauprinzip auf. Querschnitte zeigen im Elektronenmikroskop eine charakteristische 9+2-Struktur (259, 260), d. h. ein Kranz von 9 fibrillären Elementen umschließt 2 im Inneren angeordnete gleichartige Protofibrillen (Abb. 114). Jede dieser Protofibrillen besteht aus einer sehr großen Zahl globulär gebauter Untereinheiten, die durch zwischenmolekulare Wechselwirkungen miteinander verknüpft sind. Durch pH-Wert-Erhöhung oder -Erniedrigung zerfallen sie in diese globulären, aus jeweils einer Polypeptidkette bestehenden Untereinheiten: dem Flagellin (261—264). Durch entsprechende Änderung des Milieus können diese wieder durch „self-assembly" zu der ursprünglichen Anordnung zusammentreten.

Für uns ist aber noch folgendes von Interesse: Die Flagellinuntereinheiten sind gegeneinander versetzt angeordnet, so daß sie um die Geißelachse verlaufende Helices bilden. Aus der Abb. 115 geht dieser schraubenartige Bau recht deutlich hervor. Nach *Asakura* (266) nimmt man nun an, daß die Untereinheiten in zwei Konformationen auftreten können, von denen die eine gestreckter ist als die andere. Der Wechsel zwischen beiden wird sehr wahrscheinlich von der Geißelbasis her gesteuert (264), wobei sich die einzelnen

Abb. 115. Elektronenmikroskopische Aufnahme von Bakteriengeißeln (Pseudomonas rhodos), die deutlich schraubenartige Struktur zeigen [*F. Mayer* (265)].

Protofibrillen von der Basis zur Spitze wellenartig etwas verkürzen und anschließend wieder verlängern. Unter Berücksichtigung der schraubenförmigen Anordnung der Flagellinuntereinheiten kann man sich leicht vorstellen, daß auf diese Weise die peitschenartige Geißelbewegung zustande kommt.

Wenn auch noch zahlreiche Probleme in diesem Zusammenhang ungelöst sind, so scheint aber doch die Beziehung zwischen der Änderung der molekularen Überstruktur und der Funktion dieser Strukturen höherer Ordnung, die die Geißeln darstellen, sicher zu sein.

3.13. Muskelproteine

Im Unterschied zu fibrillären Proteinen wie den Keratinen und dem Fibroin, die passive Funktionen haben, üben andere fibrilläre Proteine wie die der Muskeln eine aktive Funktion aus. An ihnen läßt sich sehr gut die Wechselbeziehung zwischen der durch die Primärstruktur gegebenen Konformation der Moleküle sowie den ebenfalls daraus resultierenden Strukturen höherer Ordnung einerseits und ihrer biologischen Funktion andererseits zeigen.

196

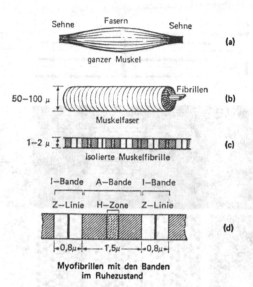

Abb. 116. Schematische Darstellung des Aufbaues eines Muskels (267—269).

Die quergestreiften Skelettmuskeln bestehen — wie in Abb. 116 gezeigt — aus den etwa 50—100 μ dicken Muskelfasern, deren Grundeinheiten die Muskelfibrillen mit 1—2 μ Dicke sind (267—269).

Im Mikroskop zeigen diese Fibrillen eine periodische Querstreifung aus sog. I- und A-Banden. Eine Wiederholungseinheit dieser periodischen Querstreifung bezeichnet man als *Sarkomeres*, das bei höherer Auflösung im Elektronenmikroskop eine Feinstruktur erkennen läßt (270). Die hellen I-Banden werden in der Mitte durch die Z-Linie geteilt, die ein Sarkomeres abgrenzen (Abb. 117). Die A-Bande enthält in der Mitte die sog. H-Zone, die ihrerseits durch die M-Linie geteilt ist (271, 272). Elektronenmikroskopische Aufnahmen von Querschnitten (Abb. 117) der verschiedenen Zonen eines Sarkomeren zeigen, daß diese aus Filamenten verschiedenen Durchmessers — den dicken mit 100 Å ∅ und den dünnen mit 50 Å ∅ — bestehen. Diese beiden Filamentarten bestehen aus zwei völlig verschiedenen Proteinsystemen mit ebenfalls verschiedenen und sehr charakteristischen Überstrukturen.

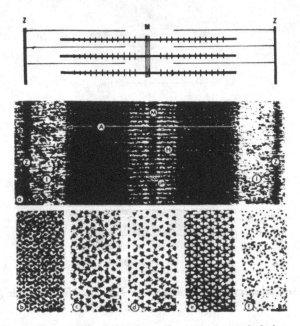

Abb. 117. Oben: Schematische Darstellung einer Wiederholungseinheit
— des Sarkomeren — einer Myofibrille [nach Pepe (271). vgl. auch
(272)]. Mitte: Elektronenmikroskopische Aufnahme eines Längsschnittes
des Sarkomeren. Unten: Elektronenmikroskopische Aufnahme von Querschnitten durch die verschiedenen Zonen des Sarkomeren: b) A-Zone,
c) H-Zone, d) Pseudo-H-Zone, e) M- Linie, f) I-Bande.

3.13.1. Myosin

Die dicken Filamente sind im wesentlichen aus dem Myosin vom
Molgewicht 500 000 sowie geringen Mengen von sog. C-Protein
aufgebaut. Myosin ist ein Beispiel für ein Molekül, das aus einem
anscheinend rein strukturbildenden und einem funktionellen Teil
besteht. Beide sind — und das ist bei nur wenigen bisher bekannten
Proteinen der Fall — kovalent miteinander verbunden. Wie noch
gezeigt wird, kann man das Myosinmolekül enzymatisch in diese
beiden Teile zerlegen. Viskositätsmessungen ergaben ebenso wie
Lichtstreuungsmessungen, daß es sich hierbei um ein sehr langes
Molekül mit einer Länge von 1400 Å und 14 Å Durchmesser
handelt (267, 272, 273). Mit diesem Achsenverhältnis von 100 : 1

erreicht es immerhin die Hälfte des entsprechenden Wertes von Tropokollagen. Gleichfalls ergab sich aus den Lichtstreuungsmessungen, daß es sich nicht um einen gleichförmigen Stab handelt (Abb. 118). Mit dem Enzym Papain läßt sich das Myosin in drei Bruchstücke zerlegen. Dabei fand man mit Hilfe von Sedimentationsuntersuchungen in der Ultrazentrifuge,

1. ein als leichtes Meromyosin (LMM) bezeichnetes Fragment mit dem Molgewicht 150 000 das nach Röntgenbeugungsaufnahmen und CD-Messungen einen α-Helixanteil von 90 % hat,

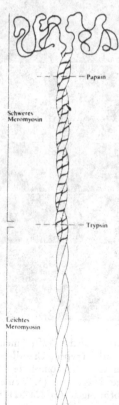

Abb. 118. Myosinmolekül schematisch; es sind die Stellen eingezeichnet an denen die Enzyme unter Fragmentierung angreifen [nach Lehninger (273 a)].

2. ein globuläres Protein, das als schweres (heavy) Meromyosin (HMM-S1) bezeichnet wird und
3. ein weiteres, aufgrund des Sedimentationsverhaltens so genanntes schweres Meromyosin HMM-S2.

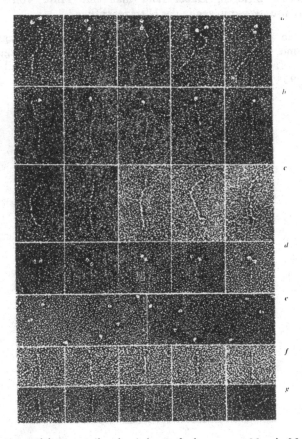

Abb. 119. Elektronenmikroskopische Aufnahmen von Myosin-Molekeln vor (obere Reihe) und nach Trypsinbehandlung, wobei je nach den angewandten Bedingungen einzelne komplette Molekeln (2. Reihe von oben), längere stabförmige Fragmente (3. Reihe), globuläre HMM-S1-Einheiten mit einem stabförmigen (HMM-S2)-Teil, einzelne globuläre HMM-S1-Partikel und kürzere stabförmige Bruchstücke (HMM-S2) [nach S. Lowey (272)] erhalten werden.

Daß es sich beim LMM- und auch beim HMM-S2 um stabförmige Partikel handelt folgt einmal aus Viskositätsmessungen, andererseits aber auch direkt aus elektronenmikroskopischen Aufnahmen (s. Abb. 119). Die drei Fragmente unterscheiden sich erheblich durch ihre Wasserlöslichkeit: sie ist beim HMM-S1 am größten und nimmt zum LMM hin ab.

Im Röntgenbeugungsdiagramm des LMM findet man den 5,1 Å Meridionalreflex der α-Helix-Strukturen nativer Proteine. Offenbar bildet das LMM eine zweisträngige Superhelix mit einer Identitätsperiode von 70 Å. Außerdem tritt im Röntgen-Kleinwinkeldiagramm ein meridionaler 428 Å-Reflex auf. Man beobachtet eine solche Periodizität mit einer Unterperiode von 70 Å auch in elektronenmikroskopischen Aufnahmen des nicht kontrastierten LMM.

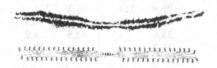

Abb. 120. Elektronenmikroskopische Aufnahme eines dicken Fragmentes und — darunter — schematische Darstellung der Molekülanordnung des Myosins [nach *Huxley* (273)].

Die Bildung der dicken Filamente aus den intakten Myosinmolekeln auf die in Abb. 120 gezeigte Art, erfordert nicht nur wäßriges Milieu, sondern auch einen bestimmten pH-Wert und eine bestimmte Ionenstärke. Zu dieser Selbstorganisation zu Strukturen höherer Ordnung sind die Einzelmolekeln befähigt, weil die zugehörige Information in ihrer Primärstruktur und der dadurch gegebenen Konformation enthalten ist. Einzelmoleküle und Aggregate sind dabei in einem sich sehr rasch einstellenden Gleichgewicht. Die Bedeutung des Wassers für die Stabilisierung der Myosin-Filamente ergibt sich aus den Arbeiten von *Harrington* und *Josephs*. Infolge seines recht hohen Gehaltes an ionogenen Aminosäuren, insbesondere Glutaminsäure, Asparaginsäure und Lysin (vgl. Tab. 27) bindet das Myosin viel Wasser. Bei der Aggregation der Einzelmolekeln zu den Filamenten wird — da anstelle der Protein-Wasser-Wechselwirkungen Protein-Protein-Wechselwirkungen treten — eine große Zahl an Wassermolekeln frei. Pro Mol Myosin sind das 400 ml Wasser. Dabei gewinnen diese Wasser-

Tab. 27. Aminosäurezusammensetzung von Kaninchenmuskelproteinen (217).

Aminosäure	Myosin	LMM Frak- tion 1	HMM	Tropo- myosin	Actin	Paramyo- sin*
Asparaginsäure	98,5	98,4	96,9	107	86,9	116
Glutaminsäure	182	249	162	254	107	203
Arginin	49,8	71,2	40,2	49,1	40,3	103
Histidin	18,5	24,9	16,5	6,6	20,1	12,0
Lysin	107	112	102	128	55,1	67,2
Serin	45,2	40,3	46,0	47,9	59,4	61,2
Threonin	51,0	39,1	52,0	31,1	79,9	48,0
Alanin	90,4	96,1	86,3	129	75,2	103
Glycin	46,4	21,3	59,1	14,4	71,0	30,0
Isoleucin	48,7	46,3	52,0	35,9	60,4	42,0
Leucin	93,9	114	86,3	114	66,8	149
Valin	49,8	45,1	56,7	32,3	44,5	34,8
Phenylalanin	33,6	4,7	42,5	4,0	30,7	14,4
Tyrosin	23,2	10,7	24,8	18,0	34,9	12,0
Tryptophan	—	—	—	—	10,6	—
Prolin	25,5	0	37,8	2,0	46,6	2,0
Methionin	26,6	22,5	30,7	19,1	31,8	1,8
Cystin/2	10,2	4,7	8,7	7,8	11,9	—

* Lumbricus

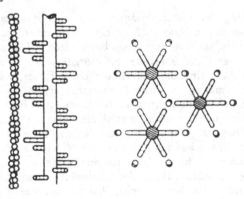

Abb. 121 a. Anordnung und grobschematische Struktur der dicken und der dünnen Filamente (nach *Bendal*) (277). Aus dem rechten Teil der Abb. erkennt man, daß drei Myosinfilamente um ein Actinfilament gruppiert sind.

molekeln Translations- und Rotationsfreiheitsgrade, damit also Entropie (274 a).

Im Myosinfilament sind die Myosinmolekeln zu einer 6_2 Helix mit einer Windungshöhe von 429 Å angeordnet. Die Periodizität der Untereinheiten beträgt 143 Å. Das heißt, das die HMM-Einheiten paarweise um eine zweizählige Schraubenachse angeordnet sind, so daß jedes Paar um 120° verdreht und um 149 Å verschoben werden muß um die Helix zu bilden (Abb. 121 a).

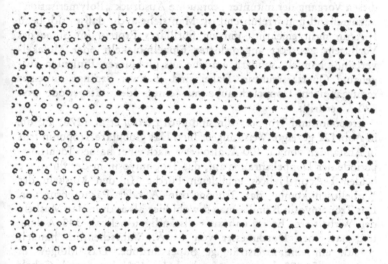

Abb. 121 b. Elektronenmikroskopische Aufnahme (Vergrößerung 160 000-fach) eines Querschnittes einer Flügelmuskel-Myofibrille der Fleischfliege Phormia terraenovae. Jedes dicke (Myosin-)Filament ist von sechs dünnen (Actin-) Filamenten in hexagonaler Anordnung umgeben [nach *Beinbrech* (278)].

3.13.2. Proteine der dünnen Filamente
(Actin, Troponin, Tropomyosin)

Den globulären, seitlich aus den dicken Filamenten herausragenden HMM-S1-Einheiten kommt offensichtlich eine besondere Bedeutung für die Wechselwirkung mit den dünnen Filamenten zu. Diese bestehen zum größten Teil aus dem F-Actin, dem Troponin und dem Tropomyosin.

203

Das F-Actin (F = fibrillär) wird aus einer großen Zahl perlschnurartig aneinandergereihter globulärer Untereinheiten von G-Actin (G = globulär) mit dem Molgewicht 45 000 und 55 Å Durchmesser gebildet, in die es unterhalb einer bestimmten Ionenstärke zerfällt. Dieser Vorgang ist reversibel, d. h. durch Elektrolytzugabe assoziieren die Actin G-Untereinheiten wieder zu F-Actin. Es handelt sich dabei um eine Verknüpfung über zwischenmolekulare Wechselwirkungen und nicht durch Hauptvalenzen, so daß für diesen Vorgang der mitunter gebrauchte Ausdruck „Polymerisation" unzutreffend und irreführend ist. Man sieht auch, daß es sich beim F-Actin nicht eigentlich um ein fibrilläres Protein im Sinne des Vorliegens gestreckt angeordneter Einzelmolekeln oder Molekelverbände handelt, sondern um eine aus globulären Einheiten aufgebaute Quartärstruktur. Dabei sind je zwei Stränge zu einer rechtsgängigen Doppelschraube mit einer Identitätsperiode von 720 Å verdrillt.

Troponin und Tropomyosin sind nach *Ebashi* et al. (276) auf die in Abb. 122 gezeigte Weise angeordnet. Das globuläre Troponin tritt in Abständen von ca. 400 Å, also etwa nach einer halben Identitätsperiode der Doppelschraube auf, das Tropomyosin in der durch die beiden F-Actin-Helices gebildeten Furche. In den Muskeln der Wirbellosen kommt das Tropomyosin A oder Paramyosin vor. Das Tropomyosin B findet man sowohl hier als auch in den Muskeln der Wirbeltiere. Es ist nahezu vollständig α-helical, 340 Å lang und hat einen Durchmesser von 14 Å. Wahrscheinlich handelt es sich um eine zweisträngige Superschraube. Das Molgewicht beträgt ca. 54 000. Interessant ist der hohe, 40 % betragende Gehalt an ionogenen Aminosäuren, der mit 24 % sauren und 16 % basischen Seitengruppen zu den höchsten der bisher bekannten Proteine zählt. (Bei den Protaminen und Histonen, die ebenfalls sehr reich an ionogenen Aminosäuren sind, handelt es sich ganz überwiegend um basische.) Tropomyosin B ist ein in Wasser bei pH 7 lösliches Protein im Unterschied zu dem wasserunlöslichen

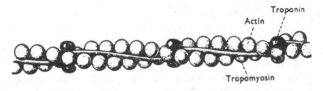

Abb. 122. Modell des dünnen Filaments nach *Ebashi* et al. (276).

Tropomyosin A. Möglicherweise ist das darauf zurückzuführen, daß in diesem die Zahl der sauren und der basischen Gruppen gleich groß ist. Die beiden Ketten der Tropomyosin-Doppelschraube sind identisch oder doch sehr ähnlich und verlaufen in der gleichen Richtung. Nach *Crick* sollen die Seitenketten der Aminosäuren, die mit denen der anderen Kette in Kontakt stehen, hydrophob sein, da sie sich sonst in wäßrigem Milieu voneinander lösen würden. Hiernach handelt es sich um sich wiederholende Heptapeptid-Sequenzen des Typs (a-b-c-d-e-f-g-)$_n$, wobei a und d apolare Seitengruppen haben. Beide Ketten wären dann in der in Abb. 123 gezeigten Weise angeordnet. Tatsächlich treten im gesamten Molekül des α-Tropomyosins solche Sequenzen auf.

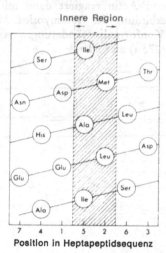

Abb. 123. Radiale Projektion einer α-Helix (280).

3.13.3. Muskelkontraktion

Troponin und Tropomyosin sind anscheinend beide an der zur Muskelkontraktion erforderlichen Konformationsänderung der dünnen Filamente beteiligt. Sie haben offenbar die Aufgabe, die hierzu erforderliche Wechselwirkung zwischen dem F-Actin und dem Myosin zu regulieren. Bei der Kontraktion eines quergestreiften Muskels gleiten nämlich die dünnen Filamente kammartig in die Zwischenräume zwischen den dicken Filamenten hinein (267, 273).

Dies geht aus polarisations- und elektronenmikroskopischen Untersuchungen an Muskeln vor und während der Kontraktion hervor. Dieses Ineinandergleiten wird allem Anschein nach dadurch bewirkt, daß die an der Außenseite der dicken Filamente befindlichen HMM-S1-Köpfe infolge zwischenmolekularer Wechselwirkungen Brücken zu den dünnen Filamenten bilden, wie in Abb. 124 schematisch dargestellt ist. Diese Bildung von Actin-Myosin-Brücken (Actomyosin-Komplex) ist offenbar der Schritt bei dem die Muskelkraft erzeugt wird. Bei der Muskelentspannung werden die Brücken geöffnet, der Actomyosin-Komplex zerfällt. Hieran ist Adenosintriphosphat (ATP) beteiligt, das an bestimmten Stellen des Myosinmoleküls gebunden wird. Durch dessen ATP-ase-Aktivität wird das ATP gespalten. F-Actin reagiert dann mit diesem Myosinkomplex unter Rückbildung des Actomyosins. Mit diesem Zyklus ist eine Reihe von Konformationsänderungen verbunden. Näheres hierüber ist u. a. in (273 a) zu finden.

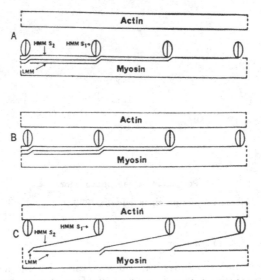

Abb. 124. Schematische Darstellung der Lage und der Verknüpfung von dicken und dünnen Filamenten im Ruhezustand und bei der Kontraktion [nach *Huxley* (279)].

3.14. Protein-DNS-Komplexe

Die DNS liegt im Zellkern nicht frei, sondern an stark basische Proteine (Histone, Protamine) gebunden vor. Man bezeichnet diese Protein-DNS-Komplexe allgemein als Chromatin. Die lysin- und argininreichen Histone haben möglicherweise mehrere Aufgaben. Eine soll darin bestehen die extrem langen DNS-Moleküle, die bis zu einigen Zentimetern, ja Metern, Länge haben, gleichsam in kompakte Einheiten zusammenzuschnüren. So fanden *Hewish* und *Burgoyne* (282, 283), daß beim enzymatischen Abbau von Chromatin durch Endonucleasen die erhaltenen DNS-Bruchstücke Molekulargewichte hatten, die ganze Vielfache einer kleinsten Einheit von ca. 200 Basenpaaren waren. Sie schlossen daraus, daß sich in der erhaltenen Reihe von Abbauprodukten eine Regelmäßigkeit in der Verteilung des Proteins auf die DNS-Moleküle widerspiegelt. *Van Holde* et al. (281, 282, 284) erhielten beim Abbau von Chromatin durch Nuclease sog. P-S-Partikel die sich in ihrem physikalischen Verhalten wie globuläre Proteine benahmen. Durch Trypsin-Abbau konnten diese kompakten Teilchen entfaltet werden, woraus sich ergab, daß sie vorher von den Histonen zusammengehalten wurden. Elektronenmikroskopische Aufnahmen von *Olins* und *Olins* (285) zeigten in Übereinstimmung hiermit Chromatin aus einer linearen Anordnung von globulären Einheiten von 70 oder nach *Woodcook* 100 Å Durchmesser (282, 286).

Die Histone des Chromatins können in fünf Hauptfraktionen aufgetrennt werden und zwar in die stark lysinreiche H1-Fraktion, die argininreichen H3- und H4-Anteile sowie die H2A- und H2B-Histone (vgl. 281, 282, 287). Das Überraschende an den Histonen ist, daß die entsprechenden Fraktionen aus Lebewesen, die sich auf völlig unterschiedlicher Entwicklungsstufe befinden, nahezu dieselbe Primärstruktur haben. So ist das argininreiche Histon H4 aus Kalbsthymus und aus Erbsenkeimlingen bis auf zwei Aminosäuren identisch: ein Valin und ein Lysinrest des Rinder-Histons ist im Erbsenhiston durch einen Isoleucin- und einen Argininrest ersetzt. Diese außergewöhnliche Konstanz, die die Histone im Laufe der Phylogenese gezeigt haben, daß also die Sequenz über ca. 1,5 Milliarden Jahre nahezu unverändert geblieben ist, deutet darauf hin, daß diese Proteine eine sehr spezifische Funktion haben und daß diese Funktion in allen kernhaltigen Lebewesen *(Eukaryonten)* die gleiche ist. Da aber Funktion und Primärstruktur engstens miteinander gekoppelt sind, ist diese Konstanz der Primärstruktur über extrem lange Zeitspannen hinweg verständlich. Eine mit ihren biologischen Aufgaben in Zusammenhang stehende Eigenart der Histone ist ebenso die Asymmetrie ihrer Primärstruktur. So enthält der N-terminale Teil der H2A-, H2B-, H3- und H4-Histone außer zahlreichen basischen Resten sehr viel Glycin, Serin und Prolin. Diese Aminosäurereste aber begünstigen — wie bereits mehrfach erwähnt — gestreckte Konformationen. Demgegenüber wurden im Mittelteil der H2A- und H2B-, sowie im C-terminalen Abschnitt der argininreichen H3- und H4-Histone besonders viele apolare und polare Helixbildner gefunden. Die Konformation der Histone in Lösung ist stark von der Ionenstärke abhängig. In der älteren Literatur wurden diese Proteine ebenso wie die extrem argininreichen Protamine als Beispiel für „knäuelförmige" Proteine ungeordneter Konformation angeführt. Dies gilt aber nur — wie für alle Proteine — unter Denaturierungsbedingungen, die im vorliegenden Fall in wäßriger Lösung unzureichender Ionenstärke gegeben sind. Mit zunehmender Ionenstärke bilden nach *Bradbury* die überwiegend apolaren Sequenzen definierte Strukturen die Histon-Histon-Wechselwirkungen eingehen können. Die basischen Abschnitte vermögen Wechselwirkungen mit den Phosphatresten der DNS einzugehen. *Kornberg* und *Thomas* (282, 288) konnten zeigen, daß tetramere $(H3)_2(H4)_2$-Einheiten in den Histon-DNS-Komple-

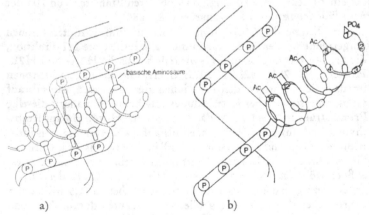

a)   b)

Abb. 125. a) Mögliche Stabilisierung der DNS-Doppelhelix durch Histone nach *Fellenberg* (287). b) Aufhebung der Wechselwirkung zwischen den DNS-Phosphatresten und den basischen Histonseitengruppen durch Acetylierung (287, 289).

xen vorzuliegen scheinen. Zusammen mit zwei H2A- und H2B-Molekülen sind sie in Wechselwirkung mit 200 DNS-Basenpaaren. Dies entspricht dem experimentell gefundenen Verhältnis von Histon zu DNS von 1,0 bis 1,2. Aufgrund von Neutronenbeugungsuntersuchungen wurde ein Modell aufgestellt bei dem die vier o. a. Histone einen durch interhelicale Wechselwirkungen zusammengehaltenen Kern bilden um den außen herum die DNS angeordnet ist, die mit dem basischen ionogenen Teil der Histone in Wechselwirkung steht. Die Aggregation der helicalen Abschnitte der Histone ist wahrscheinlich zum großen Teil auf hydrophobe Wechselwirkungen zurückzuführen. Abb. 125 a und b zeigen wie man sich die Anordnung der H2A-Histone in den DNS-Histon-Komplexen vorstellt ebenso die Aufhebung der Wechselwirkung durch Acetylierung wie sie bei der Mitose (Zellteilung) auftritt.

4. Polysaccharide

4.1. Cellulose

Cellulose ist der Hauptbestandteil der pflanzlichen Zellwände und wird daher jährlich in außerordentlich großer Menge in der Natur erzeugt. Man schätzt sie auf $10^{10}-10^{11}$ t/Jahr (1—3). In nahezu reiner Form (94 %) ist sie in der Baumwolle, den einzelligen Samenhaaren der zur Familie der Malven gehörenden Gattung Gossypium (4, 5) enthalten.

4.1.1. Primärstruktur, Konformation und Überstruktur

Ihre chemische Natur ergibt sich einmal daraus, daß sie bei der Hydrolyse mit verdünnten Säuren D-Glucose ergibt und somit die Bruttoformel $(C_6H_{10}O_5)_n$ hat. Andererseits findet man nach Permethylierung mit Dimethylsulfat und anschließender Hydrolyse ausschließlich 2,3,6-Trimethylglucose. Somit folgt, daß es sich um ein unverzweigtes 1,4-Glucosido-glucosid handelt (Abb. 126). Cellulose kann ferner mit Hilfe des Enzyms β-Glucosidase zu dem Diglucosid Cellobiose abgebaut werden, von dem u. a. durch Röntgenbeugungs-Untersuchungen bekannt ist, daß die beiden Glucoseringe eine (syndiotaktische) β-Verknüpfung aufweisen. Die in der Natur vorkommende α-Cellulose ist demnach ein unverzweigtes Poly-(β-1,4-Glucopyranosyl-glucopyranosid). Man kann sie wie die Strukturformel zeigt auch als ein syndiotaktisches Polyacetal der Glucose oder als ein isotaktisches β-1,4 Polyacetal der Cellobiose auffassen. Wie sich aus Abb. 135 ergibt haben die Glucopyranoseringe Sesselform. Diese hat gegenüber der stabilsten Wannenform eine freie Stabilisierungsenergie von $\Delta G \approx 20$ kJ/Mol.

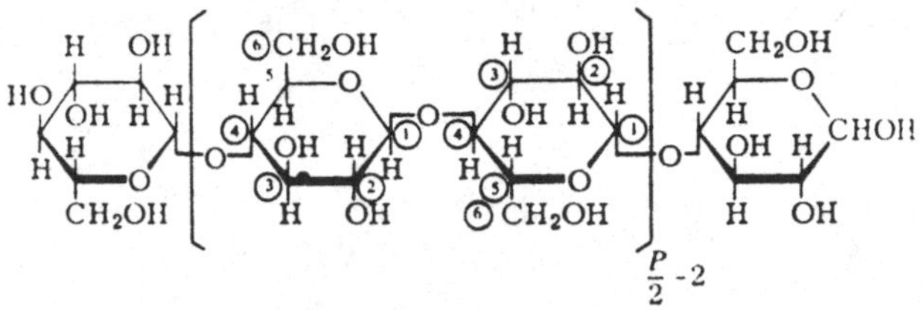

Abb. 126. Konstitutionsformel von Cellulose (1).

In Cellulose sind die H-Atome axial, die OH-Gruppen äquatorial angeordnet. Tatsächlich aber besteht α-Cellulose nur in den seltensten Fällen aus völlig reiner Glucose. Dies gilt z. B. für die Zellwände der Algengattungen Valonia und Cladophora. Die meisten Cellulosen enthalten aber noch andere Saccharide. Dies gilt in ganz besonderem Maße etwa für die Rotalge Rhodemynia palamata deren α-Cellulose zu 50 % aus Xylose besteht. Sie unterscheidet sich jedoch hinsichtlich ihres Röntgendiagramms nicht von der α-Cellulose aus Valonia. Und auch die Baumwoll-Cellulose, die gewöhnlich als Musterbeispiel reiner Cellulose betrachtet wird, enthält 1,5 % Xylose und daneben noch kleinere Mengen an Mannose, Galaktose und Arabinose (6, 7). Außerdem sind in den Cellulosemolekülen sog. Lockerstellen enthalten (8, 9). Sie werden 1000—5000mal schneller oxidiert oder hydrolysiert als die anderen. Die Ursachen für das Auftreten der säure- und alkalilabilen Bindungen sind noch nicht bekannt. Möglicherweise befinden sich an diesen Stellen COOH-Gruppen. Baumwollcellulose enthält z. B. eine COOH-Gruppe auf 500 bis 1000 Monomereinheiten. Gewöhnlich aber kommt die Cellulose zusammen mit anderen Polysacchariden, den Hemicellulosen, den Pektinen und dem Lignin vor. Die Hemicellulosen sind Polymere von Aldohexosen wie Mannose oder Galaktose sowie der Aldopentosen Xylose, Arabinose etc. Pektine sind Polymere der Glucuron- und Galacturonsäure. Das Lignin hingegen ist ein Polymeres des zu den Aromaten gehörenden Coniferylalkohols. Es kann in einzelnen Fällen bis zu 70 % der Zellwand ausmachen.

Tab. 28. Zusammensetzung von natürlichen Cellulosefasern in % bei 10 % Feuchtigkeit nach (4, 10).

	Cellulose	Hemicellulosen	Pektin	Lignin	Wasserlösliche Substanzen	Fett u. Wachs
Baumwolle	82,7	5,7	0		1,0	0,6
Flachs						
ungeröstet	56,5	15,4	3,8	2,5	10,5	1,3
geröstet	64,1	16,7	1,8	2,0	3,9	1,5
Hanf	67,0	16,1	0,8	3,3	2,1	0,7
Jute	64,4	12,0	0,2	11,8	1,1	0,5
Ramie	68,8	13,1	1,9	0,6	5,5	0,3
Kenaf	55—59	18—20	4,5—5	6,8—8,0	—	0,6—1,8
Sisal	65,8	12,0	0,8	9,9	1,2	0,3
Manila	63,2	19,6	0,5	5,1	1,4	0,2

In Tab. 28 ist die Zusammensetzung einiger natürlicher Cellulosefasern widergegeben (4, 10).

Insgesamt ist die Cellulose Teil eines außerordentlich sinnreichen Verbundwerkstoffes, so wie es die Wolle, bzw. die Keratinfasern bei den Proteinfasern sind (s. S. 94).

Damit in Zusammenhang steht der relativ komplizierte Aufbau der Zellwand, auch bei der aus fast reiner Cellulose bestehenden Baumwollfaser. Man kann hierbei stets eine primäre und eine häufig aus mehreren konzentrischen Schichten bestehende sekundäre Zellwand unterscheiden (Abb. 127, 128).

Diese Bezeichnungen beziehen sich auf die Reihenfolge in der sie von der Zelle gebildet werden. Die primäre Zellwand besteht nur zu $\approx$ 8 % aus Cellulose, zum weitaus größten Teil also aus anderen Komponenten wie Hemicellulosen und Pektinen. Die später gebildete sekundäre Zellwand dagegen, kann bis zu 95 % aus Cellulose bestehen. Die einzelnen Schichten sind aus dicht angeordneten parallelen Fibrillenbündeln, die sich gegenläufig um die Faserachse schrauben, aufgebaut.

Durch elektronenmikroskopische Untersuchung von chemisch oder mechanisch abgebauten Baumwollfasern konnte gezeigt werden, daß sie aus Makrofibrillen mit Querschnitten von 3000 Å bestehen, die ihrerseits aus Mikrofibrillen mit ca. 20—40 Å Durchmesser auf-

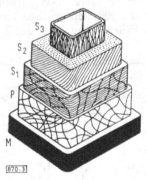

Abb. 127. Anordnung der Cellulosefibrillen in Holzfasern (1, 11, 12). M: Mittellamelle (Lignin und Hemicellulose), P: primäre Zellwand, S_1: sekundäre Zellwand 1 (wenigstens zwei sich kreuzende und um die Faserachse schraubenförmig verlaufende Fibrillensysteme, S_2: sekundäre Zellwand 2 mit schraubenförmig um die Faserachse verlaufenden Fibrillen, S_3: sekundäre Zellwand 3 mit verflochtenen Fibrillen.

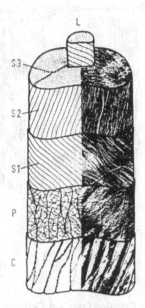

Abb. 128. Aufbau einer Baumwollfaser (4, 13). C: Cuticula; P: primäre
Zellwand (ungeordneter Fibrillenverlauf); S_1, S_2, S_3: Schichten der
sekundären Zellwand; L: Lumen.

gebaut sind. Wie Abb. 129 wiedergibt bestehen die Mikrofibrillen
aus den Elementarfibrillen und diese schließlich aus den Cellulosemolekülen (4, 14). Bei dem in Abb. 129 gezeigten Modell wechseln
hoch geordnete Bereiche mit weniger geordneten ab. Bei einem
neueren Modell (Abb. 130) wird eine teilweise Verdrillung der aus
80 Celluloseketten bestehenden Elementarfibrillen angenommen (4,
15).

In die kleinen zwischen den Elementarfibrillen befindlichen intermizellaren Zwischenräume können Farbstoffmoleküle nicht eindringen. In verholzten Zellwänden ist in die größeren inter-
fibrillären Zwischenräume von 50—100 Å Durchmesser Lignin
eingelagert. Entfernt man dieses und andere sog. inkrustierende
Bestandteile, so bleiben die Fibrillen der α-Cellulose zurück. In
Abb. 131 ist die recht regelmäßige Anordnung der Cellulose-
Mikrofibrillen in einer Algen-Zellwand gezeigt.

Native Cellulose hat gewöhnlich einen Kristallanteil von ca. 60 %.
Sie wird — um sie von anderen Modifikationen zu unterscheiden —

213

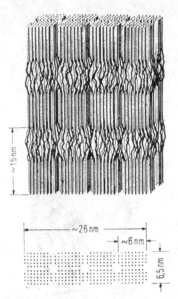

Abb. 129. Aufbau einer Cellulosefaser aus Celluloseketten und Elementarfibrillen (4 ,14).

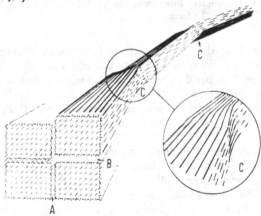

Abb. 130. Struktur der Elementarfibrillen mit unterschiedlichem Ordnungszustand (4, 15). Zone A: Dichtgepackte Fibrillen und hochgeordnete Fibrillenoberfläche, Zone B: Leicht zugängliche Fibrillenoberfläche geringerer Ordnung, Zone C: Durch Verdrillung stark gestörte Bereiche mit leichter Zugänglichkeit.

Abb. 131. Elektronenmikroskopische Aufnahme eines schrägbedampften Zellwandabdrucks der Alge Chaetamorpha. Man erkennt die parallel in Schichten angeordneten Mikrofibrillen wobei die Schichten etwa senkrecht zueinander liegen (3, 16).

als Cellulose I bezeichnet. Wie ihr Röntgendiagramm ergibt (Abb. 132) kristallisiert sie monoklin sphenodisch (Raumgruppe P2₁).

Die in Faserrichtung angeordneten Ketten bilden die b-Achse der Elementarzelle, deren erstes Modell von *Meyer* und *Misch* stammt (Abb. 133).

Sie enthält hiernach fünf Cellobiosereste. Vor allem in Richtung der c-Achse treten sie über HBB mit benachbarten Ketten in Wechselwirkung. Da die b-Achse etwas kürzer als eine Cellobiose-Einheit ist (10,3 statt 10,39 Å) nimmt man an, daß die b-Achse leicht helical ist. *Hermans* hat durch Berücksichtigung der sterischen Gegebenheiten, d. h. des Raumbedarfs der Atome, dieses Modell von

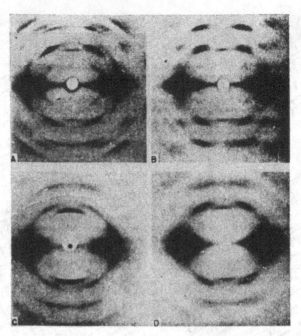

Abb. 132. Röntgendiagramme (3, 17). a) von Cellulose I (Ramie) Faser;
b) von Cellulose II (regenerierte Fortisan-Faser); c) von Cellulose III
(mit flüssigen NH_3 behandelte Ramiefaser); d) von Cellulose IV (Ramiefaser nach der Behandlung mit Glyzerin bei 280 °C).

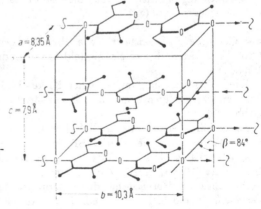

Abb. 133. Elementar-
zelle der Cellulose
nach *Meyer* und
Misch (18) modi-
fiziert (1, 19).

Meyer und *Misch* (18) modifiziert Diese sog. „bent-conformation"
erlaubt außerdem die Bildung intramolekularer HBB zwischen 0-4
und 0-6'-H sowie zwischen 0-3-H und -0-5' etc. (s. Abb. 134).

Bei einer von *Néel* und *Quivoron* (22) vorgeschlagenen Konformation liegen intrachenare HBB zwischen 0-2-H und 0-4' sowie
zwischen 0-5 und 0-3'-H vor.

Intermolekulare Wasserstoffbrücken sind insbesondere für die
Wasserunlöslichkeit der Cellulose verantwortlich. *Liang* und *Marchessault* haben die in Abb. 135 dargestellte mögliche Struktur der

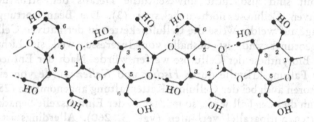

Abb. 134. Intrachenare Wasserstoffbrücken in einer Cellulosekette nach
P. H. Hermans (20, 22).

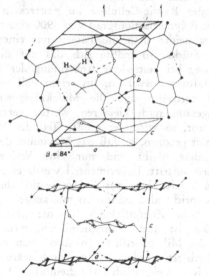

Abb. 135. Elementarzelle der Cellulose I nach *Liang* und *Marchessault*
(3, 23).

217

nativen Cellulose I vorgeschlagen (3, 23). Dabei handelt es sich im wesentlichen um das Modell von *Meyer* und *Misch*, wobei jedoch die Ketten in der „bent-Konformation" von *Hermans* (20, 21) vorliegen. Darüber hinaus sind sie so angeordnet, daß die HBB mit dem Infrarot-Dichroismus in Übereinstimmung sind. Die einzelnen Ketten liegen dabei jeweils antiparallel zueinander. Man kann jedoch auch mehrere andere Modelle sowohl mit antiparalleler als auch mit paralleler Kettenanordnung aufstellen, die wie *Jones* gezeigt in Übereinstimmung mit dem Röntgendiagramm sind (24). Somit sind also nicht unwesentliche Details der Struktur der nativen Cellulose noch unbekannt (3). Die Beantwortung der Frage auf welche Weise die Celluloseketten in der nativen Cellulose angeordnet sind, ist deshalb von Interesse, weil sie Licht auf die Biosynthese der Cellulose werfen würde. Nach der Entdeckung der Faltungskristalle durch *Fischer* und *Keller* wurde von einigen Autoren auch bei der Cellulose Kettenfaltung angenommen (25, 26). Wenn dies der Fall wäre, so müßten in der Einheitszelle benachbarte Ketten antiparallel verlaufen (vgl. S. 260). Allerdings ist nach den Untersuchungen von *Muggli* die gestreckte Anordnung (extended chains) sehr viel wahrscheinlicher (27). Hiernach haben die Moleküle der Ramie-Cellulose im gestreckten Zustand bei einem mittleren Polymerisationsgrad von 3900 eine mittlere Länge von 2 µ. Zerschneidet man die Fasern mit einem Mikrotom in 2 µ lange Stücke, so müßte sich das auf die Molekulargewichtsverteilung bei gestreckter Anordnung der Ketten anders als bei Kettenfaltung auswirken. Im ersten Fall wird im Mittel jedes Molekül zertrennt und die Molekulargewichtsverteilung sollte sich insgesamt nach kleineren Werten verschieben. Liegt Kettenfaltung vor, so wird der größte Teil der Moleküle nicht in Mitleidenschaft gezogen, so daß das Maximum der Verteilungskurve unverändert bleibt und nur eine Verbreiterung nach kleineren Werten auftritt. Experimentell wurde eine Verringerung des $\bar{P}_n$ auf 1600 mit Hilfe der Gelpermeationschromatographie gefunden. Dies spricht also zusammen mit anderen physikalischen Eigenschaften (hohe Zugfestigkeit) für die „extended chain"-Anordnung. Dies ist auch wahrscheinlicher, wenn man davon ausgeht, daß die Mikrofibrillen „in toto" von einem Enzymkomplex synthetisiert werden. Dann jedoch wäre eine parallele Anordnung der Ketten eigentlich wahrscheinlicher (3, 27).

Außer als Cellulose I kommt Cellulose aufgrund der Röntgen-Diagramme noch in wenigstens fünf anderen Modifikationen vor.

So wird die native Form I durch Einwirkung von konzentrierter Natronlauge in Cellulose II übergeführt. Wie die in Tab. 29 aufgeführten Werte zeigen wird dabei vor allem die a- und c-Achse sowie der Winkel β verändert.

Tab. 29. Einheitszelle der Cellulose-Modifikationen.

Modifikation	a(Å)	b(Å)	c(Å)	β	Literatur
Cellulose I (native)	8,17	10,34	7,85	96,4°	(17)
Cellulose II (regeneriert, merceris.)	7,92	10,34	9,08	117,3°	(17)
Cellulose III (Ammoniak)	7,74	10,3	9,9	122°	(17)
Cellulose IV (Hochtemperatur)	8,11	10,3	7,9	90°	(17)
Cellulose X	8,1	10,3	8,0	90°	(28)
Algen-Cellulose	16,43	10,33	15,7	96°58′	(28)

Cellulose II wird auch bei der Regenerierung von gelöster Cellulose erhalten. Ebenso bei der als „Mercerisieren" bezeichneten Behandlung von Baumwolle mit konzentrierter Natronlauge (1–3 Minuten mit 20–25 %iger Natronlauge bei 35–40° C) unter Streckung. Hierbei tritt eine waschbeständige Erhöhung des Glanzes, eine Zunahme der Festigkeit bis 30 % und eine Vergrößerung der Farbstoffaufnahme ein. In dieser Form II liegen also alle Celluloseregeneratfasern (Kunstseide, Zellwolle) vor. Es handelt sich hierbei um einen irreversiblen Übergang und man nimmt deshalb an, daß Form II die thermodynamisch stabilere ist. Bei der Behandlung von I oder II mit flüssigem Ammoniak, das heute auch anstelle der Natronlauge beim Mercerisieren verwendet wird, entsteht die Cellulose III. Erhitzt man Cellulose I oder II in Glycerin auf 280 °C, so erhält man die Cellulose IV. Die als Cellulose X bezeichnete Form entsteht bei der Einwirkung von konzentrierter Salz- oder Phosphorsäure auf Baumwolle oder Zellstoff. Allerdings ist deren Einheitszelle der von Form IV sehr ähnlich. Die Cellulose der Zellwände der Meeresalgenart Valonia ventricosa und Chaetamorpha melagonicum ist hochkristallin und unterscheidet sich von Cellulose I durch die etwa doppelt so großen Werte für die a- und c-Achse der Elementarzelle (29), die somit von acht statt fünf Ketten gebildet wird. Ob diese größte Einheitszelle typisch für diese Algencellulose ist oder ob sie für alle nativen Cellulosen zutrifft und nur an hochkristallinem Material im Elektronenmikroskop aufgelöst werden kann, ist nicht zu entscheiden (3).

Andererseits ergaben Röntgenuntersuchungen an Cellulose I aus Ramiefasern Mikrofibrillen von 50—100 Å, elektronenmikroskopische Untersuchungen die bereits erwähnten Elementarfibrillen von 35 Å als Elementareinheiten. An Valonia- und Chaetamorpha-Cellulose wurden hingegen Mikrofibrillen von 210 Å Breite und 100 Å Dicke gefunden (3, 30). Bestimmungen der Kristallitdicke weisen darauf hin, daß diese Mikrofibrillen Einkristalle sind (30), die jedoch in kleinere 35 Å Untereinheiten zerlegt werden können (31). Möglicherweise ist dies ein Hinweis darauf, daß hier ein Zusammenhang mit der größeren Elementarzelle der Algencellulose besteht (3).

In allen diesen Modifikationen haben die Celluloseketten eine zweifache Schraubenachse. Bedingt durch die unterschiedliche Kristallinität der verschiedenen Cellulosearten ist auch ihre Dichte verschieden und beträgt bei Baumwollcellulose 1,27. Berücksichtigt man die intermizellaren Zwischenräume, so kommt man auf die recht hohen Werte von 1,52—1,59.

Infolge der hohen Kristallinität und der zahlreichen interchenaren Wasserstoffbrückenbildungen ist Cellulose im Unterschied zu der mit ihr isomeren Stärke in Wasser unlöslich. Da sie jedoch keine Hauptvalenzvernetzungen enthält, kann man sie in bestimmten Lösungsmitteln lösen. Hierzu gehört Kupfer-(II)-tetramminhydroxid-Lösung (Cuoxam), $[Cu(NH_3)_4]^{2+}SO_4^{2-}$, Kupfer-II-äthylendiaminhydroxid (Cuen), Eisen-Natriumtartat (EWN) in alkalischer Lösung u. ä. Komplexe. In diesen Lösungen liegt die Cellulose komplex gebunden vor. Aufgrund der o. a. alkalilabilen Bindungen ist es nicht unwahrscheinlich, daß in diesen Lösungen eine in gewissem Grade abgebaute Cellulose vorliegt. Molekulargewichts- bzw. Polymerisationsgradbestimmungen an solchen Celluloselösungen sind natürlich notwendig und nützlich. Ob aus ihnen aber zuverlässige Schlüsse auf die im nativen Zustand vorliegende Molekulargewichtsverteilung gezogen werden können, erscheint nicht ganz sicher. Diese Vorsicht bei der Beurteilung solcher Untersuchungsergebnisse erscheint besonders durch die Arbeiten von *Marx-Figini* und *G. V. Schulz* angebracht (32). Hiernach hat Baumwolle die unter Ausschluß von Licht und Sauerstoff aus Samenkapseln gewonnen wird, die sich noch nicht geöffnet haben, einen nahezu einheitlichen und außerdem sehr hohen Polymerisationsgrad von $P_n \approx 14\,000$. Im Unterschied dazu hat normal geerntete Baumwolle nicht nur einen erheblich niedrigeren P_n von $10\,000$ sondern auch eine deutliche Molekulargewichtsverteilung. Dies ist auf den Einfluß des Luftsauerstoffs und des Lichts zurückzuführen. Es hat also den Anschein, daß die im allgemeinen erhaltenen Molekulargewichte bzw. Polymerisationsgrade und ebenso die Verteilungskurven sich auf nicht völlig native, quasi „denaturierte" Cellulose beziehen. Die Annahme, daß die Cellulose der Sekundärwand bereits in polymolekularer Form von den entsprechenden Enzymen synthetisiert wird, ist also nicht ohne weiteres zulässig. Immerhin zeigen die Verteilungskurven des Polymerisationsgrades, die von Cellulose aus verschiedenen Pflanzen gewonnen wurden, starke quantitative und qualitative Unterschiede, z. T. zwei und drei Maxima, ganz im Unterschied zu synthetischen Polymeren (Abb. 136).

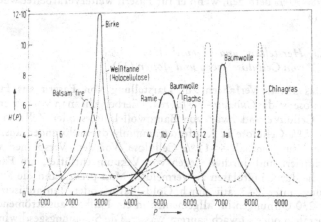

Abb. 136. Differentielle Massenverteilungskurven von Cellulose verschiedener Herkunft (1, 11).

4.1.2. Cellulosegewinnung

Holz enthält zwischen 40 und 55 % Cellulose. Wenn man hieraus oder auch aus anderen pflanzlichen Materialien praktisch reine Cellulose herstellen will, muß man vor allem das Lignin und die Hemicellulosen sowie andere Stoffe wie Harze etc. entfernen. Hierzu werden technisch im allgemeinen zwei bzw. drei Verfahren angewandt.

Beim Sulfitverfahren wird das Holz mit Calciumbisulfitlösung mehrere Stunden unter Druck auf Temperaturen bis zu 150 °C erhitzt. Dabei geht das Lignin in wasserlösliche Ligninsulfonsäure über und der übrigbleibende Zellstoff kann sehr leicht zerfasert werden.

Beim Sulfatzellstoffverfahren wird das Holz mit Natriumsulfid-sulfat-Lösungen bis auf 180 °C erhitzt. Dabei wird das Lignin in lösliche sog. Alkalilignine überführt, von denen die „Sulfat-cellulose" abgepreßt wird.

Erhitzt man das Holz nur mit Natronlauge, so erhält man die sog. Natroncellulose. In jedem Fall wird anschließend nicht nur zur Entfernung der restlichen Lösung gewaschen, sondern auch eine mehrfache Bleiche mit Chlor, Chlordioxid, Sauerstoff o. ä. durchgeführt. Der Cellulosegehalt dieser Zellstoffe kann bis zu 98–99 % betragen, wenn er für Fasern weiterverarbeitet werden soll (33).

4.1.3. Herstellung und Eigenschaften
von Cellulosefasern und -folien (33)

Das älteste Verfahren zur Darstellung von Fasern aus Holz-cellulose ist das *Cuoxam-Verfahren*. Hierbei geht man von Lösungen der Cellulose und zwar von Baumwoll-Linters oder Zellstoff mit 93–95 % Cellulose in Kupfertetramminhydroxidlösungen aus. Die Spinnlösung enthält 4–11 % Cellulose. Vor dem Verspinnen wird sie filtriert und durch Anlegen von Vakuum entlüftet, um Faden-brüche durch Luftblasen zu vermeiden. Man preßt dann die Spinn-lösung unter 2–3 atü durch Gold-Platin- oder Tantaldüsen mit 20–230 Öffnungen im allgemeinen in ein Fällbad aus strömendem, neutralem oder schwach saurem Wasser. Die Strömungsgeschwindig-keit ist dabei größer als die Austrittsgeschwindigkeit der Fäden aus der Düse. Hierdurch wird der Faserstrang unter Verstrecken der noch plastischen Fäden vom Wasser mitgenommen (Streck-spinnverfahren). Die Spinngeschwindigkeit ist mit 150 m/Minute relativ gering im Vergleich zu synthetischen Fasern mit über 1000 m/Minute. Allerdings kommt ein japanisches Verfahren mit 800 m/Minute an diese Werte recht nahe heran. Die erhaltenen Fäden sind sehr fein und werden zunächst zum Entkupfern durch ein 2–6 %iges Schwefelsäurebad, dann durch mehrere Waschbäder zum Entfernen der Säure, schließlich durch eine Trockenkammer geleitet und dann aufgespult. Die so erhaltene Kunstseide wird auch als Bemberg-Seide bezeichnet. Sie ist stark hygroskopisch und nimmt 90–115 % ihres Trockengewichtes an Wasser auf. Obwohl dieses Verfahren technologisch relativ einfach ist und das Kupfer mittels Ionenaustauschern zu 95 %, das Ammoniak zu etwa 80 % wiedergewonnen werden, wird in der Bundesrepublik kaum noch Kupferseide hergestellt, da das Verfahren zu lohnintensiv ist (33). Die weitaus größte Menge an Fasern aus regenerierter Cellulose wird heute nach dem Viskoseverfahren hergestellt.

Beim *Viskoseverfahren* (s. Abb. 137 [33, 34]) wird

1. Zellstoff mit 87—90 %, in besonderen Fällen 94—95 % Cellulose in ca. 18 %ige Natronlauge von ca. 20 °C eingebracht. Dabei entsteht eine als *Natroncellulose* bezeichnete Anlagerungsverbindung der ungefähren Zusammensetzung $[(C_6H_{10}O_5)_2(NaOH)]_n$. Dabei lösen sich außerdem noch vorhandene Reste von Hemicellulosen. Dann wird der Laugenüberschuß abgepreßt, die Natroncellulose zerfasert und etwa 2—3 Tage bei 30 °C sich selbst überlassen, wobei ein Kettenabbau erfolgt. Man bezeichnet diesen Prozeß als *Vorreife*. Dies ist deshalb wichtig, weil sonst die daraus hergestellten Spinnlösungen eine zu hohe Viskosität haben und damit schwer verarbeitbar sind. Der Polymerisationsgrad nimmt dabei von 1000—1500 auf 300—700 ab.

Diese Natroncellulose wird

2. mit etwa einem Drittel ihres Gewichtes an Schwefelkohlenstoff versetzt wenige Stunden etwa bei Raumtemperatur in einer Drehtrommel behandelt. Man bezeichnet diesen Vorgang als *Xanthogenierung* oder *Sulfidierung*. Hierbei gehen die sekundären und die primären OH-Gruppen in das Na-Salz des Sauerstoffesters der Dithiokohlensäure, das Cellulosexanthogenat über (s. Abb. 137). Dies ist eine orangegelbe, dickflüssige Masse. Die Farbe ist allerdings durch Natriumtrithiocarbonat bedingt, das aus CS_2 und NaOH entsteht. Die Xanthogenierung findet zunächst sehr rasch in den gut zugänglichen weniger geordneten Bereichen statt und greift dann auf die kristallinen über. Bei den üblicherweise angewandten Bedingungen werden 50—60 % der Glucosereste xanthogeniert. Dies ist erforderlich um filtrierbare, faserfreie Viskosen zu erhalten. Am schnellsten reagieren die sekundären OH-Gruppen an C-2, während die an C-6 deutlich langsamer umgesetzt werden. Infolge der höheren Stabilität der an C-6 substituierten Verbindung entsteht mit der Zeit zunehmend das C-6-Xanthogenat.

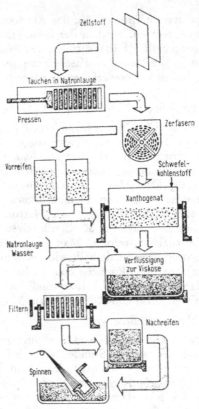

Abb. 137. Schematische Darstellung der Viskosebereitung (33, 34).

Die Verteilung der Xanthogenatgruppen ist in Tab. 30 wiedergegeben

Tab. 30. Verteilung der Xanthogenatgruppen in % auf die Stellungen C-2, C-3 und C-6 (33, 35—37).

Position	nach (35)	nach (36)	nach (37)	
			frische Viskose	gereifte Viskose
C-2	20	28		0—40
C-3	43	38	69	
C-6	37	34	31	60—100

Danach wird

3. das Xanthogenat in 40%iger Natronlauge gelöst, wobei eine
gelbe, recht zähe Lösung erhalten wird, die man aus diesem Grund als Viskose bezeichnet. Die Viskosität beträgt
3,5—10 Poise, in Spezialfällen noch erheblich darüber.
Sie hängt stark von der Zusammensetzung, insbesondere
auch von der Konzentration an NaOH ab und das Minimum
der Viskosität liegt bei 8 % NaOH.

Diese Viskose wird

4. zur sog. „Nachreife" 2—4 Tage bei 12—20 °C sich selbst überlassen. Der angestrebte „Reifegrad" hängt vom Verwen-
dungszweck ab. Während dieses Prozesses erfolgt z. T. eine
„Umxanthogenierung" und ebenso eine Abnahme des
Xanthogenierungsgrades. Insgesamt handelt es sich dabei
um einen sehr komplexen Vorgang. Eine Folge der verschiedenen Vorgänge ist, daß während der „Reife" zunächst
die Viskosität abnimmt. Die zunehmende Rückbildung von
OH-Gruppen verursacht aber anschließend eine steigende
intermolekulare Assoziation und damit wieder eine Erhöhung der Viskosität. Auf diese Weise kann es zum Ge-
lieren des Ansatzes kommen, der dadurch unbrauchbar wird.

Die gereifte Viskose wird schließlich

5. in der Spinnmaschine durch Edelmetall- oder Glasdüsen mit
3000—8000, ja bis zu 20 000, Öffnungen in ein Spinnbad
von 45—55 °C gedrückt. Es besteht aus einer ca. 8 %
Schwefelsäure enthaltenden 15—30 %igen Natriumsulfat-
lösung (Müllerbad), mit 2—3 % Zinksulfat. Dabei wird die
Viskose zunächst koaguliert und unter Regenerierung von
Cellulose zersetzt. Hierbei spielen sich folgende Reaktionen
ab:

$$\text{Cell}-\text{O}-\underset{\underset{S}{\|}}{\text{C}}-\text{SNa}+\text{H}_2\text{SO}_4 \longrightarrow \text{Cell}-\text{O}-\underset{\underset{S}{\|}}{\text{C}}-\text{SH}+\text{NaHSO}_4$$

$$\text{Cell}-\text{OH}+\text{CS}_2$$

Die Spinngeschwindigkeit beträgt 80—150 m/Minute. Nach
dem Verlassen des Spinnbades werden die teilweise regenerierten Fasern in heißer Luft zur Orientierung der Moleküle
und Verbesserung der Festigkeit verstreckt. Dann werden

die Faserstränge durch mehrere Waschbäder geführt, mit Gleitmitteln versehen (aviviert) und getrocknet. Die Eigenschaften der entstehenden Fasern werden in hohem Maß durch die Spinnbedingungen festgelegt. So werden die Fasereigenschaften um so besser je mehr die Koagulation der Viskose gefördert wird und je langsamer die Celluloseregenerierung erfolgt. Da Zinkcellulosexanthogenat 4—5-mal langsamer als das Na-Salz zersetzt wird, setzt man den Spinnbädern Zinksalze zu. Dabei wird zugleich ein stärker streckbarer Gelfaden erhalten, weil die 2-wertigen Zinkionen quasi vernetzend auf benachbarte Cellulosexanthogenatmoleküle wirken (Abb. 138).

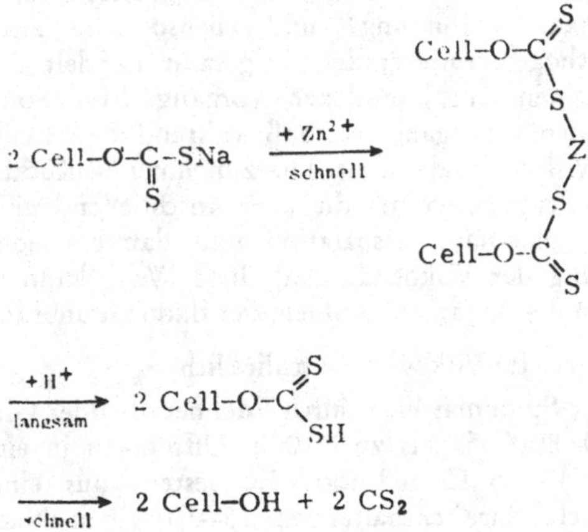

Abb. 138. Bildung und Zersetzung von Zn-Cellulosexanthogenat.

Im ausgefällten Faden entstehen je nach Spinnbadzusammensetzung Schichten mit unterschiedlicher Struktur.

Während normale Viskosefasern im Vergleich zu Baumwolle nicht besonders günstige Eigenschaften haben, kann man durch Abwandlung der Herstellungsbedingungen sehr reißfeste Fasern, vor allem auch in nassem Zustand, gewinnen. Ein wesentlicher Nachteil der gewöhnlichen Viskosefaser ist ihr geringer Naßmodul. Außerdem quellen sie sehr viel stärker in Wasser als Baumwolle wie Tab. 31 zeigt. Da sie außerdem eine glatte Oberfläche haben gibt es Schwierigkeiten beim Verspinnen mit anderen Fasern. Im

Tab. 31. Quellvermögen von Cellulosefasern in Wasser (1).

Baumwolle	18 %
Viscoseseide	74 %
Kupferseide	86 %
Cellulosetriacetat	10 %

folgenden soll nun gezeigt werden wie man durch besondere Spinnbedingungen diese Nachteile vermeiden kann. Recht interessant ist die Herstellung der sog. Kräuselfaser (37, 38). Man erreicht den Kräuseleffekt, der eine bessere Verspinnbarkeit der Fasern mit Wolle bewirkt, dadurch, daß man zwei Spinnbäder hintereinander anordnet. Das erste Koagulationsbad von 45—70 °C ist verhältnismäßig arm an Schwefelsäure, hat jedoch eine sehr hohe Natriumsulfatkonzentration von 32—36 % und enthält 2 % Zinksulfat. Im zweiten 95 °C heißen Schwefelsäurebad wird aus den koagulierten Fäden Cellulose unter Zersetzung des Xanthogenats regeneriert. Gleichzeitig werden die Fäden in diesem Bad um 60—90 % ihrer Länge verstreckt. Die Fäden werden in einige Zentimeter lange Stücke (auf Stapellänge) zerschnitten und mit Säure von 80 °C behandelt. Dabei reißt die zunächst gebildete äußere Celluloseschicht infolge Hydrolyse auf und das im Innern noch befindliche Gel tritt aus. Auf diese Weise entsteht ähnlich wie bei der Merinowolle (s. S. 97) eine bilaterale Struktur, die zur Faserkräuselung führt. Elektronenmikroskopische Aufnahmen von Querschnitten solcher Fasern zeigt Abb. 139.
Besonders reißfeste Fasern (Cord und Supercord) erhält man durch Verstrecken der Fäden in 90 °C heißen Bädern von verdünnter Schwefelsäure durch veränderte Spinnbedingungen, Zusätze etc.
Eine Fibrillenstruktur wie bei Baumwolle erzielt man bei den sog. „polynosischen" Fasern (= polymer non synthetic). Auch hier wendet man zwei Spinnbäder an, wobei das erste relativ schwach sauer ist und auf die Fäden stark koagulierend wirkt. Im zweiten Bad werden sie auf 150 % verstreckt. Die niedrige Säurekonzentration des ersten Bades bewirkt, das nur wenige Cellulose-Kristallitkeime entstehen, die zur Bildung von langen geordneten Fibrillen führen. Sie werden bei der hohen Verstreckung der noch sehr

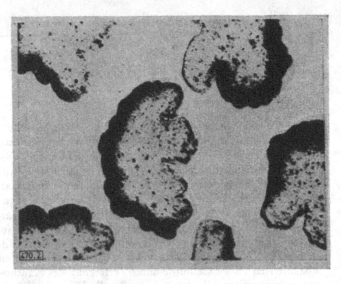

Abb. 139. Querschnitte strukturgekräuselter Viskosefasern. Vergrößerung: 5000fach (33, 38).

plastischen Fäden stark parallel zur Faserachse orientiert. Wichtig ist außerdem, daß mit niedrigerer Geschwindigkeit als bei den Normaltypen gesponnen wird. Die polynosischen Fasern werden zusammen mit den Hochnaßmodulfaser-(HWM)-Fasern als „Modalfasern" bezeichnet. Diese nach dem Tachikawa-Verfahren erhaltenen Fasern werden unter Zusatz von Formaldehyd oder Verbindungen die Formaldehyd abspalten gesponnen. Sie sind nicht so stark orientiert wie die polynosischen Fasern, können aber u. U. beim Verspinnen auf 500–600 % gestreckt werden.

Die Kraft-Dehnungs-Diagramme (Abb. 140) bei einer bestimmten Luftfeuchtigkeit und ebenso im nassen Zustand zeigen, wie stark unterschiedlich die Eigenschaften der nach dem Normalverfahren hergestellten regenerierten Cellulosefasern und der sog. Modalfasern sind. Wenn sie auch nicht dieselben Eigenschaften wie die nativen Cellulosefasern der Baumwolle haben, so sind sie ihr doch hinsichtlich der Festigkeit im nassen und trockenen Zustand überlegen, ihre Formstabilität ist größer (33), die Dehnbarkeit geringer.

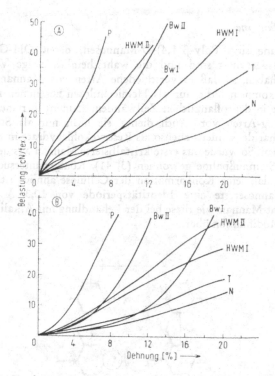

Abb. 140. Kraft-(Zug-)Dehnungsdiagramme verschiedener Cellulosefaser-Typen (33). A: im lufttrockenen; B: im nassen Zustand; N: normale Viskosefaser; T: technische Type; B$_W$-I: Baumwolle aus Texas; B$_W$-II: ägyptische Baumwolle; HWM-I: Hochnaßmodul-Type I; HWM-II: Hochnaßmodul-Type II; P: polynosische Faser (40).

4.2. Die Hemicellulosen

Die Hemicellulosen sind — ebenso wie das Lignin — oft als der dem Zement vergleichbare Bestandteil des Verbundwerkstoffes Holz bezeichnet worden, in dem die Cellulosefibrillen die Eisenarmierung darstellen (1). Sie bestehen u. a. aus dem β(1,4)Xylan und dem β(1,4)Mannan.

229

4.2.1. Mannane

Mannane sind Poly-β(1,4)-D-Mannosen, deren OH-Gruppen teilweise acetyliert sind und die wahrscheinlich einige Verzweigungen haben, so daß es verschiedene Arten von Mannanen gibt (3). Sie kommen nicht nur als Hemicellulosen zusammen mit der Cellulose in den pflanzlichen Zellwänden, sondern in reiner Form in Seetang-Arten vor. Auch dienen sie nicht nur als Strukturpolysaccharide, sondern ebenso als Reservekohlehydrate in Knollen und Samen. So wurde das erste kristallisierte Mannan aus den Nüssen der Steinnußpalme gewonnen (3, 41). Röntgenuntersuchungen ergaben, daß seine Konformation der Cellulose ähnlich ist, wobei zwei Mannosereste eine Identitätsperiode von 10,3 Å bilden. Auch geht Mannan wie diese bei der Behandlung mit Alkali in eine andere Modifikation über.

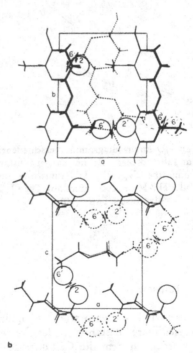

Abb. 141. Einheitszelle (a) und Strukturvorschlag (b) für Mannan I aus den Zellwänden von Codium-Tang (3, 42).

Die orthorhombische Einheitszelle von Mannan aus den Zellwänden von Codium Seetang, die völlig cellulosefrei sind, enthält zwei Mannanketten (a=7,21 Å, b=10,27 Å, c=8,82 Å) (Abb. 141). Die Einheitszelle des daraus hergestellten Mannan II ist hingegen monoklin und ist mit a = 18,8 Å, b = 10,2 Å und c = 18,7 Å (β = 57,5°) wesentlich größer.

Aus dem Samen der Steinnußpalme sind verzweigte Galactomannane mit einem Mannose: Galaktose Verhältnis von 2:1 isoliert worden. Man nimmt an, daß es sich dabei um eine Poly-β-(1,4)-D-mannose mit (1,6) verknüpften Galactose-Seitenketten handelt. Hiernach bilden die Ketten Lamellen, wobei die Galactoseketten alle auf derselben Seite liegen, während bei benachbarten Lamellen die Seitenketten nach den entgegengesetzten Seiten gerichtet sind. Dies ist in Abb. 142 schematisch dargestellt.

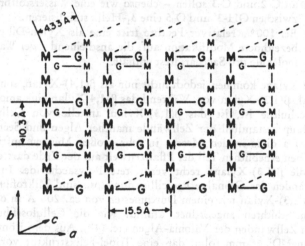

Abb. 142. Anordnung der Galactomannanketten in der Einheitszelle aus dem Samen von Cyanopsis tetragonoloba (Guar-Samen). G: Galactose-, M: Mannosereste (43).

4.2.2. Xylane

Die β(1,4)-Xylane bilden zusammen mit den Mannanen die Hemicellulosen der pflanzlichen Zellwände. Sie sind häufig teilweise acetyliert und enthalten einzelne Saccharidreste als Seitengruppe (3, 44, 45). Gewöhnlich handelt es sich dabei um L-Arabinose und 4-O-Methyl-D-glucuronsäure.

Die Seitengruppen verhindern, daß diese Polymeren kristallisieren. Xylane werden in größerer Menge in Harthölzern gefunden (3), aus denen man sie mit verdünnten Alkalilaugen herauslösen kann. Auch β(1,4)-Xylan, das nach Abspalten der Seitengruppen mit verdünnter Säure kristallisiert, kommt in wenigstens drei Modifikationen vor in Abhängigkeit vom Hydrationsgrad (3, 46):

a) „Trocken-Xylan" erhält man beim Trocknen im Vakuum.

b) Xylan-Hydrat liegt bei niedrigen Feuchtigkeitswerten vor und enthält ein Wassermolekül pro Zuckerrest. Die Einheitszelle enthält zwei Xylanketten und sechs Wassermoleküle, die eine über HBB verbundene Kette bilden. Die Wasserstoffbrücken zwischen dem Wasser und den OH-Gruppen an C-2 und C-3 sollen — ebenso wie eine Wasserstoffbrücke zwischen OH-3' und O-5 eine 3_1-Helix stabilisieren.

c) Bei 100 % relativer Feuchte tritt eine als Xylan-Dihydrat bezeichnete Modifikation auf, die anscheinend zwei Wassermoleküle pro Saccharidrest enthält.

Die Xylane kommen jedoch nicht nur als β(1,4)-Xylan, sondern auch als β(1,3)-Xylan vor. Während das β-1,4-Xylan eine amorphe Hemicellulose ist, ist das β(1,3)-Xylan anstelle von Cellulose der Hauptbestandteil der Zellwände mancher Algen und Seetangarten. Da diese in den Meeren in sehr großen Mengen auftreten und einen erheblichen Teil der Pflanzenwelt auf der Erde darstellen, sind die β(1,3)-Xylane recht verbreitete Polysaccharide. In den Zellwänden der Grünalge Penicillus dumetosis sind Mikrofibrillen von β(1,3)-Xylan mit einem Durchmesser von ca. 200 Å in orientierten Schichten angeordnet, ähnlich wie die Cellulosefibrillen in den Zellwänden der Valonia-Algen etc. (47). Aus dem Röntgenbeugungs-Diagramm folgt, daß eine Tripel-helixstruktur vorliegt, wobei drei Xylanketten mit einer $6_1 3$ Symmetrie umeinandergewunden sind. Auf eine Windung der rechtsgängigen Helix entfallen also sechs D-Xylosereste mit einer Identitätsperiode von 18,36 Å (Abb. 143). Die OH-Gruppen an C-2 weisen auf die Helixachse hin und verbinden drei Ketten der Tripelhelix über Wasserstoffbrücken miteinander wobei eine 6-Ringstruktur entsteht (Abb. 143). Die Einheitszelle enthält eine Tripelhelixeinheit [a = c = 15,4 Å, b = 6,12 Å (Faserachse), $\beta = 120°$, Raumgruppe $P6_2$] (48).

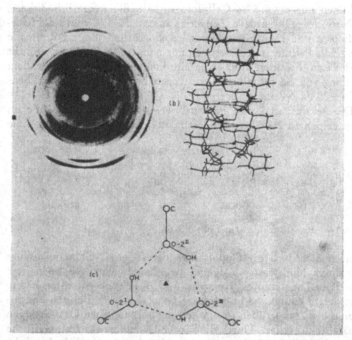

Abb. 143. Struktur von β-(1,3)-Xylan aus Siphonous Grünalgen (3, 47).
a) Röntgendiagramm bei 98 % relat. Feuchte; b) Drahtmodell der durch
Atkins et al. ermittelten Tripelhelix; c) Verknüpfung der drei Ketten der
Tripelhelix über Wasserstoffbrücken.

Die dritte neben Cellulose und Hemicellulosen in den Zellwänden
von Pflanzen enthaltene Polysaccharidkomponente sind u. a. die

4.3. Pektinsäuren bzw. Pektine

Ebenso wie andere saure Polysaccharide kommen sie auch in der
zwischen den Zellen befindlichen Interzellularsubstanz vor und man
findet sie auch gelöst im Zellsaft. In der Zellwand sind sie — wie
bereits S. 211 erwähnt — in deren primärem Teil enthalten. Sie
sind somit vor allem in nicht verholzten, bzw. im Wachstum befindlichen pflanzlichen Geweben vorhanden. Die Verholzung besteht
ja darin, daß nach der wasserreichen primären Zellwand die neben

Pektinen nur etwa 8 % Cellulose enthält, die wesentlich dickere, mehrschichtige sekundäre Zellwand aus ca. 50 % Cellulose, Hemicellulosen und Lignin gebildet wird. So enthält junge Baumwolle etwa 5 % Pektine, reife hingegen nur noch 0,8 % (6). Auch in nicht verholzten Früchten und Wurzeln kommen Pektine in großem Umfang vor. So enthalten Citrusfrüchte bis zu 30 %, Zuckerrübensaft $\approx$ 25 % Pektine.

Die Pektinsäuren sind Poly-α-D-(1,4)-galacturonsäuren, die im allgemeinen zu 20—75 % als Methylester vorliegen (Abb. 144). Sie

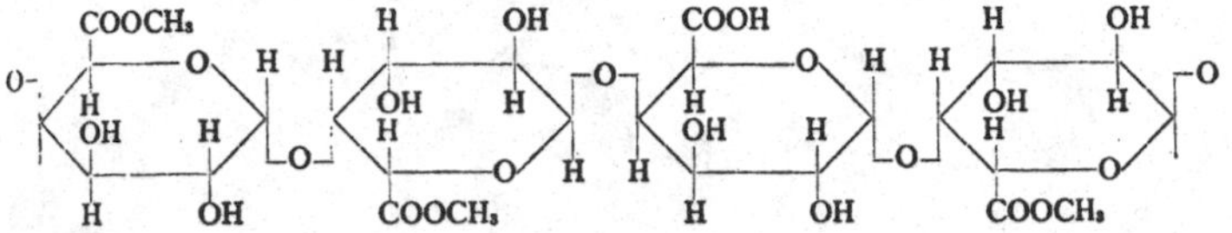

Abb. 144. Konstitutionsformel von Pektin.

können also auch als Copolymere der freien D-Galacturonsäure mit ihrem Methylester aufgefaßt werden. In Citruspektinen liegt eine Poly-D-galacturonsäure vor, andere Pektine enthalten häufig verzweigte Arabinane und lineare Galactane (49). Bei den Pektinsäuren der Zuckerrüben ist ein Teil der alkoholischen OH-Gruppen zusätzlich acetyliert. Durch die für die Uronsäuren charakteristische in C-6 befindliche Carboxylgruppe wird das physikalisch-chemische Verhalten gegenüber den neutralen Polysacchariden wesentlich verändert. So wirken sie wahrscheinlich in der Zellwand aufgrund ihrer Polyelektrolytnatur als Ionenaustauscher und haben Einfluß auf den Ionentransport durch die Zellwand. Auch ihr starkes Quellungsvermögen dürfte für die wachsende Zelle von Bedeutung sein. Im gelösten Zustand haben sie durch die elektrostatische Abstoßung der COO⁻-Gruppen eine recht gestreckte Konformation und ergeben sehr viskose Lösungen. Zahlreiche — wenn auch nicht alle Pektine — sind in der Lage unter bestimmten Umständen recht steife Gele (Gallerten) zu bilden. Dies gilt vor allem für Pektine aus Früchten und Rüben, nicht hingegen für die aus Flachs. Die Bedingungen unter denen die Gelbildung stattfindet, hängt u. a. vom Gehalt an freien Carboxylgruppen, vom pH-Wert und von der elektrischen Wertigkeit zugesetzter Ionen ab. Liegen zahlreiche freie, nicht veresterte Säuregruppen vor, so können zweiwertige Ionen wie die des Calciums die Gelbildung hervorrufen. Dies beruht darauf, daß diese Kationen zwei benachbarte

Ketten unter Salzbildung quasi physikalisch vernetzen. Aber auch bei stark veresterten Pektinen ist eine Gelbildung möglich, die anscheinend durch hydrophobe Wechselwirkungen der Methylestergruppen benachbarter Ketten zustandekommt. In diesem Fall wird die Gelbildung durch Säurezugabe begünstigt, weil hierdurch die Dissoziation der Carboxylgruppen zurückgedrängt wird. Dabei wirken die dissoziierten COO^--Gruppen aufgrund ihrer starken gegenseitigen elektrostatischen Abstoßung und ihrer Hydratation der Gelbildung entgegen. Zugabe von Saccharose oder Glyzerin bewirkt eine zusätzliche Dehydratisierung der gebildeten Gruppen und fördert ebenso die Entstehung des Gels.

Stark beeinflußt werden die Eigenschaften dieser Substanzen naturgemäß vom Polymerisationsgrad P_n, der je nach der biologischen Herkunft sehr verschieden ist. Er kann zwischen etwa 160 und 2800 liegen. Hiervon wird nicht nur die Viskosität der Lösungen beeinflußt, die mit zunehmenden P_n — bei gleicher Konzentration — steigt, sondern auch das Gelbildungsvermögen.

4.4. Alginsäuren

Sie sind — wie der Name andeutet — in den Zellwänden und der Interzellularsubstanz von Algen, vor allem von Braunalgen sowie von Seetang, enthalten. Sie können hier bis zu 40 % der Trockensubstanz ausmachen.

Die Alginsäuren sind wie die Pektine aus Uronsäuren aufgebaut, sie sind jedoch $\beta(1,4)$ verknüpfte Copolymere von D-Mannuron- und Guluronsäure (Abb. 145). Je nach ihrer biologischen Herkunft ist das Verhältnis der beiden Monomeren verschieden, ebenso das erhaltene Röntgenbeugungsdiagramm. Es kommen darin Sequenzen $(M)_n$, $(G)_n$ und auch alternierende $(M—G)_n$ vor. Man hat Algin-

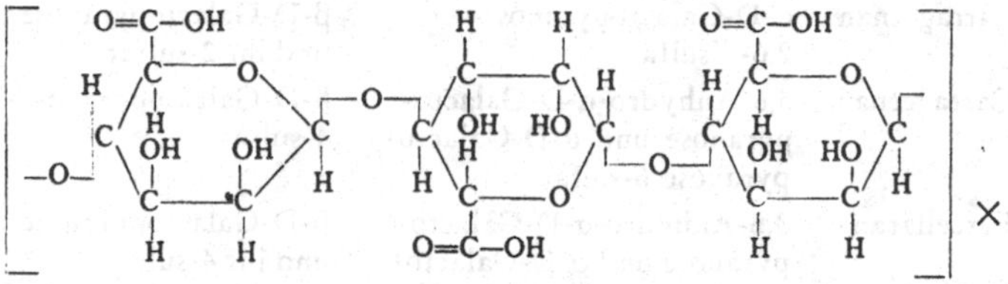

Abb. 145. Konstitutionsformel von Alginsäure.

säuren mit einem Gehalt von 96% Mannuronsäure und andere mit 73% Guluronsäure gefunden. Beide haben wahrscheinlich dieselbe Raumgruppe $P2_12_12_1$, d. h. also drei aufeinander senkrecht stehende zweizählige Schraubenachsen. Sie haben beide orthorhombische Elementarzellen; die der Poly-D-Mannuronsäure hat $a = 7,58$ Å, $b = 10,35$ Å (Faserachse), $c = 8,58$ Å, die der Poly-D-Guluronsäure hat $a = 8,6$ Å, $b = 8,72$ Å (Faserachse), $c = 10,74$ Å. In Richtung der Faserachse sind auch hier zwei Guluronsäurereste enthalten, jedoch sind sie $\alpha(1,4)$ verknüpft, wie der niedrigere b-Wert zeigt (3, 50, 51).

Der Polymerisationsgrad der Alginsäuren liegt zwischen etwa 600 und 1500. Sie sind zwar außerordentlich hygroskopisch und nehmen bis zum 300fachen ihres Gewichtes an Wasser auf, lösen sich aber selbst in der Hitze nur wenig darin. Wasserlöslich sind die Alkali- und Magnesiumsalze. Man kann deshalb die Alginsäuren

Tab. 32. Zusammensetzung von $[A(1,3)-B(1,4)]_n$ Polysacchariden aus Algen und Seetang (3, 52).

Polysaccharid	Rest A	Rest B
Agarose	3,6-Anhydro-α-L-Galacto-pyranose	β-D-Galactopyranose
Porphyran	3,6-Anhydro-α-Galacto-pyranose und L-Galacto-pyranose-6-sulfat	β-D-Galactopyranose und deren 6-Methyläther
k-Carrageenan	3,6-Anhydro-α-D-Galacto-pyranose, ihr 2-sulfat und α-D-Galatopyranose-6-sulfat	β-D-Galactopyranose-4-sulfat
l-Carrageenan	3,6-Anhydro-α-D-Galacto-pyranose-2-sulfat und α-D-Galactopyranose-2,6-disulfat	β-D-Galactopyranose-4-sulfat
λ-Carrageenan	α-D-Galactopyranose-2,6-disulfat	β-D-Galactopyranose und ihr 2-sulfat
μ-Carrageenan	3,6-Anhydro-α-D-Galacto-pyranose und α-D-Galacto-pyranose 6-sulfat	β-D-Galactopyranose-4-sulfat
k-Furcellaran	3,6-Anhydro-α-D-Galacto-pyranose und α-D-Galacto-pyranose 6-sulfat	β-D-Galactopyranose und ihr 4-sulfat

aus den Algen und Tangen mit Natriumcarbonatlösungen extrahieren und durch Ansäuern wieder ausfällen.

Auch die Alginsäureester werden in der Lebensmittelindustrie z.B. als Emulgatoren und Verdickungsmittel verwendet.

Copolymere alternierender Polysaccharide kommen in Algen und Seetang sehr verbreitet vor. Ihre Zusammensetzung ist in Tab. 32 angegeben. Agarose und Porphyran sind in dem aus verschiedenen Rotalgen isolierbaren Agar-Agar enthalten. Charakteristisch für sie ist – wie für viele andere dieser AB-Polysaccharide – eine teilweise Veresterung einer OH-Gruppe, häufig an C-4 und an C-6 mit Schwefelsäure. Sie geben bereits in $1^0/_0$iger wäßriger Lösung Gele und werden nicht nur für Bakteriennährböden, sondern auch für die Gelelektrophorese, Gelchromatographie und in der Nahrungsmittelindustrie als Verdicker verwendet.

4.5. Carrageenan

Es wird aus den im Nordatlantik vorkommenden Rotalgen (Chondrus crispus, Gigartina mammilosa etc.), die im getrockneten Zustand als Irländisches Moos (Lichen irlandicus) bezeichnet werden durch Behandeln mit heißem Wasser gewonnen. Die viskosen und thixotropen Lösungen bilden bereits bei einem Gehalt von nur 2–5 % beim Abkühlen steife Gele. Ihre Zusammensetzung ist in Tab. 32 angegeben. Der Polymerisationsgrad liegt bei ca. 1200. Je nach ihrer Zusammensetzung unterscheidet man verschiedene Carragenane. Hierbei variiert besonders die A-Komponente, während die B-Komponente meist β-D-Galactopyranose-4-sulfat ist.

Die Konformationen der Carrageenane sind einander sehr ähnlich. Sie haben hexagonale Einheitszellen. Besonders interessant ist beim k-Carrageenan, daß seine Moleküle als Doppelhelix angeordnet sind. Beim l-Carrageenan sollen die beiden Helices miteinander verdrillt sein. Ein Modell dieser Struktur ist in Abb. 146 (3, 52) wiedergegeben.

Carrageenane wirken wie das mit ihnen verwandte Heparin (s. S. 248) hemmend auf die Blutgerinnung (antikoagulierend), was auf den Gehalt an Sulfatresten zurückgeführt werden kann. Insbesondere werden sie jedoch in der Nahrungsmittelindustrie bei der Herstellung von „Ice-cream", Marmeladen, Pudding etc. verwendet.

Meerespflanzen wie verschiedene Seetangarten sind somit nicht nur in Ostasien ein nicht unwichtiges Lebensmittel. Auch in den

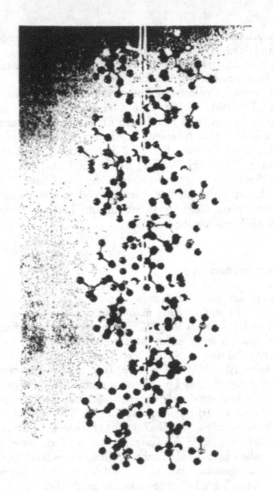

Abb. 146. Doppelhelix von L-Carrageenan nach *Rees* (3, 52).

andern Teilen der Erde spielen zumindest daraus gewonnene Polysaccharide eine erhebliche Rolle als Hilfsstoffe bei der Nahrungs-
mittelherstellung.

Zu den in Pflanzen vorkommenden sauren Polysacchariden vom
$[A(1,3)-B(1,4)]_n$-Typ gehören auch die in tierischen Geweben vorkommenden Mucopolysaccharide.

4.6. Mucopolysaccharide

Sie kommen kovalent gebunden an Kollagen in der amorphen, gelartigen Matrix der Bindegewebe tierischer Lebewesen als Proteoglycane vor. Wie aus der Tab. 33 hervorgeht, handelt es sich dabei um Glucosaminoglucane.

Tab. 33. Zusammensetzung von $[A(1,3)-B(1,4)]_n$ Mucopoly-sacchariden tierischer Bindegewebe (3, 52).

Polysaccharid	Rest A	Rest B
Hyaluronsäure	β-D-Glucopyranuron-säure	2-Acetamino-2-desoxy-β-D-glucopyranose
Chondroitin-4-sulfat (Chondroitin A)	β-D-Glucopyranuron-säure	2-Acetamino-2-desoxy-β-D-galactopyranose-4-sulfat
Chondroitin-6-sulfat (Chondroitin C)	β-D-Glucopyranuron-säure	2-Acetamino-2-desoxy-β-D-galactopyranose-6-sulfat
Dermatansulfat (Chondroitinsulfat B)	α-L-Idopyanuron-säure und β-D-Gluco-pyranuronsäure	2-Acetamino-2-desoxy-β-D-galactopyranose-4-sulfat, manchmal -6-sulfat
Keratansulfat	2-Acetamino-2-desoxy-β-D-gluco-pyranose und ihr 6-sulfat	β-D-Galactopyranose und ihr 6-sulfat

Die Konformation der Disaccharid-Einheiten ist in Abb. 147 (59) wiedergegeben.

4.6.1. Hyaluronsäure

Dies ist eine Poly-(β-1,3-N-acetylglucosamin)-β-1,4-Glucuronsäure mit einem sehr hohen Molekulargewicht von 10^5-10^6. Sie ist kovalent mit einem Proteinmolekül zu einem Proteoglykan verbunden und kommt in sog. „weichen Bindegeweben" wie der Unterhaut, im Knorpel, der Synovialflüssigkeit der Gelenke (Gelenkschmiere), im Glaskörper des Auges und in der Nabelschnur vor. Hyaluronsäure ist in diesen wasserreichen Geweben offenbar an der Wasserbindung in Gewebezwischenräumen beteiligt und verbindet als Interzellularsubstanz die Zellen miteinander.

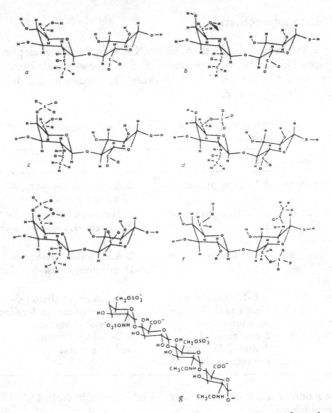

Abb. 147. Konformation der Struktureinheiten von Mucopolysacchariden
(59). a) Hyaluronsäure (N-acetylglucosaminoglucuronsäure), b) Chondroitin, c) Chondroitin-4-sulfat (N-Acetylgalactosamin-glucuronsäure-4-sulfat), d) Chondroitin-6-sulfat, e) Dermatansulfat (N-Acetylgalactosamin-L-iduronsäure-4-sulfat, f) Keratansulfat (Galactose-N-Acetylglucosamin-6-sulfat), g) Heparansulfat.

Aus Röntgenuntersuchungen von *Atkins* et al. folgt, daß Hyaluronsäure in mehreren helicalen Konformationen in Abhängigkeit vom pH-Wert, der Ionenstärke und der Art der Gegenionen sowie dem Hydratationsgrad (53) auftritt. Dabei handelt es sich um 2_1-, 3_2- und 4_3-Helices wie Abb. 148 a—d zeigt. Die Konformation der Abb. 148 a wird bei niedrigen pH-Werten beobachtet. Es ist noch

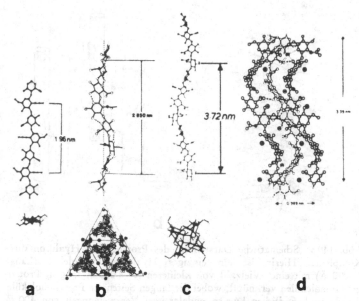

Abb. 148. Helicale Konformationen von Hyaluronat (53—55). a) 2_1-Helix mit h = 9,8 Å; b) 3_2-Helix mit h = 9,5 Å; c) 4_3-Helix mit h = 9,3 Å; d) 4_3-Helix mit h = 8,4 Å.

nicht sicher, ob es sich dabei um die der freien Säure oder um die eines Alkalisalzes handelt. Offenbar ist es eine sehr gestreckte 2_1-Helix, wie die auf die Achse projizierte Höhe einer Disaccharideinheit von 9,8 Å zeigt. Ihre theoretische Länge ist 10,2 Å. Calcium- und Natriumsalz bilden linksgängige 3_2-Helices mit einer Identitätsperiode von 28,5 Å, wobei eine Disaccharideinheit eine auf die Achse projizierte Höhe von 9,5 Å hat. Es ist somit ebenfalls eine sehr gestreckte Konformation.

Nach einem neueren Modell sind die Helices zu einem trigonalen Gitter angeordnet. Die Elementarzelle hat die Abmessungen a = b = 11,7 Å, c = 28,5 Å, γ = 120°. Jeweils zwei Ketten verlaufen antiparallel zueinander. Die 3_2-Helices werden durch intramolekulare HBB (s. Abb. 148 b oben) stabilisiert.

Kalium- und Natriumhyaluronat können außerdem in zwei 4_3-Helices vorkommen, von denen die eine eine Identitätsperiode von 37,2 Å, die andere eine von 33,9 Å hat. In beiden Fällen liegen

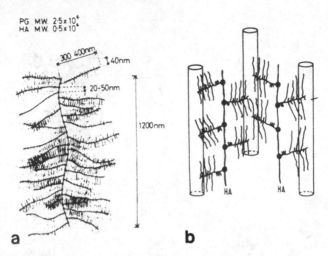

PG MW. 2·5×10⁶
HA MW. 0·5×10⁶

300 400nm | 40nm

20-50nm

1200nm

HA   HA

a   b

Abb. 149 a. Schematische Darstellung des Proteoglykan-Hyaluronsäure-Komplexes. Hierin ist ein einziges Hyaluronsäuremolekül (Länge 12 000 Å) mit einer Vielzahl von kleineren (3—4 000 Å langen) Proteoglykanmolekülen verknüpft, wobei die langen Seitenäste Proteinmoleküle, die daran befindlichen kurzen nadelartigen Verzweigungen von 400 Å Länge die Mucopolysaccharide wie Chondroitin und Keratansulfat darstellen.

Abb. 149 b. Zeigt, wie man sich die Verbindung zwischen dem Kollagen des knorpeligen Bindegewebes und dem o. a. Hyaluronsäure-Proteoglykan vorstellt (53).

linksgängige Einzelhelices vor, wie neuere Untersuchungen ergeben haben.

In Lösungen bildet Hyaluronsäure ausgedehnte dreidimensionale Netzwerke, die die Diffusion gelöster Stoffe abhängig von deren Größe mehr oder weniger verringern.

Über die Bindung der Hyaluronsäure an die Proteine haben neuere Untersuchungen folgendes Modell ergeben. An ein als Core dienendes Hyaluronsäuremolekül von 12000 Å Länge sind — wie Abb. 149 a zeigt — als Zweige etwa 40 Proteoglykanmoleküle mit 3000—4000 Å Länge gebunden, ähnlich einem Nadelbaum, wobei die niedrigermolekularen Mucopolysaccharide wie Chondroitin- und Keratansulfat die Nadeln darstellen. Die „Äste" sind dann z. B. im Knorpel mit Kollagenmolekülen verbunden (Abb. 149 b).

242

4.6.2. Die Chondroitinsulfate

Die Chondroitinsulfate haben allgemein mit etwa 17–50 000 (56) wesentlich niedrigere Molekulargewichte als die Hyaluronsäure. Der Polymerisationsgrad bezogen auf die Disaccharideinheit beträgt demnach 34–100 gegenüber 2000 bei der Hyaluronsäure. Chemisch bemerkenswert ist an diesen Mucopolysacchariden, daß sie außer der Carboxylgruppe noch eine Sulfatgruppe tragen, wodurch sie sich ebenso wie Keratan- und Dermatansulfat wesentlich von der Hyaluronsäure unterscheiden.

Chondroitin-4-sulfat und Chondroitin-6-sulfat sind die o. a. „nadelartigen" seitlichen Verzweigungen der an die Hyaluronsäure gebundenen Proteoglycane und sind somit Hauptbestandteil der Bindegewebsgrundsubstanz der Knochen und des Knorpels.

Bei viskosimetrischen Untersuchungen von *Mathews* (56–58) ergab sich, daß die Chondroitinsulfate als lineare, biegsame Ketten in Lösungen vorliegen und in dieser Form auch in den Proteoglycan-Komplexen enthalten sind (56, 59, 60). Aus Haifisch-Knorpel sollen derartige Proteoglycane der Chondroitinsulfate mit einem Molekulargewicht von 4×10^6 isoliert worden sein, die eine stabförmige Gestalt sowie eine Länge von 3500 Å haben und in Lösung aggregieren.

Die Sulfatgruppen bedingen eine besonders hohe Hydrophilie dieser Glycosaminoglycane.

Chondroitin-4-sulfat bildet als freie Säure eine 2_1-Helix. Sie hat eine Identitätsperiode von 19,6 Å, die auf die Helixachse projizierte Höhe eines Strukturelementes beträgt h = 9,8 Å. Das Natriumsalz kann als 3_2-Helix mit h = 9,6 und einer Identitätsperiode von 28,8 Å vorliegen (Abb. 150). Durch Überführen der Probe in Alkohol wird sie in die 2_1-Helix umgewandelt (53, 61). Bemerkenswert ist die außerordentlich starke Abhängigkeit der Kristallinität der Natriumsalze vom Wassergehalt der Proben. Die Schichtlinienabstände bleiben dabei konstant 28,8 Å und entsprechen ebenso wie die allgemeine Intensitätsverteilung den am Na-hyaluronat für die 3_2-Helix erhaltenen Werten. An der am höchsten kristallinen Probe wurde gefunden, daß eine trigonale Einheitszelle mit einer Seitenlänge von 14,5 Å vorliegt, die zwei antiparallele Ketten enthält.

Im *Chondroitin-6-sulfat* ist die Sulfatgruppe äquatorial angeordnet und erstreckt sich etwa 2 Å weiter von der Helixachse weg als beim 4-sulfat. Röntgenbeugungsuntersuchungen von *Atkins* et al.

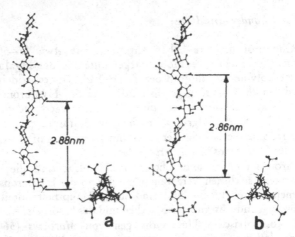

a   **b**

Abb. 150. 3$_2$-Helix von a) Chondroitin-4-sulfat und b) Chondroitin-6-sulfat. Die geladenen Sulfatgruppen an der Außenseite der Moleküle sind durch ausgefüllte Kreise gekennzeichnet (53).

haben gezeigt, daß es im festen Zustand mehrere Konformationen einnehmen kann. Wie bei der Hyaluronsäure bildet auch hier die freie Säure vermutlich eine 2$_1$-Helix. Ihre Identitätsperiode beträgt 18,6 Å, die auf die Achse projizierte Höhe h einer Disaccharideinheit 9,3 Å. Damit ist sie bemerkenswerterweise weniger gestreckt als die linksgängige 3$_{-1}$-Helix, bei der die entsprechenden Werte 28,7 Å sind.

Weiter kann Natrium-Chondroitin-6-sulfat in einer Form kristallisieren, die man als linksgängige 8$_{-5}$-Helix ansieht. Die Identitätsperiode beträgt hier 78,2 Å und h = 9,8 Å.

4.6.3. Dermatansulfat

Dermatansulfat wird als Chondroitinsulfat B bezeichnet. Diese Bezeichnung ist historisch begründet und sollte nicht mehr gebraucht werden, da Dermatansulfat — wie Tab. 32 zeigt — anstelle der D-Glucuronsäure, die an C-5 epimere L-Iduronsäure enthält. Hierbei ist die COOH-Gruppe nicht mehr äquatorial sondern achsial angeordnet. Zum Vergleich sind in Abb. 151 die Konformationen der beiden Uronsäuren in der normalen 4C$_1$-Sesselform wiedergegeben. Gewöhnlich wird ein höherer Sulfatgehalt gefunden als einem Copolymeren aus β(1,4)-L-Iduronsäure und β(1,3)N-

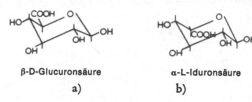

β-D-Glucuronsäure a)   α-L-Iduronsäure b)

Abb. 151. Konformation von a) β-D-Glucuronsäure, b) von α-L-Iduronsäure (53).

acetyl-D-galactosamin-4-sulfat entspricht. Wie in Tab. 31 angemerkt liegen diese zusätzlichen Sulfatgruppen — bis zu 0,4 pro Disaccharideinheit — wahrscheinlich an C-6 gebunden vor. Es ist, wie der Name andeutet, das wichtigste Mucopolysaccharid (Glucosaminoglucan) der Haut und wird in geringen Mengen auch in Sehnen und in der Aorta gefunden. Wie die anderen Substanzen dieser Art ist es in den Geweben an Proteine gebunden.

Aufgrund der Röntgendiagramme handelt es sich um eine 2_1-Helix mit h = 9,8 Å die aus der weniger gestreckten, linksgängigen 3_1-Helix der „freien Säure-Form" mit h = 9,5 Å bei längerem Stehenlassen hervorgeht. Das Natriumsalz bildet nach den Arbeiten von *Atkins* et al. eine linksgängige 8_5-Helix mit einer Identitätsperiode von 74,4 Å und h = 9,3 Å ähnlich der von Chondroitin-6-sulfat (53).

4.6.4. Keratansulfat

Keratansulfat enthält, wie seine Formel zeigt, keine Uronsäure sondern sein Strukturelement besteht aus (1,3)-D-Galactose und (1,4)-N-Acetyl-D-glucosamin-6-sulfat. Über die Konformation und das physikalische Verhalten dieses Polysaccharids ist bisher nur wenig bekannt. Anscheinend kommt es ebenfalls als 2_1-Helix und h = 9,8 Å vor (62), wie Abb. 152 zeigt.

Außer den bisher behandelten Mucopolysacchariden mit dem Strukturelement [A—(1,3)—B—(1,4)]$_n$ gibt es eine weitere wichtige Gruppe des Typs [A—(1,4)—B(1,4)]$_n$, die abgesehen von der unterschiedlichen Verknüpfung den o. a. Glycosaminoglycanen chemisch sehr ähnlich sind. Hierzu gehören das in Proteoglykanen vorkommende Heparansulfat und das Heparin, die die Blutgerinnung hemmen.

245

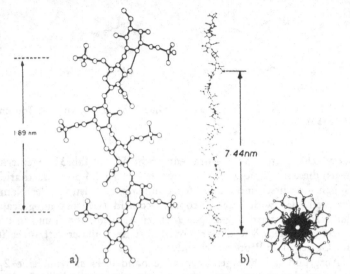

Abb. 152. a) 2_1-Helix von Keratansulfat (53, 62); b) 8_5-Helix von Dermatansulfat (53).

4.6.5. Heparansulfat

Heparansulfat besteht aus alternierenden Resten von Glucosamin das an der Aminogruppe teils acetyliert, teils sulfatiert ist und aus β-1,4-D-Glucuron- oder α-1,4-L-Iduronsäure-Reste. Es handelt sich beim Heparansulfat offenbar um eine chemisch nicht sehr einheitliche Substanz. Abb. 153 a zeigt ein Strukturelement des Heparansulfats. Sein Molekulargewicht liegt bei etwa 50 000.

Die Röntgendiagramme des Na- und des Ca-Salzes unterscheiden sich voneinander (53). Aus dem Schichtlinienabstand folgt, daß beim Na-Salz eine 2_1-Helix mit einer Identitätsperiode von 18,6 Å und h = 9,3 Å vorliegt (Abb. 154). Hierbei existieren zahlreiche intrachenare Wasserstoffbrücken zwischen benachbarten Saccharidringen, die die Helix stabilisieren.

Das Röntgendiagramm des Ca-Salzes ist ähnlich dem an Ca-Heparin erhaltenen, so daß man annehmen kann, daß in Heparan Abschnitte vorliegen, die ähnlich denen des Heparins sind. Dies wird durch chemische Untersuchungen an abgebautem Heparansulfat unterstützt. Hierbei wurden Strukturelemente mit drei Sulfat-

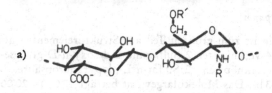

Abb. 153. Strukturelement von a) Heparan- und b) Heparinsulfat (53).

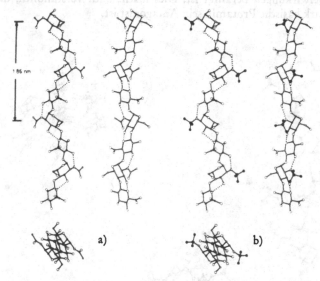

Abb. 154. 2_1-Helix von Heparansulfat (53). a) ohne Sulfatgruppen; b) mit NSO_3-Gruppen an den Glucosaminresten (ausgefüllte Kreise).

gruppen gefunden, die anscheinend identisch mit denen des Heparins sind (53, 63). Somit liegt die Annahme nahe, daß Heparansulfat eine Art Blockcopolymeres aus einer heparanartigen und einer heparinartigen Sequenz bestehen und daß die heparanartigen bevorzugt als Na-Salz kristallisieren.

247

4.6.6 Heparin

Heparin ist zum größten Teil aus Strukturelementen aufgebaut, die aus 1,4-verknüpften 2-Sulfamino-2-desoxy-α-D-glucose-6-sulfat und 1,4-verknüpften 2-Sulfat-α-L-idopyranuronsäure bestehen. (Abb. 153 b). Das Molekulargewicht beträgt 17 000 – 20 000, es ist nach *Patat* und *Elias* (64) nicht einheitlich. Heparin wird u. a. in der Mucosa des Intestinaltraktes gebildet und wirkt – wie erwähnt – der Blutgerinnung entgegen, indem es die Umwandlung von Prothrombin in Thrombin hemmt und damit dessen Wirkung auf das Fibrinogen (s. S. 146 ff.). Aufgrund des Röntgendiagramms hat Heparin die Konformation einer 2_1-Helix mit einer Identitätsperiode von 16,8 Å. Abb. 155 zeigt auch die sehr dichte Anordnung der Sulfatgruppen längs des Moleküls, das somit stark zu ionischen Wechselwirkungen befähigt ist. Dies macht auch verständlich, daß das stark basische Protamin sein Antagonist ist.

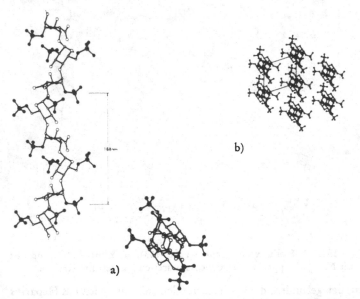

Abb. 155. a) Projektionen der 2_1-Helix von Heparin (usgefüllte Kreise: SO_4^{2-}-Gruppen); b) Anordnung der Moleküle in der Einheitszelle (53).

4.7. Wechselwirkungen von Mucopolysacchariden (Glycosaminoglycanen) (Mₚ) mit Polypeptiden (Pₚ)

Die Glycosaminoglycane sind infolge ihrer zahlreichen ionogenen Gruppen in hohem Maße zu zwischenmolekularen Wechselwirkungen befähigt. Da sie im allgemeinen in der Natur gemeinsam mit Proteinen auftreten ist ihr Einfluß auf deren Konformation von Interesse. Wie auf Seite 89 gezeigt wurde, wird die Konformation von basischen Poly-α-aminosäuren durch Ionen stark beeinflußt. Dies gilt wie *Gelman* und *Blackwell* gezeigt haben ebenso für die Polyelektrolytionen der Mucopolysaccharide (65—67). Sie untersuchten diese Wechselwirkungen zunächst an Modellsystemen aus Glycosaminoglycanen und basischen Poly-α-aminosäuren wie Poly(L-lysin) (PLL), Poly-(L-ornithin) (PLO), Poly(L-arginin) (PLA) sowie Kollagen mit Hilfe von CD-Messungen. Hierbei nahmen sie die CD-Differenzspektren auf, indem sie als Vergleichslösung die der jeweils entsprechenden Mucopolysaccharidkomponente verwendeten, um deren Spektrum zu eliminieren (Abb. 156). In dem so erhaltenen CD-Spektrum des Polypeptids

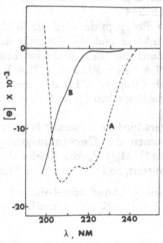

Abb. 156. Gemessenes (A) und berechnetes (B) CD-Spektrum einer Mischung von Poly-(L-lysin) und Chondroitin-6-sulfat im Molverhältnis 1 : 1. Das experimentell erhaltene Spektrum zeigt die Bildung der α-Helix an, das berechnete stellt lediglich die Summe der Spektren der Ausgangskomponenten dar (68, 68 a).

spiegelt sich dann die Wechselwirkung des Glycosaminoglycans als Konformationsänderung wieder. Es ergab sich, daß durch die Mucopolysaccharide bei neutralem pH geordnete α-helicale Konformationen induziert werden. Die thermische Stabilität der hierbei induzierten Konformationsänderungen wurde durch Messungen bei verschiedenen Temperaturen ermittelt, indem z. B. die Elliptizität der n-π^*-Bande gegen die Temperatur aufgetragen worden ist (65, 67).

Aus diesen Untersuchungen folgte, daß die Intensität der Wechselwirkung zwischen Mucopolysaccharid und Polypeptid einmal — was leicht verständlich ist — von der Zahl der Sulfatgruppen und von ihrer Stellung in den Saccharidresten des Disaccharid-Strukturelementes abhängt. So ist aufgrund der T_m-Werte die Wechselwirkung beim Chondroitin-6-sulfat stärker als beim -4-sulfat, da sich bei diesem die Sulfatgruppe näher am Galactosering befindet und deshalb weniger zugänglich ist. In ähnlicher Weise beeinflußt auch die Stellung der Carboxylgruppe die Wechselwirkung. So können zwar die äquatorialen COO^--Gruppen der Chondroitinsulfate mit den Seitengruppen des PLA wechselwirken, nicht aber die abgeschirmten achsialen COO^--Gruppen des Dermatansulfates (s. S. 244).

Auf der Seite der Polypeptide wird die Wechselwirkung durch die Länge der Seitenkette und die Basizität der Endgruppe bestimmt, wie die Zunahme der Wechselwirkung in der Reihe PLO < PLL < PLA zeigt. PLO und PLA haben beide in der Seitenkette drei CH_2-Gruppen, PLL dagegen vier. Der pK-Wert der N-ω-Ammoniumgruppe beträgt $\approx$ 10, der der ω-Guanidiniumgruppe $\approx$ 12.

Wird nun für verschiedene Systeme Mucopolysaccharid/Polypeptid durch Bestimmen der Umwandlungstemperatur T_m beim optimalen Verhältnis*) $M_p : P_p$ die Stärke der Wechselwirkung zwischen beiden ermittelt, so erhält man für PLA folgende Reihe:

Hyaluronsäure < Chondrotin-4-sulfat < Heparansulfat < Chondroitin-6-sulfat < Keratansulfat < Dermatansulfat < Heparinsulfat

Daß die Wechselwirkung sehr stark sein kann, zeigt die Tatsache, daß T_m bei Keratan- und Dermatansulfat > 90 °C ist.

---

* Das optimale Verhältnis $M_p : P_p$ ist dasjenige bei dem aufgrund der CD-Spektren der α-Helixanteil am größten ist.

Allerdings ist die Reihenfolge der Mucopolysaccharide etwas von der Polypeptidkomponente abhängig. PLA geht infolge seiner höheren Basizität stärkere Wechselwirkungen mit ihnen ein als PLL. Dies geht auch daraus hervor, daß bei PLA/M_p-Systemen die Konformation nicht von der Ionenstärke beeinflußt wird, wohl aber bei PLL-M_p, so daß es hier zu einer von der Ionenstärke induzierten Konformations-Umwandlung kommt. Außerdem wird bei Glycosaminoglycanen, die wie die Hyaluronsäure nur Carboxy-, aber keine Sulfatgruppen enthalten, infolge der Protonierung der COO^--Gruppen, zwischen pH 3,8 und 2,5 eine pH-induzierte Konformationsumwandlung beobachtet.

Die geringe Wechselwirkung mit dem Poly-(L-lysin) ergibt sich auch daraus, daß im Unterschied zum Poly-(L-arginin) nur Chondroitin-4- und -6-sulfat sowie Dermatan- und vor allem Heparinsulfat die Bildung der α-Helix bei pH-Werten < 10 induzieren. Dieses geht sicherlich aufgrund des hohen Gehalts an Sulfatgruppen (S. 248) die stärksten zwischenmolekularen Wechselwirkungen mit den o. a. basischen Poly-α-aminosäuren ein und induziert nicht nur bei PLA und PLL, sondern auch bei PLO die Bildung von α-Helices. Demgegenüber bewirkten Hyaluronsäure, Heparan- und Keratansulfat bei PLL (und PLO) keine α-Helixbildung. Die zuerst genannte Gruppe hat als gemeinsames Merkmal, daß es sich ausschließlich um Schwefelsäureester von N-Acetyl-glycosamin-Glycosuronsäuren handelt. Von der zweiten Gruppe enthält Hyaluronsäure keinen Sulfatrest, Keratansulfat keine Uronsäure, also keine Carboxylgruppe und Heparinsulfat enthält wenigstens z. T. — N-sulfatgruppen.

Daß man bei der Übertragung von Ergebnissen die an bestimmten Modellsystemen erhalten werden, auf andere, ähnliche vorsichtig sein muß, zeigen die Resultate an den den nativen Systemen näherkommenden Glykosaminoglycan-Kollagen-Systemen. Hierbei wurde nämlich gefunden, daß T_m der Helix-Knäuel-Umwandlung unabhängig von der Natur der Glycosaminoglycan-Komponente ist und stets ≈ 46 °C beträgt. Abhängig von der Art des Glycosaminoglycans ist nur das für eine optimale Wechselwirkung (= maximalen Helixgehalt) erforderliche Verhältnis von Disaccharideinheit (= Strukturelement) zu Peptid. Hierin drückt sich sicherlich auch die Intensität der Glycosaminoglycan-Kollagen Wechselwirkung aus. Man erhält für diesen Fall folgende Reihenfolge

Chondroitin-4-sulfat < Keratansulfat < Hyaluronsäure < Dermatansulfat < Chondroitin-6-sulfat.

Auffällig ist der große Unterschied zwischen Chondroitin-4- und -6-sulfat, der zu zeigen scheint, daß sterische Gegebenheiten hierbei eine mitentscheidende Rolle für die Wechselwirkung mit dem Protein haben und nicht allein die Art der ionischen Gruppen (65).

Auch Proteoglykane üben nach den Untersuchungen von *Greenfield* und *Fasman* durch ihre Mucopolysaccharidkomponente eine — wenn auch schwache — α-helixinduzierende Wirkung auf Poly-(L-lysin) aus (71). Dabei wird außerdem im Protein-Core des Proteoglykans eine Konformationsänderung hervorgerufen, vor allem bei der Wechselwirkung von Proteoglykanen mit Poly-(L-arginin). Bei dieser Poly-α-aminosäure wird — wie neuere Untersuchungen von *Schodt* und *Blackwell* zeigen (68, 68 a) — durch jedes Proteoglykan die α-Helixbildung induziert. Die Proteinkomponente der Proteoglycane hat dabei keinen Einfluß auf die thermische Stabilität der induzierten α-Helix des PLA, wie sich auch daraus ergibt, daß T_m dieselbe Abhängigkeit zeigt, wie bei den proteinfreien Glycosaminoglycanen (68).

Diese Untersuchungsergebnisse weisen auf die große Bedeutung hin, die der Wechselwirkung von Polyelektrolyten im allgemeinen und Mucopolysacchariden im Besonderen für die Strukturbildung in tierischen Geweben zukommt.

Schließlich soll an dieser Stelle noch besonders auf eine weitere recht gut untersuchte Wechselwirkung und medizinisch außerordentlich wichtige Beziehung zwischen sauren Polysacchariden und Polypeptiden hingewiesen werden. Dies ist die zwischen dem Heparin und dem für die Regulierung der Blutgerinnung wichtigen Antithrombin III (ATIII) einem Inhibitor der Serinprotease Thrombin (69). Hierbei handelt es sich um ein Polypeptid vom Molekulargewicht $\approx$ 63 000. Durch die Wechselwirkung des Heparins mit dem ATIII wird dessen Aktivität erheblich gesteigert. Die Aktivierung beruht nach *Innerfeld* (70) darauf, daß die Reaktionsgeschwindigkeit zwischen dem ATIII und dem Thrombin bzw. dem aktivierten Faktor X(FX_a) stark, bis auf mehr als das 100fache, erhöht wird. Die hemmende Wirkung des Heparin-Antithrombin-III-Komplexes gegenüber dem Thrombin bzw. FXa beruht auf einer Blockierung des aktiven Zentrums der Protease Thrombin und ist in Abb. 157 gezeigt. Die Komplexbildung führt zu einer begrenzten Proteolyse und einer Acetylierung der Protease am aktiven Zentrum. Dies ist gleichbedeutend mit einer Blockierung dieses aktiven Zentrums, so daß sie nicht mehr die Fibrinogen → Fibrin-Umwandlung bewirken kann (s. S. 147).

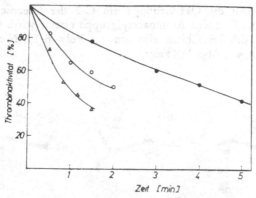

Abb. 157. Hemmung von Thrombin (1,3 · 10^{-7} Mol) durch Antithrombin III (AT III, 3,2 · 10^{-7} Mol) als Funktion der Zeit ● ohne Heparin, ○ mit 1,8 · 10^{-8} M Heparin, △ mit 3,6 · 10^{-8} M Heparin (69).

Heparin wird aus diesem Grunde therapeutisch zur Hemmung der Blutgerinnung bei Gefahr von Thrombosen verwendet.

4.8. Chitin

Während bei den Wirbeltieren (Vertebraten) Proteine wie Kollagen als strukturbildende Biopolymere (s. S. 126) dienen, kommt diese Aufgabe bei den Gliederfüßlern (Arthropoden) zu denen u. a. die Krebstiere (Crustaceen), Spinnentiere (Chelicerata) sowie die Insekten und Tausendfüßler (Antennaten) gehören, dem zu den Polysacchariden gehörenden Chitin zu. Hier ist es insbesondere in dem für diese Lebewesen charakteristischen Außenskelett enthalten, worauf auch sein Name hindeutet [chiton (griech.) = Panzer]. Daneben kommt es jedoch auch in anderen Körperteilen, wie z. B. in den Sehnen vor. Außerdem findet man Chitin bei den Weichtieren wie den Tintenfischen (Cephalopoden), in Diatomeengeißeln, sowie in den Zellwänden von Pilzen. Daraus ergibt sich, daß es sich um ein sehr verbreitetes und im Tierreich außerordentlich wichtiges Biopolymeres handelt dessen Bedeutung auch aus der Tatsache ersichtlich wird, daß es allein von den Gliederfüßern über 800 000 Arten gibt, von den Wirbeltieren aber nur 46 000. Von der chemischen Struktur her entspricht das Chitin im Tierreich, der nahezu ausschließlich in Pflanzen vorkommenden Cellulose. Es entsteht, wenn die OH-Gruppen am C-2 der Glucosereste der Cellulose durch je eine Aminoacetylgruppe ersetzt wird. Chemisch handelt es sich bei Chitin also um ein Poly-(β-1,4-N-acetyl-D-glucosamin), wie Abb. 158 zeigt.

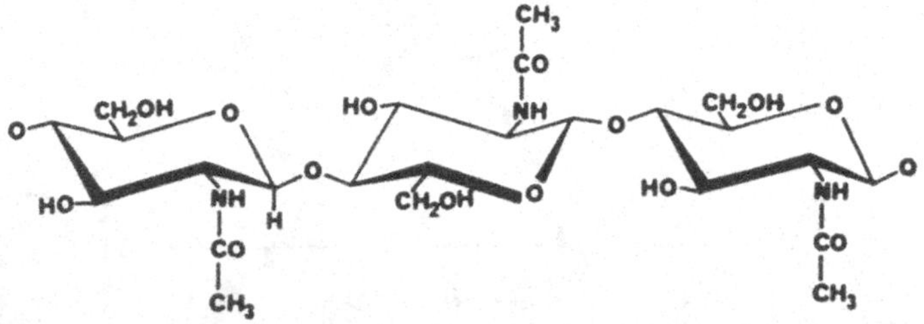

Abb. 158. Chitinkette: Poly-β-(1,4)-N-acetyl-D-glucosamin Strukturelement ist die Chitobiose (3).

Obwohl seine Struktur der Cellulose recht ähnlich ist, sind die Eigenschaften dieser beiden Polysaccharide doch sehr verschieden. Infolge der von den Acetylaminogruppen ausgehenden starken zwischenmolekularen Wechselwirkungen (HBB und Dipol-Dipol-Wechselwirkungen) ist Chitin sehr resistent gegenüber chemischen Agenzien. Es gibt nur sehr wenige Lösungsmittel, wie etwa wasserfreie Ameisensäure. Zum Abspalten der Acetylgruppen ist eine längere Behandlung mit 40%iger Natronlauge bei 140°C erforderlich, wobei nur 80% der Acetylaminogruppen angegriffen werden. Eine 100%ige Deacetylierung ist auf diese Weise kaum zu erreichen. Hierzu bedarf es einer Hydrazinolyse oder anderer spezieller Verfahren (72—75). Auch die Glykosidbindungen des Chitins sind von bemerkenswerter Stabilität.

Das bei der Deacetylierung des Chitins entstehende Chitosan (Abb. 159) ist zwar in Wasser unlöslich, löst sich jedoch in verdünnten Säuren wobei sehr viskose Lösungen entstehen. Auch die primären Aminogruppen des Chitosans sind außerordentlich reaktionsträge, wie sich schon daraus ergibt, daß selbst unter den bei seiner Darstellung aus Chitin angewandten wenig schonenden Bedingungen keinerlei Abspaltung unter Ammoniakentwicklung stattfindet. Ebenso ist der pK$_a$-Wert von 6,3 in wäßrigem Milieu für primäre alifatische Amine sehr ungewöhnlich (72). Von *Noguchi* wird darauf aufmerksam gemacht, daß diese Reaktionsträgheit der Amino- bzw. Acetylaminogruppen des Chitins wahrscheinlich auf

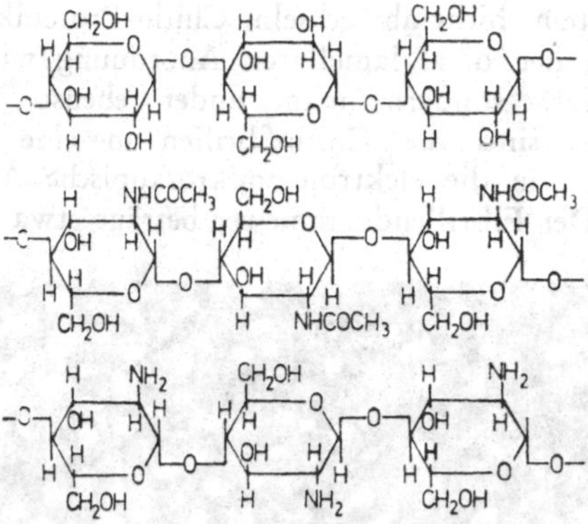

Abb. 159. Strukturformel von a) Cellulose, b) Chitin, c) Chitosamin.

den Einfluß der benachbarten alkoholischen OH-Gruppen zurückgeführt werden kann (73). Die genaue Ursache ist jedoch nicht bekannt.

Chitin wird auch von den meisten Enzymen nicht angegriffen, mit Ausnahme der von einigen Mikroorganismen, Schimmelpilzen und Schnecken produzierten Chitinasen.

In relativ reiner Form kommt Chitin in Hummerschalen, in manchen Insektenflügeln, in Diatomeen und in den Sehnen von Hummern u. a. vor. Sehr oft jedoch liegt es — wie z. B. in der Cuticula der Insekten — als Komplex an Protein gebunden vor. Der Proteinanteil beträgt zwischen 50—95 %. Nach röntgenographischen Untersuchungen wechseln hierin Schichten von Chitin mit dem in β-Faltblattstruktur vorliegenden Protein Arthropodin ab. In den Schalen der Crustaceen, wie z. B. Krabben und Langusten ist es außerdem noch mit einem sehr hohen Anteil von Calciumcarbonat ($\approx 70\,\%$) vergesellschaftet. Entfernt man das $CaCO_3$ mit Säuren und das Protein mit Alkali in der Hitze, so findet man danach 15 % freie, nicht acetylierte Aminogruppen. Man kann daraus jedoch nicht schließen, daß es sich dabei um verseifte Acetylaminogruppen handelt, sondern es ist durchaus möglich, daß an diese nicht acetylierten Aminogruppen das Chitin im nativen Zustand kovalent mit dem zugehörigen Protein verknüpft war (77). Diese Annahme liegt auch deshalb nahe, weil proteinfreies natives Chitin nach seiner Isolierung noch vollständig acetyliert ist (78).

Aus dem Röntgendiagramm ergibt sich, daß drei antiparallel angeordnete Chitinlamellen mit einer Dicke von 25—27 Å mit einer

255

6—8 Å starken Proteinschicht abwechseln. Chitin-Proteinkomplexe treten nicht nur in der o. a. lamellaren Anordnung wie in der Insektencuticula auf, sondern man findet ebenso fibrilläre Strukturen. Hierbei sind die Chitinfibrillen in eine Protein-Matrix eingebettet, wie die elektronenmikroskopische Aufnahme in Abb 160 zeigt. Der Fibrillendurchmesser beträgt etwa 50 Å (3,

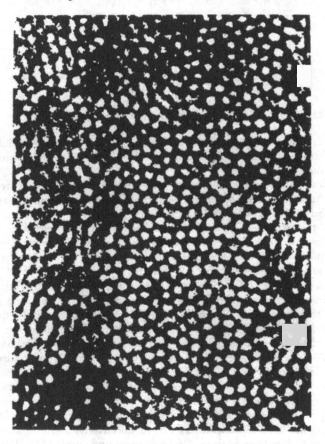

Abb. 160. Elektronenmikroskopische Aufnahme eines Querschnitts durch einen Chitin-Protein-Komplex (Negativkontrastierung). Die nicht „angefärbten" Chitinfibrillen haben einen Durchmesser von ≈ 50 Å und sind angenähert hexagonal in der dunkel kontrastierten Proteinmatrix angeordnet [nach *Rudall* (3, 79)].

79). In Übereinstimmung mit diesen Aufnahmen ergibt sich aus dem Röntgenbeugungsdiagramm, daß die Fibrillen hexagonal angeordnet sind ähnlich wie die Keratinmikrofibrillen im Paracortex s. S. 97). Der Mittelpunktabstand der Chitinfibrillen beträgt 69 Å. Es wurde außerdem gefunden, daß jeder sechste Saccharidrest mit dem Protein verbunden ist. Dies würde wenn die Bindung kovalent über die Aminogruppe an C-2 erfolgt, mit dem o. a. chemischen Befund übereinstimmen, daß — nach der Isolierung des Chitins — 15 % der Aminogruppen nicht acetyliert vorliegen (3).

Chitin kommt in der Natur in drei verschiedenen Modifikationen vor, wie sich aus Röntgenbeugungs-Untersuchungen ergeben hat (80). Sie werden als α, β und γ-Chitin bezeichnet und unterscheiden sich durch die Abmessungen ihrer Elementarzellen sowie z. T. durch ihre Raumgruppe.

Am weitesten verbreitet ist das α-Chitin, das nicht nur in den Gliederfüßern (Arthropoden), sondern auch in Pilzen vorkommt. Nach *Carlström* (81) hat es eine orthorhombische Elementarzelle

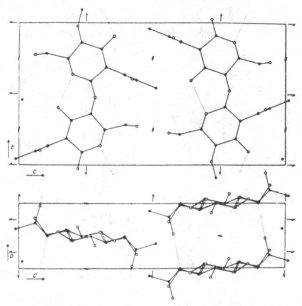

Abb. 161. Struktur von α--Chitin nach Carlström (3, 81).

(a = 4,76 Å, b = 10,28 Å und c = 18,85 Å) und die Raumgruppe P2₁2₁2₁, damit also drei aufeinander senkrecht stehende zweifache Schraubenachsen. Dabei sind benachbarte Ketten antiparallel angeordnet und liegen ähnlich wie bei der Cellulose in der Hermansschen „bent-conformation" (s. S. 217 ff.) vor.

Wie aus Abb. 161 ersichtlich ist, sind benachbarte Ketten in Richtung der a-Achse durch Wasserstoffbrücken zwischen den N-Acetylaminogruppen miteinander verknüpft. Dadurch entsteht eine lamellenartige Struktur, wie sie in entsprechender Weise auch bei den beiden anderen Modifikationen gefunden wird.

β-Chitin kommt in einer hochkristallinen, als β-Chitin A bezeichneten, der Valonia-Cellulose ähnlichen Form in den Geißeln von Diatomeen vor. Als weniger kristallines β-Chitin B hat man es u. a. in der zu einem Blatt zurückgebildeten Schale *(Gladius)* der Kalmare *(Loligo)*, zehnarmigen Kopffüßern, die mit den Tintenfischen verwandt sind, gefunden (82). Auch bei der zu den Gliederwürmern gehörenden *Aphrodite aculeata* (Seemaus) — einer in den Europa umgebenden Meeren sehr verbreiteten

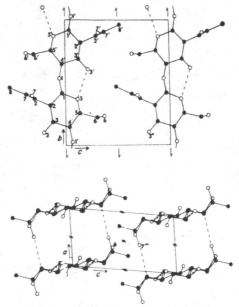

Abb, 162. Struktur von wasserfreiem β-Chitin nach *Blackwell* (84).

Seeraupe (3, 83) — ist β-Chitin B gefunden worden. Eine Mischung von β-Chitin A und B liegt in den Röhren von Bartwürmern *(Pogonophora)* vor.

Im Unterschied zum α-Chitin hat β-Chitin eine monokline Elementarzelle (Abb. 162), deren Dimensionen in Tab. 34 wiedergegeben sind.

Tab. 34. Elementarzelle der Chitinmodifikationen (3).

Modifikation	a	b	c	β	Raumgruppe
α-Chitin (Hummer, Unterkiefer, Sehne)	4,76	10,28	18,85		P2₁2₁2₁
β-Chitin (Geißeln von Thallasiosira fluviatils)	4,85	10,38	9,26	97,5	P2₁
γ-Chitin	4,7	10,3	28,4	90°	P2₁

Die Ketten sind parallel zueinander angeordnet. β-Chitin kann unter Vergrößerung des Abstandes der Ketten und unter Zunahme der c-Achse der Elementarzelle in eine Reihe von Hydraten übergehen.

Die Wasserstoffbrückenbindungen zwischen den N-Acetylaminogruppen sind beim β-Chitin etwas länger, wie sich aus dem etwas größeren Wert für die a-Achse ergibt. Aus diesem Grunde ist zu erwarten, daß das α-Chitin die stabilere Modifikation von beiden ist. Tatsächlich geht das β-Chitin bei der Behandlung mit 6n-Salzsäure in β-Chitin über und zwar irreversibel. Orientierte Proben z. B. des Kalmarblatts kontrahieren dabei auf die Hälfte ihrer Ausgangslänge.

γ-Chitin ist u. a. in den Magenleisten der Kalmare enthalten. Seine Elementarzelle und die Raumgruppe ist in Tab. 33 aufgeführt. Nach *Rudall* (79) sollen hierin jeweils zwei Ketten (Abb. 163 a) parallel und eine antiparallel laufen. Dies kann — wie in Abb. 163 b und c gezeigt durch Kettenfaltung zustande kommen.

Zwischen der in den drei Modifikationen zum Ausdruck kommenden unterschiedlichen Struktur des Chitins und der biologischen Funktion besteht offenbar ein Zusammenhang. So findet man bei den Kalmaren, die in den Weltmeeren weit verbreitet sind, alle drei in verschiedenen Organen:

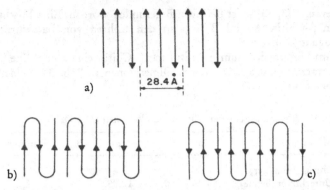

a)

b)   c)

Abb. 163. a) Richtung der Chitinketten in γ-Chitin nach *Rudall* (80); die Einheitszelle enthält drei Ketten. b) Mögliche Kettenfaltung in γ-Chitin, wodurch derselbe Verlauf der Kettenrichtung wie bei a) zustandekommt (3). c) Ähnliche Kettenfaltung für α-Chitin, jedoch mit alternierender Kettenrichtung (3).

das α-Chitin in den papageienschnabelartigen, außerordentlich scharfen und harten Kiefern,
das β-Chitin in dem schwertförmigen Chitinblatt und
das γ-Chitin in den Magenleisten.

Die zugehörigen Röntgendiagramme sind in Abb. 164 wiedergegeben. Wie bereits eingangs erwähnt kommt Chitin in der Natur

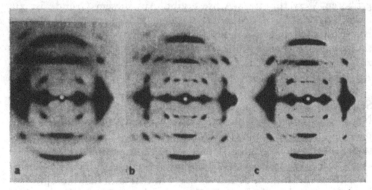

Abb. 164. Röntgendiagramme der drei Chitinmodifikationen von Kalmar (Loligo) nach *Rudall* (80). a) β-Chitin (Blatt); b) α-Chitin (Kiefer); c) γ-Chitin (Magenleisten).

sehr weit verbreitet vor. Trotzdem hat es bis vor kurzem recht wenig Beachtung gefunden, obwohl in vielen Ländern große Mengen an Crustaceen-Schalen als bislang fast nutzlose Abfälle anfallen. Neuerdings jedoch versucht man aus ihnen das Chitin zu gewinnen und daraus z. B. Folien oder Fasern herzustellen. Es soll daher auf diese bisher noch wenig allgemein bekannten Untersuchungen näher eingegangen werden.

4.8.1. Chitinfasern und -folien

Wie die Untersuchungen von *Noguchi* und seiner Arbeitsgruppe in Sapporo ergeben haben, bedingen die strukturellen Unterschiede zwischen der Cellulose und dem Chitin, daß man es nicht unter denselben Bedingungen mittels Alkali- und Schwefelkohlenstoffbehandlung (s. S. 223 ff.) in eine spinnbare Viskose überführen kann (72—74, 84). Hierzu ist eine spezielle Tieftemperaturbehandlung erforderlich, nach der man eine sehr zähe Viskose von $\approx$ 200 Poise erhält, die sich zwar zu Folien verarbeiten, nicht aber zu Fasern verpinnen läßt. Diese hohe Viskosität wird offenbar durch die starken zwischenmolekularen Wechselwirkungen der Acetylaminogruppen benachbarter Chitinketten bedingt. Man kann sie jedoch durch Zugabe von Harnstoff soweit herabsetzen, daß die Viskosität stark verringert wird. *Noguchi* und *Nishi* haben auf diese Weise mit Erfolg Chitinviskose zu Fasern versponnen. Hierbei müssen die Spinnbedingungen gegenüber denen bei Celluloseviskose modifiziert werden, um die Fasereigenschaften zu verbessern. So wird in ein Natriumsulfat/Schwefelsäurebad relativ niedriger Temperatur versponnen, u. a. um einer Deacetylierung vorzubeugen und anschließend in Alkohol verstreckt sowie eine thermische Nachbehandlung bei 110 °C (hot roller) vorgenommen. Durch diese thermische Behandlung werden die Fasereigenschaften stark verbessert. Dies wird vermutlich durch die Bildung von Mizellen aus gestreckten Ketten (extended chains) in Richtung der Faserachse bedingt, wobei gleichzeitig Faltungslamellen zurückgedrängt oder aufgehoben werden. Dieses Phänomen ist an Fasern aus Poly-α-aminosäuren und aus Polyacrylnitril bereits beobachtet worden.

In Tab. 35 sind einige Eigenschaften von so erhaltenen Chitinfasern aufgeführt (73, 84). Wie daraus hervorgeht, ist der Youngsche Modul (vgl. Fußnote S. 154) recht hoch und auch die Festigkeit im trockenen Zustand ist gut, jedoch sind Naßfestigkeit und Knotenfestigkeit sehr niedrig. Stark verbessert gegenüber Cellulosereyon-

Tab. 35. Eigenschaften von Chitinfasern (73, 84).

Probe Nr.		1	12	13	14
Denier		3,08	8,16	11,30	17,78
Reißfestigkeit (g/d)	trocken	1,17	1,52	1,30	0,90
	naß	0,22	0,15	0,10	0,02
Dehnung %	trocken	11,2	5,8	5,1	3,9
	naß	10,9	4,7	6,4	2,2
Knoten-Festigkeit *) (g/d)		0,18	0,10	0,12	0,08
Dehnung (%)		—	9,3	6,0	7,7
Loop Festigkeit **) (g/d)		—	0,07	0,06	0,07
Dehnung (%)		—	4,2	4,6	5,2

Tab. 36. Eigenschaften von Cellulose-Chitin-Fasern (73, 84).

	(Tieftemperatur-verfahren)				(verbesserte Methode)			
Probe Nr.	22	23	26	27	38	39	40	41
Denier	8,18	15,5	14,9	19,7	12,9	11,2	23,7	25,8
Festigkeit g/d								
trocken	0,70	0,81	0,77	0,99	2,09	2,08	1,75	1,37
naß	0,19	0,19	0,20	0,24	1,06	1,02	0,66	0,53
Dehnung (%)								
trocken	4,0	4,1	3,2	5,9	18,4	15,6	19,3	15,1
naß	8,6	9,1	8,4	10,2	18,4	24,2	26,1	23,3
Knoten-Festigk.*) (g/d)	0,09	0,08	0,11	0,16	1,42	1,12	1,19	0,99
Dehnung (%)	4,4	4,7	4,8	6,0	17,3	10,5	19,5	14,1
Loop Festigk.**) (g/d)	0,13	0,18	0,13	0,25	1,26	0,96	1,56	1,10
Dehnung (%)	3,3	4,5	4,2	5,4	3,1	2,8	6,7	5,4

*) Die Zugfestigkeit einer mit einem Knoten versehenen Faser ist geringer als die einer glatten, nicht verknoteten Faser. Je größer die Differenz beider Festigkeiten ist um so spröder ist die Faser (84 a).
**) Zugfestigkeit einer um einen Draht schlaufenförmig geführten Faser. Die „Loop-Festigkeit" ist ebenso wie die „Knotenfestigkeit" ein Maß für die Sprödigkeit einer Faser (84a).

Fasern ist die Anfärbbarkeit mit sauren und substantiven Farbstoffen.

Da Chitinviskose mit Celluloseviskose gut mischbar ist, kann man Fasern, die aus Chitin und Cellulose bestehen, herstellen. Hoher Chitingehalt macht sich auch hier in einer Herabsetzung der Naß- und Knotenfestigkeit bemerkbar. Niedriger Chitingehalt von z. B. 3% gibt den Fasern einen hanfartigen Charakter. Die Anfärbbarkeit der Fasern mit sauren und substantiven Farbstoffen nimmt mit dem Chitingehalt zu.

Vor allem die Cellulose-Chitin-Mischfasern scheinen recht vielversprechend im Hinblick auf ihre anwendungstechnischen Eigenschaften zu sein.

Verwandt mit dem Chitin sind die Polysaccharidkomponenten der Mureine.

4.9. Mureine

Mureine, die die Stützmembran der Bakterienzellwände bilden (murus = Wand) und an das Exoskelett der Arthropoden erinnern. Sie bestehen aus einem alternierenden β (1,4) verknüpften Copolymeren von N-Acetyl-D-glucosamin und N-Acetylmuraminsäure. Man kann sie — wie sich aus Abb. 165 ergibt — auch als ein substituiertes Chitin auffassen, das an der 3-OH-Gruppe jedes übernächsten Restes mit der β-Hydroxgruppe der Milchsäure veräthert ist. Diese zu parallelen ringförmigen Ketten angeordneten Polysaccharidmoleküle sind durch Tetrapeptide miteinander vernetzt (Abb. 166). Dadurch stellt die Bakterienstützmembran, der sog. Sacculus, ein einziges, bereits im normalen Mikroskop sichtbares Riesenmolekül dar, das aus einem Glykopeptid oder Peptidoglykan besteht.

Die Tetrapeptide sind über eine Peptidbildung an die Carboxylgruppe der N-Acetylmuraminsäure gebunden. Sie bestehen u. a. aus L-Alanin, meso-Diaminopimelinsäure sowie den in Proteinen üblicherweise nicht enthaltene D-Alanin und D-Glutaminsäure, das über die γ-Carboxylgruppe gebunden als Isopeptid vorliegt.

Hierdurch sind sie für normale eiweißspaltende Enzyme nicht hydrolysierbar.

Es sei erwähnt, daß die Peptidquervernetzungen bei gramnegativen Bakterien wie Escherichia coli sich von denen grampositiver, lipidarmer Bakterien unterscheiden (85). So erfolgt z. B. bei den

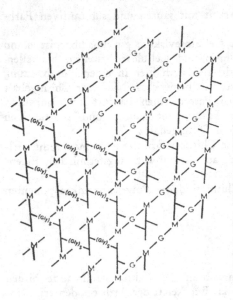

Abb. 165. a) Strukturmodell des Mureins von Staphylococcus aureus nach *Pelzer* (85). G = N-Acetylmuraminsäure, | = Tetrapeptid L-Ala-D-Glu-L-Lys-D-Ala; (Gly)₅-Pentaglycyl-Peptid zur Quervernetzung. b) Spaltprodukt aus St. aureus nach Lysozymbehandlung (Abkürzungen s. o.) (86).

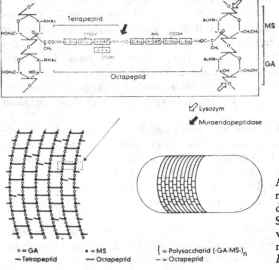

Abb. 166. Mutmaßliche Struktur des Mureins der Stützmembran von E. coli (schematisch) nach *Pelzer* (85).

Eitererregern Staphylococus aureus die Vernetzung noch über Pentaglycinpeptide auf die in Abb. 165 gezeigte Weise.

Mureine werden im allgemeinen durch die Lysozyme (s. S. 186) an der β-Glukosidbindung der Polysaccharidringe gespalten. Je nach Bakterienart besteht die Stützmembran aus nur einer monomolekularen Schicht oder mehreren, bis zu 20 übereinander angeordneten Lagen von Mureinmolekülen, die osmotische Drucke zwischen 10 und 20 Atmosphären aushalten können.

4.10. Reservepolysaccharide

Reservepolysaccharide dienen im pflanzlichen und tierischen Organismus zur Speicherung leicht verfügbarer Energieträger. Übersteigt das Angebot z. B. an Glucose den Verbrauch, so werden diese als Monomereinheiten enzymatisch an die Enden der entsprechenden Reservepolysaccharide ankondensiert. Bei Bedarf werden sie dann durch Abbau wieder verfügbar gemacht. Hieraus wird der polydisperse Charakter dieser Art von Biopolymeren verständlich.

Als Reservepolysaccharide sollen in diesem Rahmen vor allem die Stärke behandelt werden. Ferner sind hier zu nennen das Glykogen, die Dextrane und das Inulin.

4.10.1 Stärke

Sie kommt ausschließlich in Pflanzen vor und hat als Nahrungsmittel für Mensch und Tier eine besondere Bedeutung. Sie besteht aus zwei Hauptkomponenten: der unverzweigten Amylose und dem verzweigten Amylopektin wie von *K. H. Meyer* gefunden wurde (86—88). Die üblicherweise verwendeten Stärkearten enthalten ca. 15 bis 30% Amylose und zwischen 70 und 85% Amylopektin. Der Gehalt an den beiden Komponenten kann jedoch auch bei einer Pflanzenart erheblich schwanken. So kann Reisstärke zwischen 0 und 35,6% Amylose enthalten (86). Bei Maishybriden beträgt der Amylosegehalt nach *Zuber* bis zu 80%. Die Stärke von Rotalgen besteht nur aus Amylopektin (86, 89, 90).

Bei der Säurehydrolyse ergeben Amylose und Amylopektin ausschließlich D-Glucose. Enzymatisch wird Amylose durch die α-Amylase [α(1,4)-Glucan-4-glucano-Hydrolase] zu Glucose und Maltose, d. h. 4-D-α-D-Glucopyranosyl-D-glucose hydrolysiert. Außerdem wird sie auch von der Maltase aus Getreidekeimen [α(1,4)-Glucanmalto-Hydrolase] zu Maltose abgebaut. Bei der Permethylierung der Amylose mit Dimethylsulfat und nachfolgende Hydrolyse wird praktisch nur 2,3,6-Trimethylglucose erhalten. Aus diesen Ergebnissen des chemischen und enzymatischen Abbaus folgt, daß Amylose eine unverzweigte Poly-α-1,4-D-anhydroglucose ist (Abb. 167) (56, 91). Ihr Polymerisationsgrad ist recht unterschiedlich. So beträgt er bei Maisstärke ca. 8000, bei Kartoffelstärke bis 4500, was Molekulargewichten von 130 000 bzw. 734 000 entspricht.

Amylopektin ergibt nach der Hydrolyse seines permethylierten Derivates ein Gemisch von 2,3,6-Trimethyl- und 2,3-Dimethyl-D-glucose. Daraus folgt, daß es sich beim Amylopektin um ein verzweigtes Polysaccharid handelt, wobei die Verzweigungen von C-6 ausgehen. Wie die Abb. 168 a, b zeigt, liegen α-(1,4)glykosidisch verknüpfte D-Glucoseketten mit α-(1,6)-Verzweigungen vor, und zwar kommt auf 18—27 Reste eine Verzweigung. Ihre mittlere Länge liegt bei 24—30 Glucoseresten. Die Anordnung der Moleküle und der Verzweigungen im Stärkekorn zeigt Abb. 169.

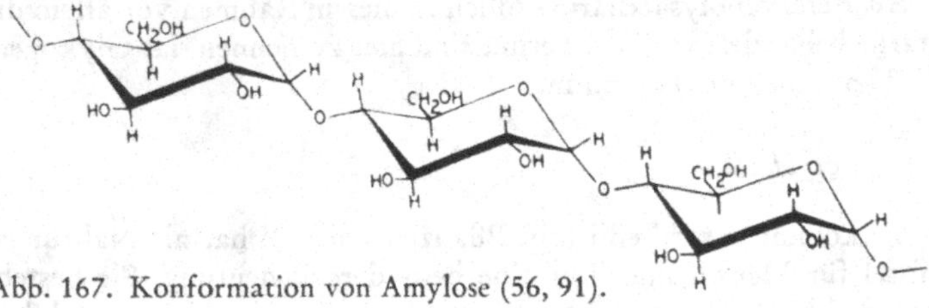

Abb. 167. Konformation von Amylose (56, 91).

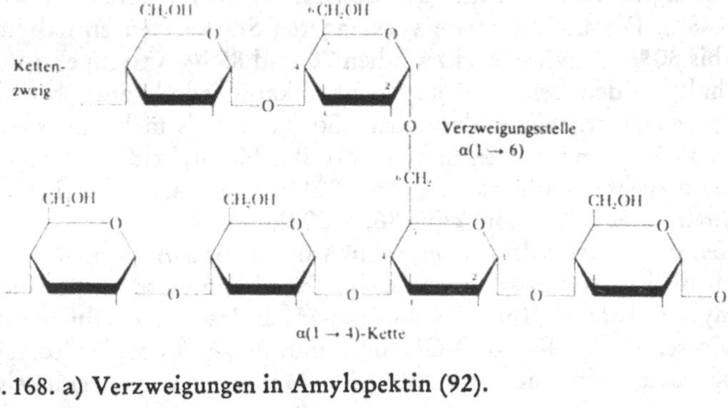

Abb. 168. a) Verzweigungen in Amylopektin (92).

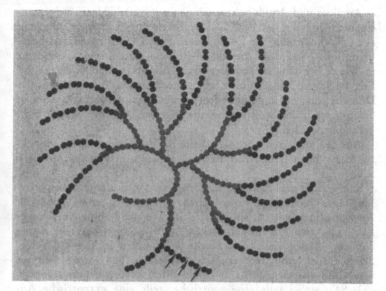

Abb. 168. b) Schematische Darstellung eines Amylopektinmoleküls [nach *Lehninger* (92)].

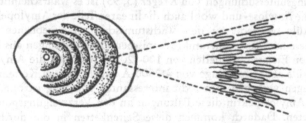

Abb. 169. Schematische Darstellung der Molekülanordnung in den Wachstumsschichten des Stärkekorns nach *Marchessault* und *Sarko* (3, 96).

Die Polymerisationsgrade sollen bis 220 000, die Molekulargewichte also bis $36 \cdot 10^6$ betragen. Amylase und Maltase bauen die Amylopektine partiell bis zu den 1,6-Verzweigungen ab, die sie nicht spalten können. Es bleibt dann ein stark verzweigter Molekülrest übrig, der als Grenzdextrin bezeichnet wird und ca. 40% des ursprünglichen Moleküls ausmacht (Abb. 168 a u. b). Zum vollständigen Abbau zu D-Glucose und Maltose ist eine α(1,6)Glucosidase erforderlich (91).

Amylose und Amylopektin können auf verschiedene Weise voneinander getrennt werden. Da die Stärkepolysaccharide aufgrund der α-Verknüpfung der D-Glucoseeinheiten keine fibrillären hochkristallinen Struktur wie die β-Polysaccharide bilden, sind sie in Wasser bei höheren Temperaturen kolloidal (Mizellbildung) löslich. In kaltem Wasser quillt Stärke nur. Ebenso löst sie sich gut in Dimethylsulfoxid und vor allem in flüssigem Ammoniak. Dies ist besonders günstig, weil hierbei die Eigenschaften der Stärke nicht verändert werden (86).

Aus den wäßrigen Lösungen kann die Amylose vom Amylopektin z. B. durch Fällen mit Butanol abgetrennt werden (86, siehe S. 68 ff.).

Solche isolierten Amylosen haben eine Molekulargewichtsverteilung. Die Quellbarkeit einer Stärke ist um so höher je größer ihr Amylopektingehalt ist, so daß die Stärken mit hohem Amylosegehalt, wie etwa Amylomaisstärke ($> 70\,^0/_0$ Amylose) sehr wenig quellen. In den Zellen ist Stärke bekanntlich in Form der sog. Stärkekörner (Abb. 169) eingelagert. Bereits 1834 wurde die typische schichtartige Struktur um einen Bildungskern herum gefunden (93, 94), wobei teils eine zentrische, teils eine exzentrische Anordnung der Schichten beobachtet wird (Abb. 169). Nach Röntgenbeugungsuntersuchungen von *Kreger* (3, 95) ist es wahrscheinlich so, daß die Amylose- und wohl auch die linearen Teile der Amylopektinmoleküle senkrecht zu den Wachstumsschichten angeordnet sind. Da diese nach elektronenmikroskopischen Untersuchungen aus einer Art von Elementarlamellen von 100—200 Å bestehen, die Amylosemoleküle aber eine Länge von $\geqslant$2500 Å haben, müssen Kettenrückfaltungen vorliegen. Ein recht interessanter Vorschlag ist nun, daß beim Amylosepektin diese Faltungen an den Verzweigungspunkten auftreten. Dadurch kommen diese Seitenketten in die durch die Hauptkette gebildeten Faltungsbögen zu liegen (Abb. 169), wodurch eine regelmäßige Anordnung auch dieser verzweigten Moleküle ermöglicht wird (3, 96). Auch Lichtstreuungsmessungen sollen für eine solche Struktur sprechen (3, 97, 98).

Die Röntgenbeugungsdiagramme von Stärke sind in Abhängigkeit von ihrer Herkunft verschieden. Getreidestärken ergeben gewöhnlich das sog. „A"-Diagramm, während Stärke aus Knollen und Wurzeln das sog. „B"-Diagramm zeigt. Die zugehörigen Reflexlagen und ihre ungefähre Intensität sind in Tab. 37 enthalten.

Wie man sieht, ist das B-Diagramm reflexreicher als das von A. Das sog. „C"-Diagramm kommt möglicherweise durch eine Über-

Tab. 37. Reflexlage und Intensitäten der Röntgendiagramme von Kartoffel- und Maisstärke (nach *Bear* und *French*) (3, 99).

Kartoffel (B)		Mais (A)	
Lage (Å)	Intensität	Lage	Intensität
15,8	stark		
8,9	schwach	8,8	sehr schwach
7,9	sehr schwach	7,9	sehr schwach
6,36	mittel		
5,92	mittelstark	5,88	stark
5,22		5,22	stark
		4,85	stark
4,56	schwach		
		4,45	schwach
4,40	sehr schwach		
4,04	mittelstark		
		3,87	stark
3,70	mittelstark	3,70	mittel
3,42	mittel		
		3,37	mittel

lagerung von A- und B-Strukturen, z. B. in Reisstärke zustande. Da Amylose je nach den Kristallisationsbedingungen sowohl in der A- als auch in der B-Form auftreten kann, scheinen beide Strukturen einander recht ähnlich zu sein.

Über die Elementarzellen der B-Form ist noch nicht sehr viel bekannt. *Blackwell* et al. haben an einer Amylose aus Kartoffelstärke vom Polymerisationsgrad 4500 die Abmessungen der Elementarzellen zu a = 15,9, b = 9,1 und c = 10,4 Å sowie eine Dichte von 1,50 ermittelt (89, 100). Hieraus kann man schließen, daß in einer Elementarzelle sechs Glucosereste sowie drei bis vier Wassermoleküle pro Monomereinheit enthalten sind. Dabei liegen die Amyloseketten als 6_1-Helix mit einer Ganghöhe von 10,4 Å vor (s. auch 68). Diese Helices haben einen Durchmesser von 13 Å und besitzen im Innern einen relativ großen Hohlraum in den z. B. Lösungsmittelmoleküle oder Jodatome kettenförmig eingelagert werden können (Abb. 170).

Dies geschieht bei der bekannten, zum Stärkenachweis verwendeten Jod-Stärke-Reaktion mit Jod-Kaliumjodid-Lösung, wobei die violette Farbe durch ein Resonanzphänomen zustande kommt. Auch in der u. a. beim Erhitzen mit Wasser entstehenden „Ver-

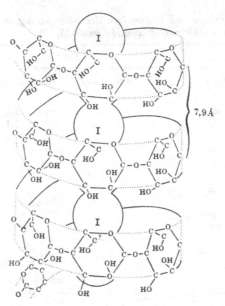

Abb. 170. Struktur des Jod-Amylose-Komplexes nach *Rundle* (101).

kleisterungs-Form", allgemein als V-Form bezeichnet, liegen solche Helices vor (68, 89). Man erhält diese von den üblichen nativen A, B und C-Formen verschiedene „V-Amylose" nach *Rundle* et al., auch wenn man Amylose aus organischen Lösungsmitteln fällt (3, 99, 102). Durch Einwirken von Wasserdampf kann man die V-Amylose wieder in die anderen Formen umwandeln (3, 68, 103). Dabei werden — wie Abb. 171 zeigt — Wassermoleküle zwischen die Amylose-Ketten eingelagert unter Rückbildung etwa von B-Amylose. Wie man ferner aus dieser Abbildung erkennt, liegen intrachenare Wasserstoffbrückenbildungen zwischen den OH-Gruppen an C2 und C3' aufeinander folgender Reste vor. Außerdem wird die helicale Konformation noch durch intrachenare HBB zwischen den 0-6-H · · · 0-2''-Gruppen zweier benachbarter Helixwindungen, also zwischen dem ersten und siebenten Rest, stabilisiert. Durch die eingelagerten Wassermoleküle vergrößert sich die Windungshöhe der Amylose V-Helix von 7,9 auf 10,4 Å.

Wasserfreie, sog. V_a-Amylose kann man z. B. in Form von Filmen aus Lösungen in Dimethylsulfoxid (DMSO) erhalten, wenn man die Lösung auf Glasplatten gießt und im Vakuum trocknet. Dabei

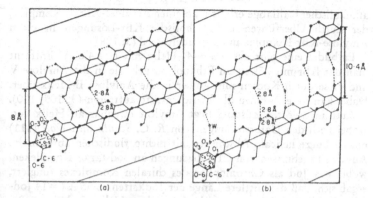

Abb. 171. Zylinderprojektion der Ketten-Konformation. a) von V-Amylose; b) von B-Amylose; nach *Blackwell, Sarko* und *Marchessault* (3, 100).

nimmt die Ganghöhe der Amylose-Helix von 10,4 auf 7,9 Å ab, für die orthorhombische Einheitszelle wird a = 13,0, b = 18,5 und c = 8,0 Å gefunden. Die Raumgruppe ist wahrscheinlich $P2_1 2_1 2_1$. Hiernach sind die Amyloseketten antiparallel angeordnet. Da Einkristalle mit einer Dicke von 50 Å erhalten wurden, liegt auch hier Kettenfaltung vor, da die entsprechenden Amylose V-Moleküle eine Länge von 2500 Å hatten (3, 104, 105). Werden diese Filme etwa 20—30 Minuten der Luft ausgesetzt, so nehmen sie geringe Wassermengen auf und werden außerordentlich dehnbar (auf 200—600 % ihrer Ausgangslänge). Hierbei werden die Amylosemoleküle naturgemäß stark in Verstreckrichtung orientiert. Infolge der bei längerer Einwirkung hoher Luftfeuchtigkeit stattfindenden V_a→B-Umwandlung kann man so B-Amylose in hochorientierter Form erhalten. Dabei tritt als Zwischenstufe die V_h-Amylose auf, die ebenfalls aus 6_1-Helix aufgebaut ist, wobei jedoch der Helixabstand von 13,0 auf 13,7 Å vergrößert ist (106, 107).

Noch stärker orientierte Filme aus B-Amylose werden aus Amylosetriacetat erhalten. Dieses läßt sich noch besser in hochorientierter Form darstellen. Es unterscheidet sich hinsichtlich seiner Konformation stark von Amylose B bzw. V. Die linksgängige Helix ist sehr steil, hat eine Identitätsperiode von 51,4 Å und enthält in drei Windungen 14 Glucosereste. Daraus ergibt sich pro Rest eine Höhe h von 3,67 Å gegenüber 1,33 Å bei der Amylose V. Beim Verseifen der orientierten Filme oder Fasern mit verdünnter alkoholischer Kalilauge erhält man einen Amylose-Alkali-Komplex, der durch Überführen in alkoholische KBr-Lösungen in einen Amylose-KBr-Komplex umgewandelt wird (3, 108).

Er bildet eine sehr gestreckte 4_1-Helix mit h = 4,0 Å. Entfernt man das KBr mit 75%igem Ethanol, so geht sie in die Amylose V und diese durch Kochen mit Wasser in die Amylose B-Helix über. Dabei kann die A-Form als Zwischenstufe auftreten (3, 109, 110).

Auch im gelösten Zustand liegt Amylose offenbar als Helix vor, wobei nach den Untersuchungen von R. C. *Schulz* und *Wolf* (111) relativ kurze helicale Abschnitte mit nichtperiodischen abwechseln. Aus den Ergebnissen von CD-Messungen an Jodstärke-Komplexen, wobei das Jod als Chromophor des chiralen Komplexes fungiert, ergab sich, daß die mittlere Länge der Jodketten ≈ 55 Å ($= 14$ Jod-Atome) beträgt. Dies entspricht ca. sieben Helixwindungen. Bei pH-Werten $\geqslant 13$ erfolgt, wie viskosimetrische Untersuchungen zeigen anscheinend eine Konformationsumwandlung, was von *Senior* und *Hamori* (112) auf elektrostatische Abstoßung infolge einer Dissoziation der OH-Gruppen zurückgeführt wird.

4.10.2. Glycogen

Glycogen ist das Reservepolysaccharid tierischer Organismen und entspricht von seiner Funktion her der pflanzlichen Stärke. Außer in den Muskeln, wo es als Energielieferant deponiert ist und bis zu 2% des Gewichts ausmachen kann, kommt es besonders reichlich in der Leber vor. Hier kann sein Gewichtsanteil bis zu 20% betragen. Es liegt dort in Körnern (Granula) vor und kann nach Zerstören der Proteine durch Kochen mit konzentrierter Kalilauge oder mit Trichloressigsäure gewonnen werden. Glycogen ergibt bei der Hydrolyse mit Säuren ausschließlich D-Glucose. Beim enzymatischen Abbau mit Amylase und Maltase erhält man D-Glucose und Maltose. Auch hier werden wie beim Amylopektin Grenzdextrine gebildet.

Glykogen ist dem Amylopektin ähnlich, nur noch stärker verzweigt, so daß es ein recht kompaktes Molekül darstellt (113).

Etwa auf jedes 12. Molekül der α(1,4) verknüpften D-Glucosereste kommt eine α(1,6)-Verzweigung. *Husemann* und *Ruska* konnten bereits 1940 die Annahme *Staudingers*, daß es sich um kugelige Moleküle handelt, durch direkte elektronenmikroskopische Aufnahmen bestätigen (114). Daß kompakte Moleküle vorliegen, geht auch daraus hervor, daß die Viskositätszahl (intrinsic viscosity)

— auch bei seinen Derivaten wie Glykogenacetat — von Molekulargewicht unabhängig ist.

Die Molekulargewichte können extrem hoch sein und werden von der Extraktionsmethode beeinflußt. So wurden bei der Gewinnung durch Abbau der Zellgewebe mit Alkali Molekulargewichte von $2-6 \cdot 10^6$, bei der Gewinnung mittels Trichloressigsäure $11-80 \cdot 10^6$ gefunden (115). Offenbar tritt ein gewisser Abbau beim Behandeln mit heißen Laugen ein.

4.10.3. Dextrane

Dextrane sind von Bakterien und Hefen erzeugte Reservepolysaccharide. Auch sie bestehen aus D-Glucose-Monomereinheiten. Es handelt sich im wesentlichen um verzweigte α-1,6-D-Anhydroglucane (Poly-α-1,6-D-glucose). Dabei können 1,2-, 1,3- oder 1,4-Verzweigungen vorliegen, die zum größten Teil aus nur einem D-Glucoserest bestehen. Besonders zu erwähnen ist das von Leuconostoc mesenteroides produzierte Dextran, das mitunter als unerwünschtes schleimig-fadenziehendes Produkt bei der Zuckerfabrikation, bei Marmeladen u. a. zuckerhaltigen Lebensmitteln auftritt. Es wird aber im größerem Umfang technisch hergestellt, indem man z. B. den Stamm B 512 F von L. mesenteroides auf Rohrzuckerlösungen einwirken läßt. Man verwendet es als sog. Plasmaexpander u. a. bei starken Blutverlusten („Blutersatz") in der Medizin. Hierfür werden Fraktionen mit Molekulargewichten von 50 000—100 000 eingesetzt. Mit Epoxiden vernetzte Dextrane dienen als Molekularsiebe bei der Gelpermeationschromatographie.

4.10.4. Inulin

Inulin kommt als Reservepolysaccharid in den Knollen der Dahlien und des Topinambur, in Artischocken sowie in verschiedenen Wurzeln, besonders von Korbblütlern, vor. Es wurde zuerst 1804 festgestellt. Inulin ergibt bei der Hydrolyse mit Säuren D-Fructose, ist also ein Poly-Ketohexosaccharid, genauer gesagt ein β(1,2)-Fructan. Sein Molekulargewicht ist mit $\approx 5000-6300$ recht niedrig. Es löst sich in Wasser kolloidal auf. Man erhält es, indem es aus den wäßrigen Extrakten der Wurzeln mit Alkohol gefällt wird.

5. Polyisopren

Bei diesen Polymeren handelt es sich um *ungesättigte Kohlen-wasserstoffe,* die sowohl als cis-Form (Kautschuk) wie auch als trans-Form (Guttapercha, Balata) im Milch-Saft (Latex) zahlreicher Pflanzen (> 2000) vorkommen. Besonders wichtig für die Gewinnung von natürlichem Kautschuk sind einige Wolfsmilchgewächse *(Euphorbiaceen)* insbesondere *Hevea brasiliensis.* Dieser bis zu 20 m hoch werdende in Südamerika, Afrika und Hinterindien angebaute, Baum ergibt beim Anritzen der Rinde im Mittel etwa 70 g Latex pro Tag. Er liefert, plantagenmäßig angebaut weit über 99 % der Welternte. Der Rest wird von ca. 50 verschiedenen anderen Pflanzen, u. a. auch von dem in Europa bekannten Gummibaum *Ficus elastica,* der in Südostasien wächst, gewonnen. In der Sowjetunion wurden Versuche unternommen Naturkautschuk aus den Wurzeln eines dem Löwenzahn ähnlichen Korbblütler *(Compositae) Taraxacum bicorne (Kok saghys)* zu gewinnen, die einen sehr hohen Latexgehalt aufweisen.

Während der Latex der o. a. Pflanzen cis-1,4-Polyisoprene (Abb. 172) (Kautschuk) enthält, ist neben 20–30 % Harz in den Latices verschiedener in Südostasien beheimateter Bäume der Familie *Sapotaceae* trans-1,4-Polysiopren (Abb. 173), die als Guttapercha bezeichnet wird, enthalten. Man gewinnt sie hauptsächlich aus Palaquium borneense und P.-oblongifolium. Die Guttapercha, die den

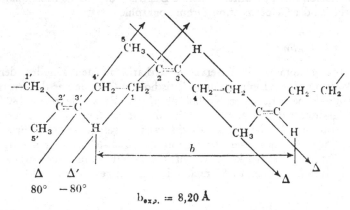

Abb. 172. Konformation von cis-Polyisopren (Kautschuk) nach (116).

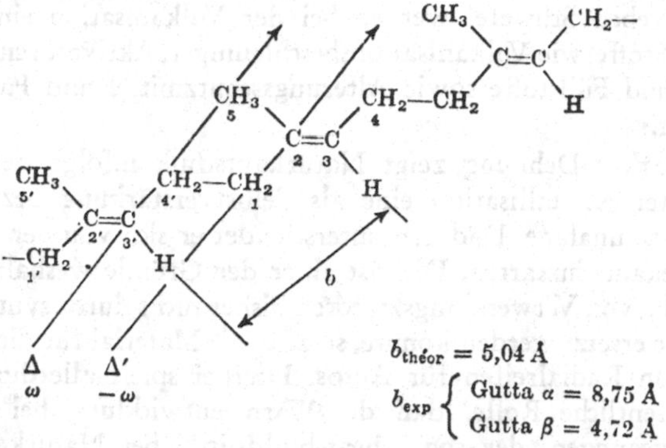

$$\begin{array}{c}
CH_3 \quad CH_2- \\
C=C \\
CH_3 \quad CH_2-CH_2 \quad H \\
5 \\
C=C \\
2\ 3 \\
CH_3 \quad CH_2-CH_2 \quad H \\
5' \quad 4' \quad 1 \\
C=C \\
2'\ 3' \\
-CH_2 \quad H \\
1' \quad b
\end{array}$$

$$\Delta \quad \Delta'$$
$$\omega \quad -\omega$$

$$b_{\text{théor}} = 5,04 \text{ Å}$$
$$b_{\text{exp}} \begin{cases} \text{Gutta } \alpha = 8,75 \text{ Å} \\ \text{Gutta } \beta = 4,72 \text{ Å} \end{cases}$$

Abb. 173. Konformation von trans-Polyisopren (Guttapercha) (116).

eingetrockneten Milchsaft darstellt, wird heute nur noch wenig als Isolier-, Dichtungs oder Kittmaterial verwendet. Die Balata ist gleichfalls der viel Harz enthaltende eingetrocknete Milchsaft einiger Gattungen der Familie *Sapotaceae*, insbesondere von Mimusops. Früher diente die Balata zur Herstellung von Treibriemen und Fußbodenbelägen. Nach dem Entfernen des Harzes verwendet man sie zur Herstellung von Golfbällen.

Latex von *Hevea brasiliensis* enthält ca. 30—35 % Kautschuk in kolloidaler Verteilung sowie u. a. 0,3 % Proteine, die als Schutzkolloid wirken. Durch Zugabe von Säuren bringt man den Latex zum Koagulieren und verarbeitet den ausgefallenen Kautschuk weiter. Dieser Rohkautschuk wurde bereits von den Mayas im 11. Jahrhundert zu Bällen verarbeitet und von den Indianern zur Herstellungen von Gefäßen und Schuhen verwendet. In dieser Form hat Kautschuk einige für den Gebrauch wenig vorteilhafte Eigenschaften. So wird er bereits bei ca. 4 °C spröde, bei 145 °C klebrig und schmilzt zwischen 170 und 180 °C. Vernetzt man jedoch die ungesättigten Kohlenwasserstoffketten, z. B. über Schwefelbrücken, indem man den Kautschuk mit 3—5 % Schwefel vermischt und ca. 1 Stunde auf 130—140 °C erhitzt (vulkanisiert), so erhält man den sehr elastischen, nicht mehr klebenden Weichgummi. Bei hohen S-Gehalten von ca. 31 % wird Hartgummi (Ebonit) erhalten. Bei der Vulkanisation entstehen nicht nur interchenare Schwefelbrücken aus 1—8 S-Atomen pro 100 Isoprenreste, sondern daneben auch zyklische, intrachenare Schwefelbrücken, die die Reißfestigkeit erhöhen. Neben Schwefel werden bei der Vulkanisation eine Fülle anderer Stoffe, wie Vulkanisationsbeschleuniger, Aktivatoren, Weichmacher und Füllstoffe sowie Alterungsschutzmittel und Farbstoffe zugesetzt.

Bei starker Dehnung zeigt Naturkautschuk infolge dehnungsinduzierter Kristallisation eine als Selbstverstärkung bezeichnete Festigkeitszunahme. Dadurch unterscheidet er sich von den meisten Synthesekautschukarten. Dies ist einer der Gründe weshalb er für eine Reihe von Verwendungszwecken bisher nicht durch synthetische Produkte ersetzt werden konnte, so z. B. als Material für die Seitenwand von Radialreifen für Autos. Hierbei spielt allerdings auch eine wesentliche Rolle, daß die Wärmeentwicklung bei starken Walkbewegungen, der sog. „heat-build-up", bei Naturkautschuk besonders gering ist (117).

Literatur

Literatur Nucleinsäuren

1. *Beyersmann, D.*, Nucleinsäuren (Heidelberg 1971).
2. *Bresch, C.* und *R. Hausmann*, Klassische und molekulare Genetik, 3. Aufl. (Berlin 1970).
3. *Harbers, E.*, Nucleinsäuren, 2. Aufl. (Stuttgart 1975).
4. *Chargaff, E.* und *J. N. Davidson* (Herausg.), The Nucleic Acids, New York, Bd. 1 (1955).
5. *Jordan, D. O.*, The Chemistry of Nucleic Acids (London 1960).
6. *Michelson, A. M.*, The Chemistry of Nucleosides and Nucleotides (New York 1963).
7. *Walton, G.* und *J. Blackwell*, Biopolymers, S. 514 ff. (New York 1973).
8. *Astbury, W. T.* und *F. O. Bell*, Nature 141, 747 (1938), Cold Spring Harbor Symp. Quant. Biol. 6, 109 (1938).
9. *Cochran, W., F. C. H. Crick* und *V. Vand*, Acta Crystallogr. 5, 581 (1952).
10. *Watson, J. D.* und *F. C. H. Crick*, Nature 171, 737, 967 (1953).
11. *Langridge, R., H. R. Wilson, C. W. Hooper, M. H. F. Wilkins* und *L. D. Hamilton*, J. Mol. Biol. 2, 19 (1960).
12. *Marvin, D. A., M. Spencer, M. H. F. Wilkins* und *L. D. Hamilton*, J. Mol. Biol. 3, 547 (1961).
13. *Fuller, W., M. H. F. Wilkins, H. R. Wilson* und *L. D. Hamilton*, J. Mol. Biol. 12, 601 (1965).
14. *Du Praw, E. J.*, Cell and Molecular Biology (New York 1968).
15. *Mandelkern, L.*, An Introduction to Macromolecules (New York 1972).
16. *Holmes, K. C.* und *D. M. Blow*, The Use of x-Ray Diffraction in the Study of Proteins and Nucleic Acid Structures (New York 1965).
17. *Arnott, S.*, in „Proceedings of the First Cleveland Symposium of Macromolecules" (Herausg. A. Walton), S. 87 ff. (Amsterdam 1977).
18. *Hopfinger, A. J.*, Intermolecular Interactions and Biomolecular Organization, S. 159 ff. (New York 1977).
19. *Falk, M., K. A. Hartmann jr.* und *R. C. Lord*, J. Am. Chem. Soc. 85, 387 (1963).
20. *Frisman, V., V. S. Veselkov, S. V. Slonitsky, L. S. Karavaev* und *V. J. Varoblev*, Biopolymers 13, 2169 (1974).
21. *Suwalski, M.* und *W. Traub*, Biopolymers 11, 2223 (1972).
21 a. *De Voe, H.* und *I. Tinoco jr.*, J. Mol. Biol. 4, 518 (1962).
22. *Marmur, J.* und *P. Doty*, Nature 183, 1427 (1959).
23. *Marmur, J.* und *P. Doty*, J. molec. Biol. 5, 109 (1962).
24. *Grunwedel, D. W., Ch. H. Hsu* und *D. S. Lu*, Biopolymers 10, 47 (1971).

25. *Gabbay, E. J., R. E. Scotfield* und *C. S. Baxter,* J. Am. Chem. Soc. **95,** 7850 (1973).

26. *Holley, R. W., J. Apgar, G. A. Everett, J. T. Madison, M. Marquises, S. H. Merrill, J. R. Penswick* und *A. Zamir,* Science **147,** 1462 ((1965).

27. *Zachau, H. G., D. Dulling* und *H. Feldmann,* Hoppe-Seylers Z. physiol. Chem. **347,** 212 (1966).

28. *Levitt, M.,* Nature **224,** 759 (1969).

29. *Froholm, L. O.* und *B. R. Olsen,* FEBS-Letters **3,** 182 (1969).

30. *Johnson, C. D., K. Adolph, J. J. Rosa, M. D. Hall* und *P. Sigler,* Nature **226,** 1246 (1970).

31. *Keith, G., F. Picaud, J. Weissenbach, J. P. Ebel, G. Petrissant* und *G. Dirheimer,* FEBS-Letters **31,** 345 (1973).

32. *Fiers, W. R., R. Contreras* et al., Nature **256,** 273 (1975).

33. *Fiers, W.,* Medizin in unserer Zeit **1,** 10 (1977).

34. *Mills, D. R., F. R. Kramer* und *S. Spiegelmann,* Science **180,** 916 (1973).

35. *Rubin, G. M.,* J. Biol. Chem. **248,** 3860 (1973).

36. *Arnott, S.* und *P. J. Bond,* Nature New Biol. **244,** 99 (1973).

37. *Arnott, S.* und *P. J. Bond,* Science **181,** 58 (1973).

38. *Arnott, S.* und *E. Selsing,* J. Mol. Biol. **88,** 509 (1974).

39. *Arnott, S., R. Chandrasekaran, D. W. L. Hukins, P. J. C. Smith* und *L. Watts,* J. Mol. Biol. **88,** 523 (1974).

40. *Boedtker, H.,* J. Mol. Biol. **2,** 171 (1960).

41. *Davis, D. R.,* Ann. Rev. Biochem. **36,** 321 (1967).

42. *Fresco, J.,* Trans. N. Y. Acad. Sci. **21,** 653 (1959).

43. *Felsenfeld, G.* und *A. Rick,* Biochim. Biophys. Acta **26,** 425 (1957).

44. *Arnott, S., W. Fuller, A. Hodgson* und *J. Prutton,* Nature **220,** 561 (1968).

45. *Goldstein, B.,* Biopolymers **12,** 461 (1973).

46. *Karlson, P.,* Kurzes Lehrbuch der Biochemie, Stuttgart, 9. Aufl., S. 118 ff.

47. *Lehninger, A. L.,* Biochemie, 2. Aufl., S. 763 ff. (Weinheim 1977).

48. *Wyatt, G. R.,* Biochem. J. **48,** 584 (1951).

49. *Chargaff, E.* und *R. Lipschitz,* J. Am. Chem. Soc. **75,** 3658 (1953).

50. *Gandelmann, E., S. Zamenhof* und *E. Chargaff,* J. Biol, Chem. **177,** 429 (1949).

51. *Vischer, E., S. Zamenhof* und *E. Chargaff,* Biochim. Biophys. Acta **9,** 399 (1952).

52. *Hershey, E. D.* und *N. E. Melechen,* Virology **3,** 207 (1957).

53. *Sinsheimer, R. L.,* J. Mol. Biol. **1,** 43 (1959).

54. *Volkin, E.* und *C. E. Carter,* J. Am. Chem. Soc. **73,** 1516 (1951).

55. *Crosbie, G. W., R. M. S. Smellie* und *N. Davidson,* Biochem. J. **54,** 287 (1953).

56. *Chargaff, E., B. Magsanik, E. Vischer, C. Green, R. Doninger* und *D. Elson,* J. Biol. Chem. **186,** 51 (1953).

57. *Kneight, C. A.,* J. Biol. Chem. **171**, 297 (1948).
58. *Elson, D.* und *E. Chargaff,* Biochim. Biophys. Acta **17**, 367 (1955).

Literatur Polypeptide und Proteine

1. *Ramachandran, G. N.* und *V. Sasisekharan,* in: Advances in Protein Chemistry **23**, 284 (1968).
1 a. *Corey, R. B.* und *L. Pauling,* Proc. Roy. Soc. (London) B 141 (1953).
1 b. *Pauling, L.,* „The Nature of the Chemical Bond", New York 1960.
1 c. *Pauling, L.* und *R. B. Corey,* Proc. Nat. Acad. Sci. (US), **37**, 235, 241 (1951).
1 d. *Corey, R. B.* und *L. Pauling,* Proc. Intern. Wool Textile Research Conf. Australien 1955, Teil B, S. 249.
2. *Miyazawa, T., T. Shimanouchi* und *S. Mizushima,* J. Chem. Phys. **29**, 611 (1958).
3. *Walton, A. G.* und *J. Blackwell,* Biopolymers, S. 25 ff. (New York-London 1973).
4. *Leach, S. J., G. Nemethy* und *H. A. Scheraga,* Biopolymers **4**, 369 (1966).
5. *Scheraga, H. A., R. A. Scott, G. Vanderkooi, S. J. Leach, K. D. Gibson, T. Ooi,* in: Conformation of Biopolymers, Bd. 1, S. 43—60 (New York-London 1968).
6. *Lotz, B., F. Heitz* und *G. Spach,* in: Proceedings of the First Cleveland Symposium on Macromolecules, (Herausg. *A. G. Walton*) S. 39 (Amsterdam 1977).
7. *Blout, E. R.,* in: Polyamino Acids, Polypeptides and Proteins (Herausg. *M. A. Stahmann*), S. 275 (Madison 1962).
8. *Fasman, G. D.,* in: Poly-α-aminoacids, (Herausg. *G. D. Fasman*), S. 503 (New York 1967).
9. *Bamford, C. H., W. E. Hanby* und *F. Happey,* Proc. Roy. Soc A **205**, 30 (1951).
10. *Bamford, C. H., A. Elliott* und *W. E. Hanby,* Synthetic Polypeptides, S. 302 ff. (New York 1956).
11. *Hopfinger, A. J.,* Conformational Properties of Macromolecules, S. 38 ff. (New York 1973).
12. *Hopfinger, A. J.,* Intermolecular Interactions and Biomolecular Organization, (New York 1977).
13. *Stuart, H. A.,* Molekülstruktur, S. 40 ff. (Berlin-Heidelberg-New York 1967).
13 a. *Zander, R.,* Dissertation (Marburg 1978).
13 b. *Ebert, G.* und *R. Zander,* 1. Haarwissenschaftliches Symposium, Aachen 1978, Schriftenreihe des Deutschen Wollforschungsinstituts, Herausg. G. Blankenburg, 1979, S. 102.
13 c. *Rao, C. N. R.,* in: Water Vol. 1 (Herausg. *F. Franks*), S. 94 ff. (New York 1972).

14. *Wicke, E.*, Angew. Chem. **78**, 1 (1966).

14 a. *Samoilov, O. J.*, Die Struktur wäßriger Elektrolytlösungen und die Hydration von Ionen, Leipzig 1961.

15. *Luck, W.*, Über die Assoziation des flüssigen Wassers, Fortschr. Chem. Forschg. **4**, 659 (1965).

16. *Morgan, J.* und *J. Warren*, J. Chem. Physics **6**, 666 (1938).

17. *Danford, M. D.* und *H. A. Levy*, J. Am. Chem. Soc. **84**, 3965 (1962).

18. *Pauling, L.*, Nature of the chemical bond (London 1960).

19. *Fox, J.* und *A. E. Martin*, Proc. Roy. Soc. A **174**, 23 (1940).

20. *Luck, W. A. P.*, Topics in Current Chemistry **64**, 113 (Berlin - Heidelberg - New York 1976).

21. *Frank, H. S.* und *W. Y. Wen*, Discuss. Farad. Soc. **24**, 133 (1957).

22. *Némethy, G.* und *H. A. Scheraga*, J. Chem. Physics **36**, 3382 (1962).

23. *Némethy, G.*, Ann. Ist Super. Sanita **6**, 491 (1970).

24. *Lennard-Jones, J.* und *J. A. Pople*, Proc. Roy. Soc. (London), A **205**, 155 (1951).

25. *Eucken, A.*, Z. Elektrochem. **52**, 255 (1948); **53**, 102 (1949).

26. *Haggis, G. H.*, *J. B. Hasted* und *T. J. Buchanan*, J. Chem. Physics **20**, 1452 (1952).

27. *Bernal, J. D.* und *R. H. Fowler*, J. Chem. Physics **1**, 516 (1933).

28. *Hasted, J. B.*, *D. M. Ritson* und *C. H. Collie*, J. Chem. Physics **16**, 1 (1948).

29. *Hasted, J. B.* und *G. W. Roderick*, **29**, 17 (1958).

30. *Hertz, H. G.* und *W. Spalthoff*, Z. Elektrochem. **63**, 1096 (1959).

31. *Hertz, H. G.* und *W. Zeidler*, Z. Elektrochem. **67**, 774 (1963).

32. *Hertz, H. G.*, Ber. Bunsen Ges. **68**, 907 (1964).

33. *Hertz, H. G.*, Angew. Chem. **82**, 91 (1970).

34. *Ebert, G.* und *Ch. Ebert*, Colloid and Polymer Sci. **254**, 25 (1976).

35. *Kauzmann, W.*, Advances in Protein Chemistry **14**, 1 (1959).

36. *Némethy, G.* und *H. A. Scheraga*, J. Chem. Physics **36**, 3401 (1962). J. Phys. Chem. **66**, 1773 (1962), **67**, 2888 (1963).

37. *Némethy, G.*, Angew. Chem. **79**, 260 (1967).

37 a. *Kendrew, J. C.*, Brookhaven Symp. Biology **15**, 216 (1962).

38. *Fasman, G. D.*, *C. Lindblow* und *E. Bodenheimer*, Biochemistry **3**, 155 (1964).

39. *Némethy, G.*, *J. Z. Steinberg* und *H. A. Scheraga*, Biopolymers **1**, 43 (1963).

40. *Gratzer, W. B.* und *P. Doty*, J. Am. Chem. Soc. **85**, 1193 (1963).

41. *Brahms, J.* und *G. Spach*, Nature **200**, 72 (1963).

42. *Fasman, G. D.*, in: Poly-α-amino-acids (Herausg. *G. D. Fasman*, S. 539 ff. bzw. 551 ff. (New York 1967).

43. *Kubota, S.*, cit. in *Tsen, Y. W.* und *Y. T. Yan*, Biopolymers **16**, 921 (1977).

44. *Ebert, G.*, *Ch. Ebert* und *L. Paudjojo*, Progr. Colloid and Polymer Sci. **65**, 60 (1978).

44 a. *Paudjojo, Lusiawati,* Dissertation (Marburg 1979).
45. *Hatano, M.* und *M. Yoneyama,* J. Am. Chem. Soc. **92,** 1392 (1970).
46. *Tsen, Y. W.* und *Y. T. Yang,* Biopolymers **16,** 921 (1977).
47. *Werner, W.,* Diplomarbeit (Marburg 1972).
48. *Ebert, Ch., G. Ebert* und *W. Werner,* Kolloid Z. u. Z. Polymere **251,** 504 (1973).
49. *Ebert, Ch.* und *G. Ebert,* Progr. Colloid and Polymer Sci. **57,** 100 (1975).
50. *Ebert, Ch.* und *G. Ebert,* Colloid and Polymer Sci. **255,** 1041 (1977).
50 a. *Kim, Y. H.,* Dissertation (Marburg 1978).
51. *Murai, N., M. Miyazaki* und *Sh. Sugai,* Nippon Kagaku Kaishi **1976,** 659.
52. *Makino, Sh., K. Wakabayashi* und *Sh. Sugai,* Biopolymers **6,** 551 (1968).
53. *Poland, D. C.* und *H. A. Scheraga,* Biopolymers **3,** 283 (1965).
54. *Poland, D. C.* und *H. A. Scheraga,* Biopolymers **3,** 335 (1965).
55. *Poland, D. C.* und *H. A. Scheraga,* Biopolymers **3,** 305 (1965).
56. *Fasman, G. D.,* in: Polyaminoacids, Polypeptides and Proteins (Herausg. *M. A. Stahmann*) S. 221 (Madison 1962).
57. *Fasman, G. D.,* in: Poly-α-aminoacids (Herausg. *G. D. Fasman*) S. 512 ff. (New York 1967).
58. *Nakajima, A.* und *M. Murakami,* Biopolymers **11,** 1295 (1972).
59. *Wishnia, A.,* Proc. Nat. Acad. Sci. USA **48,** 2200 (1962).
60. *Wishnia, A.,* J. phys. Chem. **67,** 2079 (1963).
61. *Wetlaufer, D. B.* und *R. Lovrien,* J. Biol. Chem. **239,** 596 (1964).
62. *Schrier, E. E., R. T. Ingwall* und *H. A. Scheraga,* J. Phys. Chem. **69,** 298 (1965).
63. *v. Hippel, P. H.* und *K.-Y. Wong,* J. Biol. Chem. **240,** 3909 (1965).
64. *Zahn, H.,* Kolloid-Z. **197,** 14 (1964).
65. *Ebert, G.* und *W. Stein,* Angew. makromol. Chem. **7,** 57 (1969).
66. *Stein, W.,* Dissertation (Aachen 1967).
67. *v. Hippel, P. H.* und *Th. Schleich,* in: Structure and Stability of Biological Macromolecules (Herausg. *S. N. Timasheff* und *G. D. Fasman*) (New York 1969).
68. *Ebert, G., Ch. Ebert* und *J. Wendorff,* Kolloid-Z. und Z. Polymere **237,** 229 (1970).
69. *Spei, M., W. Stein* und *H. Zahn,* Kolloid-Z. und Z. Polymere **238,** 447 (1970).
70. *Spei, M.,* Röntenkleinwinkeluntersuchungen von chemisch modifizierten und gedehnten Faserkeratinen, Forschungsberichte des Landes Nordrhein-Westfalen Nr. 2455 (Opladen 1975).
71. *Mercer, E. H.,* Keratin and Keratinization (Oxford 1961).
72. *Fraser, R. D. B., T. P. Mac Rac* und *G. E. Rogers,* Keratins, their composition, structure and biosynthesis (Springfield 1972).

72 a. *Fraser, R. D. B., T. P. Mc Rae* und *G. E. Rogers,* Nature **193,** 1054 (1962).

72 b. *Walton, A. G.* und *J. Blockwell,* Biopolymers, S. 258 ff. (New York 1973).

73. *Asquith, R. S.,* Chemistry of Natural Protein Fibers (London 1977).

73 a. *Joubert, F. J., P. J. de Jaeger* und *L. S. Swart,* Symposium on Fibrous Proteins, Australien 1967 (Herausg. W. G. Crewther), S. 343, Sydney 1968.

73 b. *Haylett, T.* und *L. S. Swart,* Textile Res. J. **39,** 917 (1969).

74. *Doehner, H.* und *H. Reumuth,* Wollkunde, 2. Aufl. (Berlin 1964).

75. *Alexander, P., R. F. Hudson* und *Ch. Earland,* Wool — its chemistry and physics, 2. Aufl. (London 1963).

76. *Crewther, W. G., R. D. B. Fraser, F. G. Lennox* und *H. Lindley,* Adv. Protein Chem. **20,** 191 (1965).

77. *Horio, M.* und *T. Kondo,* Textile Res. J. **23,** 273 (1953).

77 a. *Rudall, K. M.,* The proteins of the mammalian epidermis, in Adv. Protein Chemistry **7,** 253 (1952).

78. *Zahn, H.* und *D. Wegerle,* Kolloid-Z. **172,** 29 (1960).

78 a. *Zahn, H.* und *J. Meienhofer,* Makromol. Chem. **26,** 153 (1958).

79. *Ziegler, Kl.,* Communic. de la III eine Congrès International de la Recherche Textile Lainière, Bd. II. S. 403 (Paris 1965).

80. *Zahn, H., H. Beyer, M. M. Hammoudeh* und *A. Schallah,* Melliand Textilber. **50,** 1319 (1969).

81. *Ebert, Ch., G. Ebert* und *G. Roßmeißl,* Proc. 5th Intern. Wool Textile Research Conf. Bd. III, S. 97 (Aachen 1976).

82. *Ebert, Ch., G. Ebert* und *G. Roßmeißl,* in: Protein Crosslinking, (Herausg. *M. Friedman*) Bd. B, S. 205 (New York 1977).

83. *Zahn, H.* und *M. Biela,* Textil-Praxis **23,** 103 (1968).

84. *Birbeck, M. S. C.* und *E. H. Mercer,* J. Biophys. Biochem. Cytol. **3,** 203 (1957).

85. *Kassenbeck, P.* und *M. Levean,* Bull. Inst. Text. France **67,** 7 (1957).

86. *Sikorski, J.* und *J. H. Woods,* Text. Inst. **51,** T 506 (1960).

87. *Astbury, W. T.* und *J. H. Woods,* Phil. Trans. Roy. Soc. **232 A,** 333 (1933).

88. *Harrison, W.,* Chem. und Ind. (London) **15,** 731 (1935).

89. *Elöd, E.* und *H. Zahn,* Kolloid-Z. **108,** 94 (1944).

90. *Haly, A. P.* und *M. Feughelman,* Text. Res. J. **27,** 919 (1967).

91. *Crewther, W. G.* und *L. M. Dowling,* Text. Res. J. **29,** 541 (1959).

92. *Ebert, G.* und *F. H. Müller,* Kolloid-Z. und Z. Polymere **214,** 38 (1966).

93. *Ebert, G., Ch. Ebert* und *J. Wendorff,* Kolloid-Z. und Z. Polymere **237,** 229 (1970).

94. *Speakmann, B.,* J. Text. Inst. **37 T,** 102 (1947).

95. *Schiecke, H. E.,* Melliand Textilber. **49,** 763, 895, 1016 (1968).

96. *Marwick, I. C.,* J. Text. Sci. **4,** 31 (1931).

97. *Astbury, W. T.* und *T. C. Marwick*, Nature (London) **130**, 309 (1932).
98. *Schor, R. O.* und *S. Krimm*, Biophys. J. **1**, 467 (1961).
99. *Bear, R. S.* und *H. J. Rugo*, Ann. New York Acad. Sci. **53**, 627 (1951).
100. *Fraser, R. D. B.* und *T. P. Mac Rae*, J. Mol. Biol. **1**, 387 (1959).
101. *Filshie, B. K.* und *G. E. Rogers*, J. Cell. Biol. **13**, 1 (1962).
102. *Rogers, G. E.* und *B. K. Filshie*, in: Ultrastructure of Protein Fibers (Herausg. *R. Borasky*) S. 123 (New York 1963).
103. *O'Donnell, I. J.*, Aust. J. Biol. Sci. **26**, 415 (1973).
103 a. s. auch *Fraser, R. D. B.* und *T. P. Mac Rae*, Conformation in Fibrous Proteins, S. 526 (New York 1973).
103 b. *Harrap, B. S.* und *E. F. Woods*, Biochem. J. **92**, 8 (1964).
104. *Suzuki, E.*, Aust. J. Biol. Sci. **26**, 435 (1973).
105. *Fraser, R. D. B.* und *T. P. Mac Rae*, Conformation in Fibrous Proteins. S. 293 ff. (New York 1973).
106. *Walton, A. G.* und *J. Blackwell*, Biopolymers, S. 408 ff. (New York 1973).
107. *Brown, A. E.* und *J. Menkart*, in: Ultrastructure of Protein Fibers (Herausg. *R. Borasky*) S. 5 ff (New York 1963).
107 b. *Lucas, F., J. I. B. Shaw* und *S. G. Smith*, J. Textile Inst. **46**, T 440 (1955).
108. *Otterburn, M. S.*, in: Chemistry of Natural Protein Fibers (Herausg. *R. S. Asquith*, S. 53 ff. (London 1977).
109. *Ziegler, Kl.*, Seide in: *Ullmanns* Enzyklopädie der technischen Chemie, 3. Aufl., Bd. 15, S. 582 ff. (München 1964).
110. *Spoor, H.* und *Kl. Ziegler*, Angew. Chem. **72**, 316 (1960).
111. *Marsh, R. E., R. B. Corey* und *L. Pauling*, Biophys. Acta (Amsterdam) **16**, 34 (1955).
111 a. *Pauling, L.* und *R. B. Corey*, Proc. Nat. Acad. Sci. (US) **37**, 729 (1951).
111 b. *Pauling, L.* und *R. B. Corey*, Proc. Nat. Acad. Sci. (US) **37**, 251 (1951).
112. *Lucas, F., J. T. B. Shaw* und *S. G. Smith*, Nature (London) **178**, 861 (1956).
113. *Schnabel, E.* und *H. Zahn*, Liebigs Ann. Chem. **604**, 62 (1957).
114. *Reich, G.*, Kollagen (Dresden 1966).
115. *Harrington, W. F.* und *P. H. v. Hippel*, Adv. in Protein Chem. **16**, 1 (1961).
116. *Traub, W.* und *K. A. Piez*, Adv. Protein Chem. **25**, 243 (1971).
116 a. *Gross, E.* und *B. Witkop*, J. Am. Chem. Soc. **83**, 510 (1961).
116 b. *Zuber, H., Kl. Ziegler* und *H. Zahn*, Z. Naturforsch. **12 b**, 734 (1957).
117. *Fraser, R. D. B.* und *T. C. Mac Rae*, Conformation in Fibrous Protein, S. 344 ff. (New York 1973).
117 a. *Piez, K. A., E. Eigner* und *M. S. Lewis*, Biochemistry **2**, 58 (1963).

117 b. *Bruckner, P., H. P. Bächinger, R. Timpl* und *J. Engel,* Eur. J. Biochem. **90**, 595 (1978).

118. *Walton, A. G.* und *J. Blackwell,* Biopolymers, S. 415 ff. (New York 1973).

119. *Ramachandran, G. N.* und *G. Kartha,* Nature (London) **176**, 593 (1955).

120. *Rich, A.* und *F. H. C. Crick,* J. Mol. Biol. **3**, 71 (1961).

121. *Cowan, P. M., S. Mac Gavin* und *A. C. T. North,* Nature (London) **176**, 1062 (1955).

122. *Cowan, P. M., A. T. C. North* und *J. T. Randall,* Symp. Soc. Exp. Biol. **9**, 115 (1956).

123. *Bear, R. S.,* Adv. Protein Chem. **7**, 69 (1952).
Crick, F. H. C. und *A. Rick,* Nature (London) **176**, 780 (1955).

124. *Mc Bride, O. W.* und *W. F. Harrington,* Biochemistry **6**, 1484, 1494 (1967).

125. *Ramachandran, G. N., B. B. Doyle* und *E. R. Blout,* Biopolymers **6**, 177 (1968).

126. *Engel, J.* und *G. Beier,* Kolloid-Z. **197**, 7 (1964).

127. *Gross, J.* und *F. O. Schmitt,* J. Exper. Med. **88**, 555 (1948).

128. *Nemetschek, Th. W. Grassmann* und *U. Hofmann,* Z. Naturforsch. **10 b**, 61 (1955).

129. *Schmitt, F. O.,* Proc. Am. Phil. Soc. **100**, 476 (1956).

130. *Hodge, A. J.* und *F. O. Schmitt,* Proc. Nat. Acad. Sci. US **46**, 186 (1960).

130 a. *Kühn, K., W. Grassmann* und *U. Hofmann,* Naturwissenschaften **47**, 258 (1960).

130 b. *Kühn, K.* und *E. Zimmer,* Z. Naturforsch. **16 b**, 648 (1961).

130 c. *Hodge, A. J.,* in „Treatise on Collagen" (Herausg. R. N. Ramachandran) Bd. 1, S. 185 (New York 1967).

131. *Gustavson, K. H.,* Nature (London) **175**, 70 (1955).

132. *Piez, K. H.* und *J. Gross,* J. Biol. Chem. **235**, 995 (1960).

133. *Priwalow, P. L., D. R. Monaselidze, G. M. Mrelishvili* und *M. Magaldadze,* Z. exp. theor. Physik (russ.) **47**, 2073 (1964).

134. *Engel, J.,* Hoppe-Seylers Z. physiol. Chem. **325**, 287 (1961).

135. *Engel, J.,* Arch. Biochem. Biophys. **97**, 150 (1962).

136. *Ebert, G.* und *F. H. Müller,* Kolloid-Z. und Z. Polymere **222**, 159 (1968).

137. *Purcell, A. W., A. S. Jahn* und *L. P. Witnauer,* J. Am. Leath. Chem. Assoc. **61**, 273 (1966).

138. *Naghski, J., P. Wisnewski, E. H. Harris jr.* und *L. P. Witnauer,* J. Am. Leath. Chem. Assoc. **61**, 64 (1966).

139. *Hörmann, H.* und *H. Schlebusch,* Das Leder **1968**, 222.

140. *Wöhlisch, E.* und *R. Du Mesnil de Rochemont,* Z. Biol. **85**, 406 (1927).

141. *Wöhlisch, E.,* Biochem. Z. **247**, 329 (1932).

142. *Küntzel, A.* und *H. Doehner,* Angew. Chem. **52**, 175 (1939).

143. *Okamoto, Y.* und *K. Saeki*, Kolloid-Z. und Z. Polymere **194,** 124 (1964).
144. *Flory, P. J.* und *R. R. Garrett*, J. Am. Chem. Soc. **80,** 4836 (1958).
145. *Flory, P. J.* und *O. K. Spurr jr.*, J. Am. Chem. Soc. **83,** 1308 (1961).
146. *Partridge, S. M.*, Adv. Protein Chem. **17,** 227 (1962).
147. *Partridge, S. M.*, in: Symposium on Fibrous Proteins 1967 (Herausg. *W. G. Crewther* (London 1968).
148. *Ross, R.* und *P. Bornstein*, Sci. Amer. **224,** No. 6 44 (1971).
149. *Walton, A. G.* und *J. Blackwell*, Biopolymers, S. 433 (New York 1973).
150. *Seifter, S.* und *P. M. Gallop*, in: The Proteins (Herausg. *H. Neurath*) Bd. 4, Kap. 20 (New York 1966).
151. *Kendrew, J. C., G. Bodo, N. M. Dintzis, R. G. Parrish, H. W. Wyckoff* und *D. C. Phillips*, Nature (London) **181,** 662 (1958).
152. *Perutz, M. F.*, Sci. Amer. **1964,** Nr. 11,64.
153. *Walton, A. G.* und *J. Blackwell*, Biopolymers, 5. 554 (New York 1973).
154. *Collen, D., E. B. Ong* und *A. J. Johnson*, Fed. Proc. **31,** 229 (1972).
155. *Blombäck, B.* und *M. Blombäck*, in: *K. Laki:* The biological role of the clot stabilizing enzymes: Transglutaminase and F XIII (New York 1971); Ann. N. Y. Akad. Sci. **202,** 77 (1972).
156. *Caspary, E. A.* und *R. A. Kekwick*, Biochem. J. **67,** 41 (1957).
157. *Mc Kee, P. A., P. Mattock* und *R. L. Hill*, Proc. Nat. Acad. Sci. (Wash) **66,** 738 (1970).
158. *Finlayson, J. S.* und *M. W. Moseson*, Biochim. Biophys. Acta **82,** 415 (1964).
159. *Henschen, A.* und *P. Edman*, Biochim. Biophys. Acta **263,** 351 (1972).
160. *Cohn, E. J.*, J. gen. Physiol. **4,** 697 (1922).
161. *Cohn, E. J., L. E. Strong, W. L. Hughes jr., D. J. Mulford, J. N. Ashworth, M. Melin* und *H. L. Taylor*, J. Am. Chem. Soc. **68,** 459 (1946).
162. *Blombäck, B.* und *M. Blombäck*, Arhiv Kemi **10,** 415 (1956).
163. *Mosesson, M. W.* und *S. Sherry*, Biochemistry **5,** 2829 (1966).
164. *Armstrong jr. S. H., M. J. E. Budka, K. C. Morrison* und *M. Hasson*, J. Am. Chem. Soc. **69,** 1747 (1947).
165. *Witt, I.*, Biochemie der Blutgerinnung und Fibrinolyse (Weinheim 1975).
166. *Mosesson, M. W., J. S. Finlayson, R. A. Umfleet* und *D. Galanakis*, J. Biol. Chem. **247,** 5210 (1972).
167. *Seegers, W. H., M. L. Nieft* und *J. M. Vandenbelt*, Arch. Biochem. Biophys. **7,** 15 (1945).
168. *Henschen, A.*, Arkiv Kemi **22,** 355 (1964).
168 a. *Henschen, A.* und *F. Lottspeich*, Thromb. Res. **11,** 869 (1977).
169. *Blombäck, B.*, in Bloodclotting enzymology (Edit. *W. H. Seegers*) S. 143 (New York 1967).

170. *Gaffney, P. J.*, Biochim. Biophys. Acta **263**, 453 (1972).
171. *Hall, C. E.* und *H. S. Slayter*, J. Biophys. Biochem. Cytol. **5**, 11 (1959).
172. *Köppel, G.*, Nature **212**, 1608 (1966).
173. *Bachmann, L.*, *W. Schmitt-Fumian*, *R. Hammel* und *K. Lederer*, Makromol. Chem. **176**, 2603 (1975).
174. *Lederer, K.* und *R. Hammel*, Makromol. Chem. **176**, 2619 (1975).
175. *Lederer, K.*, Makromol. Chem. **176**, 2641 (1975).
176. *Edsall, J. T.*, J. Polym. Sci. **12**, 253 (1954).
177. *Scheraga, H. A.* und *M. Laskowski jr.*, Adv. Protein Chem. **12**, 1 (1957).
177 a. *Hydry-Clergeon, G.*, *G. Marguerie*, *L. Pouit* und *M. Suscillon*, Thromb. Res. **6**, 533 (1975).
178. *Blombäck, B.*, *B. Hessel*, *S. Iwanaga*, *J. Reuterby* und *M. Blombäck*, J. Biol. Chem. **247**, 1496 (1972).
179. *Blombäck, B.*, On the molecular structure of fibrinogen, in: Verhandlungsberichte der Deutschen Arbeitsgemeinschaft für Blutgerinnungsforschung, über die 17. Tagung in Münster (Stuttgart - New York 1976).
180. *Blombäck, B.*, Ark. Kemi **12**, 321 (1958).
181. *Kwaan, H. C.* und *G. H. Barlow*, Diath. haemorrh. **47**, 361 (1971).
182. *Herzig, R. H.*, *O. D. Ratnoff* und *J. R. Shainoff*, J. Labor, Clin. Med. **76**, 451 (1970).
183. *Laurent, T. C.* und *B. Blombäck*, Acta chem. Scand. **12**, 1875 (1958).
184. *Thomas, W. R.* und *H. W. Seegers*, Biochim. Biophys. Acta **42**, 556 (1965).
185. *Mills, P.* und *S. Karpatkin*, Biochem. Biophys. Res. Commun. **40**, 206 (1970).
186. *Latallo, Z. S.*, in: Verhandlungsbericht der Deutschen Arbeitsgemeinschaft für Blutgerinnungsforschung, über die 17. Tagung in Münster (Stuttgart - New York 1976).
187. *Marder, V. J.*, *A. Z. Budzinski* und *H. L. Jomes*, J. Biol. Chem. **247**, 4775 (1972).
188. *Latallo, Z. S.*, *A. Z. Budzynsky*, *B. Lipinski*, *E. Kowalski*, Nature **203**, 1184 (1964).
189. *Kopec', M.*, *Z. Wegrzynowicz*, *M. Klocewiak* und *Z. S. Latallo*, Folia haemat. **98**, 417 (1972).
190. *Larrieu, M.*, *C. Rigollot* und *V. J. Marder*, Brit. J. Haemat. **22**, 719 (1972).
191. *Leuchs, H.*, Chem. Ber. **39**, 857 (1906).
192. *Wessely, F.*, Z. physiol. Chem. **146**, 72 (1925).
193. *Katchalski, E.*, *I. Grossfeld* und *M. Frankel*, J. Am. Chem. Soc. **70**, 2094 (1948).
194. *Noguchi, J.*, Review of the meeting for the poly-α-amino acid fibres the Society of Polymer Science, Japan (Tokyo 1964).

195. *Bamford, C. H.* und *H. Block*, High Polym. **26**, 687 (1971).
196. *Bamford, C. H., A. Elliott* und *W. E. Hanby*, Synthetic Polypeptides (New York 1956).
197. *Katchalski, E.* und *M. Sela*, Adv. Protein Chem. **13**, 243 (1958).
198. *Katchalski, E.* und *M. Sela*, Adv. Protein Chem. **14**, 391 (1959).
199. *Katchalski, E., M. Sela, H. J. Silman* und *A. Berger*, in: The Proteins, Bd. II, 2. Aufl., S. 406 (Herausg. *H. Neurath*) (New York 1964).
200. *Blout, E. R.*, in: Polyamino Acids, Polypeptides and Proteins (Herausg. *M. A. Stahmann*) S. 3 (Madison 1962).
201. *Blout, E. R.*, in: Polyamino Acids, Polypeptides and Proteins (Herausg. *M. A. Stahmann*) S. 275 (Madison 1962).
202. *Fasman, G. D.*, in: Poly-α-Amino Acids (Herausg. *G. D. Fasman*) S. 499 ff. (New York 1967).
203. *Kōmoto, T., T. Akaishi, M. Ōya* und *T. Kawai*, Makromol. Chem. **154**, 151 (1972).
204. *Kroker, V.*, Dissertation (Marburg 1978).
204 a. *Ebert, Ch., G. Ebert* und *V. Kroker*, Progr. Colloid s. Polymer Sci. **60**, 183 (1976).
205. *Noguchi, J., S. Tokura* und *N. Nishi*, Angew. Makromol. Chem. **22**, 107 (1972).
205 a. *Noguchi, J.* und *N. Nishi*, Sen-I Gakkaishi **33**, 39 (1977).
206. *Noguchi, J., N. Nishi* und *M. Yoshimoto*, Kōbunshi Kagaku **30**, 704 (1973).
207. *Tiffany, M. L.* und *S. Krimm*, Biopolymers **8**, 347 (1969).
208. *Walton, A. G.* und *J. Blackwell*, Biopolymers, S. 250 ff. (New York 1973).
208 a. *Rosenheck, K.* und *P. Doty*, Proc. Nat. Acad. Sci U. S. **47**, 1775 (1961).
208 b. *Schimmel, P. R.* und *P. Flory*, Proc. Nat. Acad. Sci. U. S. **58**, 52 (1967).
209. *Nagasawa, M.* und *A. Holtzer*, J. Am. Chem. Soc. **86**, 538 (1964).
210. *Wada, A.*, Mol. Physics **3**, 409 (1960).
211. *Barone, G., V. Creszenzi* und *F. Quadrifoglio*, Biopolymers **4**, 529 (1966).
212. *Iizuka, E.* und *Y. T. Yang*, Biochemistry **4**, 1249 (1965).
213. *Keith, H. D., G. Giannoni* und *F. J. Padden*, Biopolymers **7**, 775 (1969).
214. *Blout, E. R.* und *H. Lenormant*, Nature **179**, 960 (1957).
215. *Applequist, J.* und *P. Doty*, in: Polyamino Acids Polypeptides and Proteins (Herausg. *M. A. Stahmann*) S. 162 (Madison 1962).
216. *Andries, J. C.* und *A. G. Walton*, Biopolymers **8**, 523 (1969).
217. *Walton, A. G.* und *J. Blackwell*, Biopolymers, S. 376 ff. (New York 1973).
218. *Fasman, G. D., C. Lindhlow* und *E. Bodenheimer*, J. Am. Chem. Soc. **84**, 4977 (1962).

219. *Blout, E. R.* und *Idelson, J.* Am. Chem. Soc. **80**, 4909 (1958).
220. *Tsuboi, T., Y. Mitsui, A. Wada, T. Miayzawa* und *N. Nagashima,* Biopolymers **1**, 297 (1963).
221. *Fraser, R. D. B., T. P. Mac Rae, F. H. C. Stewart* und *E. Suzuki,* J. Mol. Biol. **11**, 706 (1965).
222. *Brach, A.* und *G. Spach,* in: Peptides (Herausg. *E. Borias*) S. 45 (Amsterdam 1968).
223. *Andries, J. C., J. M. Anderson* und *A. G. Walton,* Biopolymers **10**, 1049 (1971).
224. *Fraser, R. D. B.* und *T. P. Mac Rae,* Conformation in Fibrous Proteins, S. 261 ff. (New York 1973).
225. *Rippon, W. B.* und *A. G. Walton,* Biopolymers **10**, 1207 (1971).
226. *Hudson, T.,* Ph. D. Thesis (Exeter 1970).
227. *Noguchi, J.* und *T. Saito,* in: Poly-amino-acids, Polypeptides and Proteins (Herausg. M. A. Stahmann) S. 313 ff. (Madison 1962).
228. *Fraser, R. D. B., B. S. Harrap, R. Ledger, T. P. Mac Rae, F. H. C. Stewart* und *E. Suzuki,* in: Fibrous Proteins (Herausg. *W. G. Crewther*) S. 57 (New York 1968).
229. *Engel, J.* und *G. Schwarz,* Angew. Chem. **82**, 468 (1970).
230. *Ising, E.,* Z. Physik **31**, 253 (1925).
231. *Zimm, B. H.* und *J. K. Bragg,* J. Chem. Physics **28**, 1246 (1958).
232. *Zimm, B. H.* und *J. K. Bragg,* J. Chem. Physics **31**, 526 (1959).
232 a. *Pauling, L.* und *R. B. Corey,* Proc. Roy. Soc. B **141**, 10 (1951).
233. *Applequist, J.,* J. Chem. Physics **38**, 934 (1963).
234. *Karasz, F. E.* und *M. O'Reilly,* Biopolymers **5**, 27 (1967).
235. *Ackermann, T.* und *H. Rüterjans,* Z. physik. Chem. N. F. **41**, 116 (1964).
236. *Cortijo, M., A. Roig* und *F. G. Blanco,* Biopolymers **7**, 315 (1969).
237. *Snipp, R. L., W. G. Miller* und *R. E. Nylund,* J. Am. Chem. Soc. **87**, 3547 (1965).
238. *Orlander, D. S.* und *A. Holtzer,* J. Am. Chem. Soc. **90**, 4549 (1968).
239. *Schwarz, G.,* Biopolymers **6**, 873 (1968).
239 a. *Ganser, V., J. Engel, D. Winklmair* und *G. Krause,* Biopolymers **9**, 323 (1970).
240. *Applequist, J.,* J. Chem. Physics **45**, 3459 (1966).
241. *Applequist, J.,* in: Conformation of Biopolymers (Herausg. *G. N. Ramachandran*) Bd. 1, S. 403 ff. (New York 1967).
242. *Wall, F. T., L. A. Hiller* und *W. F. Atchinson,* J. Chem. Physics **23**, 2341 (1955).
242 a. *Lynbchenko, Yu. L., M. D. Frank-Kamenetskii, A. V. Vologodskii, Yu. S. Lazurkin* und *G. G. Gause jr.,* Biopolymers **15**, 1019 (1976).
242 b. *Gotoh, O., Y. Husimi, S. Yabuki* und *A. Wada,* Biopolymers **15**, 655 (1976).
243. *Anfinsen, Ch. B.* und *E. Haber,* J. Biol. Chem. **236**, 1361 (1961).
244. *Jollés, J., J. Jauredmi-Adell, J. Bernier* und *P. Jollés,* Biochim. Biophys. Acta **78**, 668 (1963).

245. *Phillips, D. C.*, Proc. Natl. Acad. Sci. U. S. **57**, 484 (1967).

246. *Dickerson, R. E.* und *J. Geis*, Struktur und Funktion der Proteine, S. 75 ff. (Weinheim 1971).

247. *Lynen, F.*, Naturwiss. Rundschau **23**, 263 ff. (1970).

248. *Schachmann, H. K.*, in: *R. Jaenicke* und *E. Helmreich* (Herausg.), Protein-Protein Interactions 23. Colloquium der Gesellschaft für Biologische Chemie, 1972, Mosbach, S. 17 ff. (Berlin - Heidelberg - New York 1972).

249. *Monod, J., J. P. Changeux* und *F. Jakob*, J. Mol. Biol. **6**, 306 (1963).

250. *Cohlberg, J. A., V. P. Pigiet jr.* und *H. K. Schachmann*, Biochemistry **11**, 3396 (1972).

251. *Wiley, D. C.* und *W. N. Lipscomb*, Nature **218**, 1119 (1968).

252. *Weber, K.*, Nature **218**, 1116 (1968).

253. *Schramm, G.*, Naturwiss. **31**, 94 (1943).

254. *Butler, P. J. G.*, in: *R. Jaenicke* und *E. Helmreich* (Herausg.), TMV-Protein Association and its Role in the Self-Assembly of the Virus in Protein-Protein Interactions. 23. Colloquium der Gesellschaft für Biolog. Chemie, 1972, Mosbach, S. 429 ff. (Berlin - Heidelberg - New York 1972).

255. *Wood, W. B., R. S. Edgar, J. King, A. Lielausis* und *M. Henninger*, Fed. Proc. **27**, 1160 (1968).

256. *Kellenberger, E.*, in: Polymerization in Biological Systems. Ciba Foundation Symposium 7 (new series), S. 189 ff. (Amsterdam 1972).

257. *Sunder-Plassmann, P.*, Hippokrates **41**, 24 (1970).

258. *Pelzer, H.*, Zellwandstruktur bei Bakterien. In: *Th. Wieland* und *G. Pfleiderer* (Herausg.), Molekularbiologie, S. 215 ff. (Frankfurt 1967).

259. *Astbury, W. T., E. Beighton* und *C. Weibull*, Smyposia Soc. Exptl. Biol. **9**, 306 (1955).

260. *Watzka, M.*, Einige differenzierte Zelltypen im Tierreich. In: *H. Metzner* (Herausg.), Die Zelle, Struktur und Funktion. S. 153 (Stuttgart 1971).

261. *Kerridge, P. R., W. Horn* und *A. M. Glauert*, J. Mol. Biol. **4**, 227 (1962).

262. *Abram, D.* und *H. Koffler*, J. Mol. Biol. **9**, 168 (1964).

263. *Drews, G.* und *P. Giesbrecht*, Die Bauelemente der Bakterien und Blaualgen. In: *H. Metzner* (Herausg.), Die Zelle, Struktur und Funktion, S. 424 ff. (Stuttgart 1971).

264. *Bode, W.*, Angew. Chem. **85**, 731 (1973).

265. *Mayer, F.*, Naturwiss. Rundschau **24**, 185 (1971).

266. *Asakura, S.*, Biophys. **1**, 99 (1970).

267. *Partmann, W.*, Kontraktile Strukturen. In: *Th. Wieland* und *G. Pfleiderer* (Herausg.), Molekularbiologie, S. 185 ff. Umschau-Verlag (Frankfurt 1967).

268. *Perry, S. V.*, Symposia Exptl. Biol. **9**, 203 (1955).

269. *Hamm, R.*, Kolloidchemie des Fleisches, S. 15 (Berlin (1972).
270. *Huxley, H. E.*, Biochim. Biophys. Acta **12**, 387 (1953).
271. *Pepe, F. A.*, in: *S. N. Timasheff* und *G. D. Fasman* (Ed.), Subunits in Biological Systems, S. 323. Verlag Dekker (New York 1971).
272. *Lowey, S.*, Protein interactions in the myofibril. In: Polymerization in Biological Systems. Ciba Foundation Symposium 7 (new series), S. 217 ff. Amsterdam 1972). — *Lowey, S.* und *S. Luck*, Biochemistry **8**, 3195 (1969).
273. *Huxley, H. E.*, Sci. Amer. **213**, 18 (1965).
273 a. *Lehninger, A. L.*, Biochemie, 2. Aufl. Weinheim 1977, S. 618.
274. *Hanson, J.* und *J. Lowy*, J. Mol. Biol. **6**, 46 (1963).
274 a. *Harrington, W. F.* und *R. Josephs*, Dev. Biol. Suppl. **2**, 21 (1968).
275. *Huxley, H. E.* und *W. Brown*, J. Mol. Biol. **30**, 383 (1967).
276. *Ebashi, S., M. Endo* und *J. Ohtsuki*, Q. Rev. Biophys. **2**, 351 (1969).
277. *Bendall, J. R.*, „Meat proteins" in „Symposium on Foods": Proteins and their Reactions (Herausg. *H. W. Schulz* und *A. F. Anglemier*), S. 225 (Westport Conn. 1964).
278. *Beinbrech, G.*, Cytobiologie **5**, 448 (1972); Naturwiss. Rundschau **26**, 1973 (Titelbild).
279. *Huxley, H. E.*, Science **164**, 1356 (1969).
280. *Fraser, R. D. B.* und *T. P. McRae*, Conformation in Fibrons Proteins, S. 421 (New York 1973).
281. *Bradbury, E. M.*, in: The Structure and Function of Chromatin, Ciba Foundation Symposium 28 (new series), Amsterdam 1975, S. 131 ff.
282. *Hopfinger, A. J.*, Intermolecular Interactions and Biomolecular Organization, New York 1977, S. 302 ff.
283. *Hewish, D. R.* und *L. A. Bourgoyne*, Biochem. Biophys. Res. Commun. **52**, 504 (1973).
284. *Sahasrabuddhe, C. G.* und *K. E. Van Holde*, J. Biol. Chem. **249**, 152 (1974).
285. *Olins, A. L.* und *D. E. Olins*, Science (Wash. D. C.) **183**, 330 (1974).
286. *Woodcock, C. L. F.*, J. Cell. Biol. **59**, 368 (1973).
287. *Fellenberg, G.*, Chromosomale Proteine, Stuttgart 1974.
288. *Kornberg, R. D.* und *J. O. Thomas*, Science **184**, 865 (1974).
289. *Sung, M. T.* und *G. H. Dixon*, Proc. Nat. Acad. Sci. (Wash.) **67**, 1616 (1970).

Literatur Polysaccharide

1. *Gruber, E., Th. Krause* und *J. Schurz*, in Ullmann, Enzyklopädie der technischen Chemie, 4. Aufl., Bd. 9, S. 184 ff. (Weinheim 1975).
2. *Sandermann, W.*, Holz Roh-Werkst. **31**, 11 (1973).
3. *Walton, A. G.* und *J. Blackwell*, Biopolymers, S. 446 ff. (New York 1973).

4. *Schlier, K.*, in Ullmann, Enzyklopädie der technischen Chemie, 4. Aufl., Bd. 9, S. 247 ff. (Weinheim 1975).
5. *Parikh, D. V.*, Text. Mfr. Sept. (1970).
6. *Elias, H. G.*, Makromoleküle, S. 798 (Basel 1971).
7. *Nikitin, N. J.*, The Chemistry of Cellulose and Wood, Israel Program for Sci. Transl. (Jerusalem 1966).
8. *Schulz, G. V.* und *E. Husemann*, Z. Naturforsch. 1, 268 (1946).
9. *Schurz, J.*, Papier (Darmstadt) 14, 645 (1960).
10. *Turner, A. J.*, J. Text. Inst. 40, 973 (1949).
11. *Treiber, E.*, Die Chemie der Pflanzenzellwand, S. 142 (Berlin 1957).
12. *Schurz, J.*, Die theoretischen Grundlagen der Viskoseverfahren, in: *K. Götze* (Herausg.), Chemiefasern I, Springer (Berlin 1957).
13. *Jayme, G.* und *Kl. Balser*, Melliand Textilber. 51, 3 (1970).
14. *Hess, K., H. Mahl* und *E. Gütter*, Kolloid Z. Z. Polym. 155, 1 (1957).
15. *Rowland, St. P.*, Textilchem. Color. 4, 204 (1972).
16. *Preston, R. D.*, Adv. Sci. 103, 500 (1966).
17. *Marchessault, R. H.* und *A. Sarko*, Adv. Carbohydr. Chem. 22, 421 (1967).
18. *Meyer, K. H.* und *L. Misch*, Helv. Chim. Acta, 20, 232 (1937).
19. *Viswanathan, A.* und *S. G. Shenouda*, J. appl. Polym. Sci. 11, 659 (1967).
20. *Hermans, P. H., J. de Booys* und *C. Maan*, Kolloid Z. 102, 169 (1943).
21. *Hermans, P. H.*, The Physics and Chemistry of Cellulose Fibers (New York 1949).
22. *Champetier, G., R. Buret, J. Néel* und *P. Sigwalt*, Paris, Bd. II, S. 581.
23. *Liang, C. Y.* und *R. H. Marchessault*, J. Polym. Sci. 37, 385 (1959).
24. *Jones, W. D.*, J. Polym. Sci. 42, 173 (1960).
25. *Manley, R. St.*, J. Nature 204, 1155 (1964).
26. *Tønnesen* und *Ø. Ellefsen*, Nors Skogindo 14, 266 (1960).
27. *Muggli, R.*, J. Cell. Chem. Technol. 2, 549 (1969).
28. *Mühlethaler, K.*, J. Polym. Sci. C 28, 305 (1969).
29. *Marx-Figini, M.*, Biochim. Biophys. Acta 177, 27 (1969).
30. *Nieduszynski, J.* und *R. D. Preston*, Nature 225, 273 (1970).
31. *Frey-Wyssling, A., K. Mühlethaler* und *R. Muggli*, Holz Roh Werkst. 24, 443 (1966).
32. *Marx-Figini, M.* und *G. V. Schulz*, Naturwissenschafter 53, 466 (1966).
33. *Kehren, M.-L.* und *A. Reichle*, in Ullmann, Enzyklopädie der techn. Chemie, 4. Aufl., Bd. 9, S. 213 ff. (Weinheim 1975).
34. *Bauer, R.*, Das Jahrhundert der Chemiefaser, Goldmanns gelbe Taschenbücher, Bd. 455, 1960, S. 87.
35. *Willard, J. J.* und *E. Pacsu*, J. Am. Chem. Soc. 82, 4350 (1962).
36. *Chen, C. Y., R. E. Montanna* und *C. S. Grove*, Tappi 34, 420 (1951).
37. *Philipp, B.* und *Ke-Tsing Liu*, Faserforsch. Textiltechn. 10, 555 (1959).

38. *Weber, P.*, Text. Prax. **14**, 62 (1959).
39. *Hampe, H.* und *B. Philipp*, Cell. Chem. Technol. **6**, 447 (1972).
40. *Weber, P.*, Melliand Textilber. **50**, 372 (1962).
41. *Meier, H.*, Biophys. Acta **28**, 229 (1958).
42. *Frei, E.* und *R. D. Preston*, Proc. Roy. Soc. London B **169**, 127 (1963).
43. *Palmer, K. J.* und *M. Ballantyne*, J. Am. Chem. Soc. **72**, 736 (1950).
44. *Timell, E.*, Adv. Carboh. Chem. **19**, 247 (1964).
45. *Timell, E.*, Adv. Carboh. Chem. **20**, 410 (1965).
46. *Nieducynski, J. A.* und *R. H. Marchessault*, Biopolymers **11**, 1335 (1972).
47. *Frei, E.* und *R. D. Preston*, Proc. Roy Soc. London B **160**, 293 (1964).
48. *Atkins, E. D. T., K. D. Parker* und *R. D. Preston*, Proc. Roy. Soc. London B **173**, 209 (1969).
49. *Greenwood, C. T.* und *E. A. Milne*, Natural High Polymers, S. 61 ff. (Edinburg 1968).
50. *Atkins, E. D. T., W. Mackie* und *E. E. Smolko*, Nature **225**, 625 (1970).
51. *Atkins, E. D. E., W. Mackie, K. D. Parker* und *E. E. Smolko*, Polymer Lett. **9**, 311 (1971).
52. *Rees, D. A.*, Adv. Carboh. Chem. **24**, 267 (1969).
53. *Atkins, E. D. T.*, in Proceedings of the First Cleveland Symposium on Macromolecules, Herausg. *A. G. Walton*, S. 61 ff. (Amsterdam 1977).
54. *Guss, J. M., D. W. L. Hukins, D. J. C. Smith, W. T. Winter, S. Arnott, R. Moorhouse* und *D. A. Rees*, J. Mol. Biol. **95**, 359 (1975).
55. *Winter, W. T., D. J. C. Smith* und *S. Arnott*, J. Mol. Biol. **99**, 219 (1975).
56. *Hopfinger, A. J.*, Intermolecular Interactions and Biomolecular Organization, S. 215 ff. (New York 1977).
57. *Mathews, M. B.*, Biochim. et Biophys. Acta **35**, 9 (1951).
58. *Mathews, M. B.*, Biochim. et Biophys. Acta **58**, 92 (1962).
59. *Hopfinger, A. J.*, Intermolecular Interactions and Biomolecular Organization, S. 215 ff. (New York 1977).
60. *Gregory, J. P.* und *L. Rodin*, Biochem. et Biophys. Res. Comm. **5**, 430 (1961).
61. *Isaac, D. H.* und *E. D. T. Atkins*, Nature New Biology **244**, 252 (1973).
62. *Arnott, S., J. M. Guss, D. W. L. Hukins, I. C. M. Dea* und *D. A. Rees*, J. Mol. Biol. **88**, 175 (1974).
63. *Hovingh, P.* und *A. Linkar*, Carboh. Res. **37**, 181 (1974).
64. *Patat, F.* und *H. G. Elias*, Naturwiss. **46**, 322 (1959).
65. *Hopfinger, A. J.*, Intermolecular Interactions and Biomolecular Organization, S. 239 ff. (New York 1977).
66. *Gelman, R. A.* und *J. Blackwell*, Biopolymers **12**, 1959 (1973).

67. *Gelman, R. A.* und *J. Blackwell,* Biochim. et Biophys. Acta **342,** 254 (1974).
68. *Hopfinger, A. J.,* Intermolecular Interactions and Biomolecular Organization, John Wiley, S. 288 ff. (New York 1977).
68 a. *Schodt, K., M. McDomell, A. Jamieson* und *J. Blackwell,* Macromolecules.
69. *Sturzebecher, J.,* Folia Haemabol. 104, 731 (1977).
70. *Innerfield, J..* Scand. J. Hemat, 16, 202 (1976).
71. *Greenfield, N.* und *G. D. Fasman,* Biochemistry **8,** 4108 (1969).
72. *Noguchi, J., O. Wada, H. Seo, S. Tokura* und *N. Nishi,* Kōbunshi Kagaku (Jap.) 30, 320 (1973).
73. *Noguchi, J.* und *N. Nishi,* Sen-i Gakkaihi (jap.) **33,** 39 (1977).
74. *Tokura, S.* und *N. Nishi,* Kagaku to Seibutsu . . . **15,** 766 (1977).
75. *Muzzarelli,* Chitin, Pergamon Press (Oxford 1977).
76. *Giles, C. H., A. Hassan, M. Laidlaw* und *R. Subramanian,* J. Soc. Dyers Color. 74, 647 (1958).
77. *Hackmann, R.* und *M. Goldberg,* J. Insect Physiol. 2, 228 (1958).
78. *Falk, M., D. B. Smith, J. McLachlan* und *A. G. McInnes,* Can. J. Chem. 44, 2269 (1966).
79. *Rudall, K. M.,* in „Conformation of Biopolymers", Herausg. *G. N. Ramachandran,* Academic Press, S. 751 (New York 1967).
80. *Rudall, K. M.,* Adv. Insect. Physiol. 1, 257 (1963).
81. *Carlström, D.,* J. Biophys. Biochem. Cytol. **3,** 699 (1957).
82. *Blackwell, J., K. D. Parker* und *K. M. Rudall,* J. Mar. Biop. Aso. U. K. **45,** 659 (1965).
83. *Blackwell, J.,* Biopolymers 7, 281 (1969).
84. *Noguchi, J., S. Tokura* und *N. Nishi,* Proceedings of the First International Conference on Chitin / Chitosan, MIT Sea Grant Report MITSG 78-7, S. 315 (1978).
84 a. *Kōbunshi-jiten Asakura Shoten,* Tokyo 1978, S. 207 u. 565.
85. *Pelzer, M.,* In „Molekularbiologie", Herausg. *Th. Wieland* und *O. Pfleiderer,* Umschau Verlag, S. 215 ff. (Frankfurt/M. 1967).
86. *Ullmann, M.,* Die Fraktionierung der Stärke in Handbuch der Stärke in Einzeldarstellungen VII-8, Herausg. *M. Ullmann,* Vlg. Parey, S. 16 ff. (Berlin 1971).
87. *Meyer, K. H., W. Brentano* und *P. Bernfeld,* Herv. Chim. Acta **23,** 845 (1940).
88. *Meyer, K. H., M. Wertheim* und *P. Bernfeld,* Helv. Chim. Acta. **23,** 865 (1940).
89. *Badenhuizen, N. P.,* „Struktur und Bildung des Stärkekorns" in „Handbuch der Stärke in Einzeldarstellungen VI-2, Herausg. *M. Ullmann,* Vlg. P. Parey, S. 69 ff. (Berlin 1971).
90. *Meense, B. J. D.* und *B. N. Smith,* Planta **57,** 624 (1962).
91. *Cael, J. J., J. L. Kornig* und *J. Blackwell,* Carbohydr. Res. **29,** 123 (1973).

92. *Lehninger, A. L.*, Biochemie, 2. Aufl. Vlg. Chemie, S. 214 ff. (Weinheim 1977).
93. *Fritzsche, J.*, Ann. Phys. u. Chem. **32**, 169 (1834).
94. *Czaja, A. Th.*, „Die Mikroskopie der Särkekörner" in „Handbuch der Stärke in Einzeldarstellungen" VI-1 Herausg. von *M. Ullmann*, Vlg. P. Parey, S. 9 ff. (Berlin 1969).
95. *Kreger, D. R.*, Biochim. et Biophys. Acta **6**, 406 (1951).
96. *Marchessault, R. H.* und *A. Sarko*, J. Polym. Sci. C **28**, 317 (1969).
97. *Borch, J., A. Sarko* und *R. H. Marchessault*, Stärke **21**, 279 (1969).
98. *Finkelstein, R. S.* und *A. Sarko*, Biopolymers **11**, 881 (1972).
99. *Bear, R. S.* und *D. French*, J. Am. Chem. Soc. **63**, 2298 (1941).
100. *Blackwell, J., A. Sarko* und *R. H. Marchessault*, J. Mol. Biol. **42**, 379 (1969).
101. *Baldwin, R. R., R. S. Bear* und *R. E. Rundle*, Am. Chem. Soc. **66**, 111 (1944).
102. *Rundle, R. E.*, J. Am. Chem. Soc. **69**, 1769 (1947).
103. *Rundle, R. E.* und *F. C. Edwards*, J. Am. Chem. Soc. **65**, 2200 (1943).
104. *Manley, R. St. J.*, J. Polym. Sci. A **2**, 4503 (1964).
105. *Yamashita, Y.*, J. Polym. Sci. A **3**, 3251 (1965).
106. *Hopfinger, H. J.*, Intermolecular Interactions and Biomolecular Organization, John Willy, S. 22 ff. (New York 1977).
107. *Zobel, H. F., A. D. French* und *M. F. Hinkle*, Biopolymers **5**, 837 (1967).
108. *Sarko, H.* und *R. H. Marchessault*, J. Am. Chem. Soc. **89**, 6454 (1967).
109. *Senti, F. R.* und *L. P. Witnauer*, J. Am. Chem. Soc. **70**, 1438 (1948).
110. *Jacobs, J. J,. R. R. Bumb* und *B. Zaslow*, Biopolymers **6**, 1659 (1968).
111. *Wolf, R.* und *R. C. Schulz*, J. Macromol. Sci. A **2**, 821 (1968).
112. *Senior, M. B.* und *E. Hamori*, Biopolymers **12**, 65 (1973).
113. *Meyer, K. H.* und *M. Fuld*, Helv. Chim. Acta. **32**, 757 (1949).
114. *Husemann, E.* und *H. Ruska*, Naturwissenschaften **28**, 534 (1940).
115. *Bryce, W. A., C. T. Greenwood* und *I. G. Jones*, J. Chem. Soc., 3845 (London 1958).
116. *Champetier, G., R. Buret, J. Néel* und *P. Sigwalt*, Chimie macromoleculaire, Paris 1972, II, S. 488 ff.
117. *Hofmann, W.*, in Ullmann, Enzyklopädie der techn. Chemie, 4. Aufl., Bd. 13, S. 581 ff. (Weinheim 1977).

Sachverzeichnis

296

UTB

UTB

Fachbereich Medizin

11 Rohen: Anleitung zur
Differentialdiagnostik histologischer
Präparate
(Schattauer). 3. Aufl. 77. DM 10,80

12 Soyka: Kurzlehrbuch der
klinischen Neurologie
(Schattauer). 3. Aufl. 75. DM 18,80

39 Englhardt: Klinische Chemie und
Laboratoriumsdiagnostik
(Schattauer). 1974. DM 19,80

138 Brandis (Hrsg.): Einführung in
die Immunologie
(Gustav Fischer) 2. Aufl. 1975.
DM 14,80

249 Krüger: Der anatomische
Wortschatz
(Steinkopff). 13. Aufl. 79. Ca.
DM 8,80

306/307 Holtmeier (Hrsg.):
Taschenbuch der Pathophysiologie
(Gustav Fischer). 1974. Je DM 23,80

341 Lang: Wasser, Mineralstoffe,
Spurenelemente
(Steinkopff). 1974. DM 14,80

406 Hennig, Woller:
Nuklearmedizin
(Steinkopff). 1974. DM 14,80

420 Thomas, Sandritter: Spezielle
Pathologie
(Schattauer). 1975. DM 19,80

502/503 Rotter (Hrsg.): Lehrbuch
der Pathologie für den ersten
Abschnitt der ärztlichen Prüfung 1/2
(Schattauer). 2. Aufl. 78. Bd. 1
DM 17,80, Bd. 2 DM 19,80

507 Bässler, Lang: Vitamine
(Steinkopff). 1975. DM 14,80

530 Roeßler, Viefhues: Medizinische
Soziologie
(Gustav Fischer). 1978. DM 14,80

531 Prokop: Einführung in die
Sportmedizin
(Gustav Fischer). 2. Aufl. 79.
DM 12,80

552 Gross, Schölmerich (Hrsg.):
1000 Merksätze Innere Medizin
(Schattauer). 2. Aufl. 79. DM 14,80

616 Fischbach: Störungen des
Kohlenhydratstoffwechsels
(Steinkopff). 1977. DM 15,80

629 Schumacher: Topographische
Anatomie des Menschen
(Gustav Fischer). 1976. DM 19,80

678 Wunderlich: Kinderärztliche
Differentialdiagnostik
(Steinkopff). 1977. DM 19,80

722 Paulsen: Einführung in die
Hals-Nasen-Ohrenheilkunde
(Schattauer). 1978. DM 24,80

738 Seller: Einführung in die Physiologie der Säure-Basen-Regulation
(Hüthig). 1978. DM 8,50

787 Herrmann: Klinische
Strahlenbiologie
(Steinkopff). 1979. DM 12,80

788 Frotscher: Nephrologie
(Steinkopff). 1978. DM 18,80

830/831 Vogel: Differentialdiagnose
der medizinisch-klinischen
Symptome 1/2
(F. Reinhardt). 1978. Jeder Band
DM 26,80

841 Fischbach: Störungen des
Nucleinsäuren- und
Eiweißstoffwechsels
(Steinkopff). 1979. DM 12,80

893 Cherniak:
Lungenfunktionsprüfungen
(Schattauer). 1979. DM 24,80

Uni-Taschenbücher
wissenschaftliche Taschenbücher für
alle Fachbereiche.
Das UTB-Gesamtverzeichnis
erhalten Sie bei Ihrem Buchhändler
oder direkt von
UTB, Am Wallgraben 129,
Postfach 80 11 24, 7000 Stuttgart 80